普通高等教育人工智能与大数据系列教材

U0175187

大数据分析技术基础

荣垂田　编

机械工业出版社

大数据已发展成为一个学科。本书作为该领域的入门教材，在内容上尽可能覆盖大数据分析的基本理论和基本技术。全书共9章：第1章介绍大数据发展的背景和相关的理论知识；第2章介绍大数据的采集方法，以及数据采集案例；第3章介绍大数据处理平台Hadoop，以及Hadoop在不同系统平台上的安装和部署方法；第4章介绍MapReduce编程方法和开发工具，以及MapReduce编程实例；第5章介绍HDFS及其相关的操作方法；第6章介绍HBase及其相关的操作方法；第7章介绍Hive及其在不同平台上的安装和部署方法、应用案例；第8章介绍大数据处理平台Spark，以及Spark编程实例；第9章介绍NoSQL数据库，以及典型的NoSQL数据库系统。

本书可作为高等学校计算机、数据科学与大数据技术及人工智能或相关专业的本科生或研究生教材，也可供对大数据分析感兴趣的工程技术人员阅读参考。

图书在版编目（CIP）数据

大数据分析技术基础 / 荣垂田编．—北京：机械工业出版社，2021.7（2023.1 重印）

普通高等教育人工智能与大数据系列教材

ISBN 978-7-111-68558-6

Ⅰ. ①大…　Ⅱ. ①荣…　Ⅲ. ①数据处理—高等学校—教材
Ⅳ. ① TP274

中国版本图书馆 CIP 数据核字（2021）第 124123 号

机械工业出版社（北京市百万庄大街 22 号　邮政编码 100037）
策划编辑：路乙达　责任编辑：路乙达　侯　颖
责任校对：王　欣　封面设计：张　静
责任印制：常天培
北京机工印刷厂有限公司印刷
2023 年 1 月第 1 版第 2 次印刷
184mm × 260mm · 12.5 印张 · 297 千字
标准书号：ISBN 978-7-111-68558-6
定价：39.00 元

电话服务	网络服务
客服电话：010-88361066	机　工　官　网：www.cmpbook.com
010-88379833	机　工　官　博：weibo.com/cmp1952
010-68326294	金　　书　　网：www.golden-book.com
封底无防伪标均为盗版	机工教育服务网：www.cmpedu.com

Preface 前　言

本书以大数据的基本概念以及大数据分析过程中常用的技术和平台为主线进行组织和编写，以期让学生掌握大数据分析的基本理论，培养学生的大数据分析技能。

大数据分析是一门综合性的技术，涉及数据的收集、整理、组织、存储、分析、挖掘以及可视化等方面，需要学生具备相关的基础理论知识和技能，包括操作系统、编程语言、数据库、计算机网络等。因此，本书适合大学三年级以上的计算机、数据科学与大数据技术以及人工智能或相关专业的本科生和研究生，以及具有相关知识背景的希望从事大数据分析工作的读者阅读。

本书共 9 章：第 1 章介绍大数据发展的背景和相关的理论知识；第 2 章介绍大数据的采集，包括大数据的来源、采集工具、预处理方法，以及数据采集的实际案例；第 3 章介绍大数据处理平台 Hadoop，包括 Hadoop 的发展、特点、体系结构，以及 Hadoop 在不同系统平台上的安装和部署方法；第 4 章介绍 MapReduce 编程方法，包括 MapReduce 概述，开发工具的安装和环境配置，MapReduce 编程实例，以及 MapReduce 应用程序的调试和运行方法；第 5 章介绍分布式文件系统 HDFS，包括 HDFS 概述和特点、架构，HDFS 支持的文件类型，以及 HDFS 的 Shell 操作和应用程序的访问方式；第 6 章介绍 HBase，包括 HBase 概述、架构和特点，以及 HBase Shell 操作和应用程序的访问方法；第 7 章介绍 Hive，包括 Hive 概述、体系结构、运行模式，Hive 在不同系统平台上的安装和部署，以及应用案例；第 8 章介绍大数据处理平台 Spark，包括 Spark 概述、Spark 的安装和部署、Spark 开发环境，以及编程实例。第 9 章介绍 NoSQL 数据库，包括 NoSQL 数据库概述，MongoDB、Redis 和 Memcached 概述、应用场景、数据类型及操作、安装方法和使用实例。

本书通过大量的实践操作，培养学生分析问题和解决问题的能力。第 1 章是概述，其余各章节除了基础理论知识还包括实践操作。在每章最后，都给出了相关的习题，以帮助学生巩固和理解本章的内容。

大数据是一门综合性的技术，现在已经发展成一个独立的学科——数据科学与大数据技术。本书作为大数据分析的入门读物和基础教材，不可能覆盖大数据分析涉及的全部知识，有一些重要、前沿的材料未能引入。希望读者在阅读本书的基础上自主学习更新的、更高级的、更加专业的知识。

本书的主要内容是笔者在工作和教学的过程中逐渐积累而成的，书中存在谬误在所难免，敬请读者见谅。

编　者

Contents 目 录

第 1 章　Chapter 1

大数据概述

1.1　大数据时代

随着物联网、计算机、互联网等技术全面融入社会生活，信息爆炸已经累积到了一个开始引发变革的程度，“大数据”的概念应运而生。图 1-1 所示是一分钟内在互联网上不同应用的使用以及数据的产生情况。社会的各个领域都在利用大数据技术，大数据技术对领域的发展起到了非常大的作用，如图 1-2 所示。

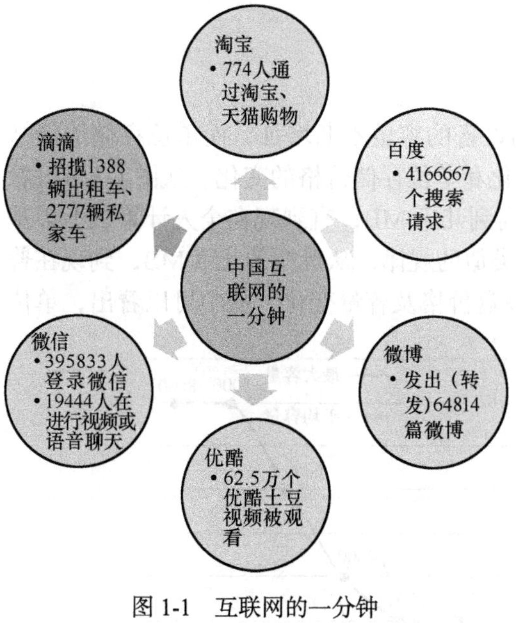

图 1-1　互联网的一分钟

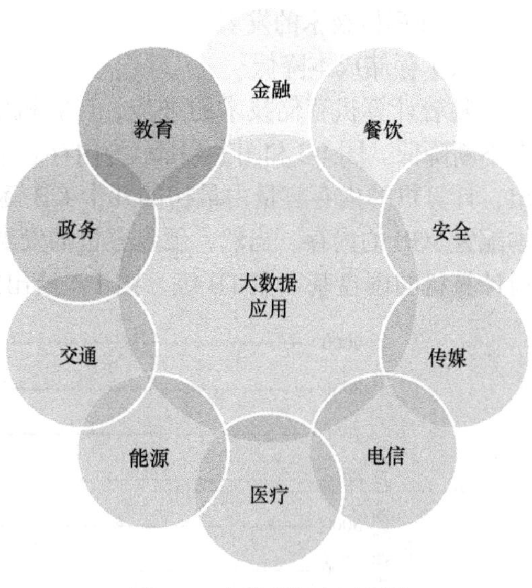

图 1-2　大数据的应用领域

1.1.1　大数据的发展历程

大数据的发展与 IT 领域的技术变革紧密相关。大数据领域的发展经历了三个阶段：萌芽期、成熟期和大规模应用期。

第一个阶段（20 世纪 80 年代），为了解决信息处理的问题，个人计算机（PC）产生并进入社会的各种领域，并随之产生了许多世界知名的计算机生产公司，如英特尔、AMD、苹果、微软、联想、戴尔、惠普等。随着计算机技术在信息处理中的普遍应用，数据库技术也逐步成熟，不同的行业领域开始部署大量的信息管理系统，大量的结构化数据在不同的行业领域内开始积累。此阶段可以称为大数据的萌芽期。

第二阶段（20 世纪 90 年代至 2010 年），为了解决信息传输和数据共享的问题，互联网技术得到了广泛的应用，并且诞生了许多以互联技术为基础的公司，如雅虎、谷歌、阿里巴巴、百度、腾讯等。在此阶段 Web 2.0 技术得到了推广，一个典型的应用是社交网络。在其中，人们不仅可以查看信息，还可以生产和制造信息，如博客、技术论坛等。因此，大规模的非结构化数据在互联网应用的企业中快速汇聚，也就是信息爆炸。由于传统的基于关系数据库的数据管理方法无法应对海量、非结构化数据的管理问题，这直接推动了大数据技术的快速突破。大数据管理解决方案逐渐走向成熟，并且形成了两大核心技术，即谷歌的 GFS 和 MapReduce。Hadoop 平台在互联网企业中得到了广泛的应用。后期，根据不同应用场景的需求，各大互联网公司推出了一系列大数据处理平台，如 Spark、Storm、Flink 等。这个阶段也称为大数据的成熟期。

第三阶段（2010 年至今），随着物联网、云计算、大数据技术的发展，各个行业领域都在积极地应用最新的技术。大数据应用渗透各行各业，人们开始利用数据驱动决策，社会智能化程度大幅提高。这个阶段是大数据的大规模应用期。

1.1.2 大数据发展的内在驱动力

1. 计算机技术的发展

（1）存储成本降低

随着计算机存储技术的进步，计算机的存储设备的容量不断增加，而单位存储的价格在不断降低。图 1-3 和图 1-4 所示为内存容量的变化和单位存储价格的变化。从图 1-3 可以看出，计算机的内存容量由最初的几十 KB 逐步提高到几千 MB，直到现在个人计算机上都基本配置 8GB 的内存。当然，硬盘容量的发展也有类似的规律，从最初的几百 MB，到现在普通计算机的硬盘基本在 TB 级。图 1-4 给出的是硬盘价格及容量变化，从中可以看出，单位

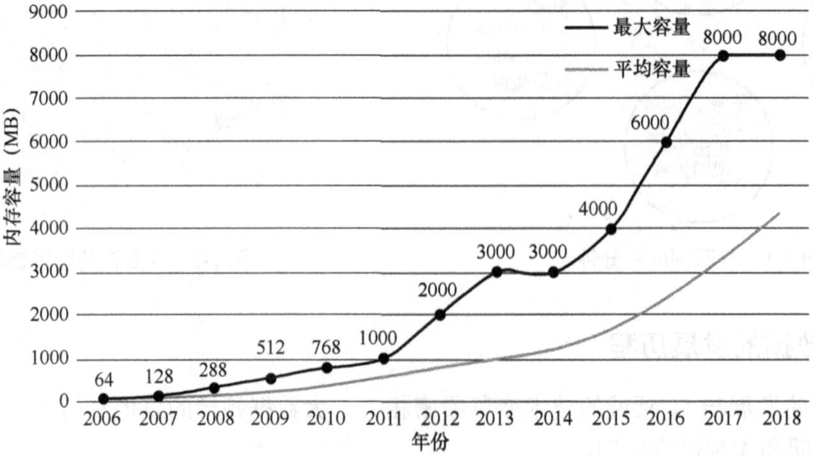

图 1-3 内存容量变化

存储的价格不断降低。以上只是普通计算机的变化。大型服务器也是如此，它们的内存容量可以达到几十 GB，甚至更高；配备的存储容量可以达到 PB 级。总之，现在用于计算的内存的成本以及用于存储的硬盘的成本都在不断降低，这就使以较低的成本来组织、存储以及处理数据得以实现。

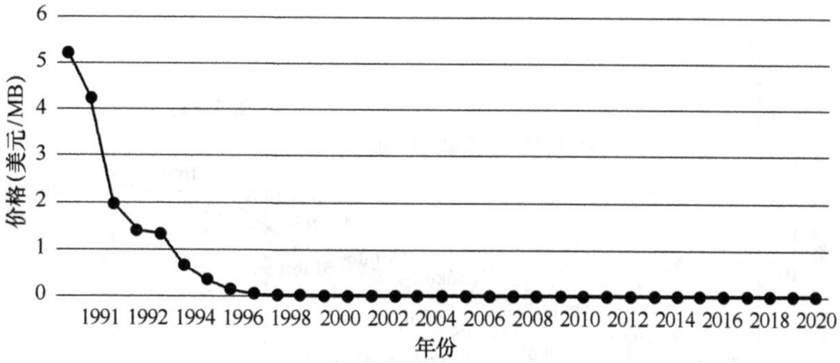

图 1-4 硬盘价格及容量变化

（2）CPU 处理能力提高

CPU 是计算机的“心脏”。提到 CPU，几乎每个计算机从业人员都能想起那个著名的摩尔定律。摩尔定律是由英特尔（Intel）创始人之一戈登·摩尔（Gordon Moore）提出来的。其内容大致为：当价格不变时，集成电路上可容纳的元器件的数目，约每隔 18~24 个月便会增加一倍，性能也将提升一倍。换言之，每一美元所能买到的计算机性能，将每隔 18~24 个月翻一倍以上。这一定律揭示了信息技术进步的速度。图 1-5 给出了 CPU 的变化趋势，包括晶体管的数量、单个线程的性能、主频、能耗以及核数。由图可以看出，CPU 中集成的晶体管的数量不断增加，主频也在不断增加，线程的性能也在不断提高。当然，人们对于计算机性能的需求也在不断提高，由于能耗和散热的问题，计算机的架构开始出现了新的变化，多核多处理技术得到广泛应用。现在个人计算机上，基本上配备至少一颗双核 CPU。大型服务器上可以配备 8 颗 4 核的 CPU，甚至更多。因此，用来处理数据的计算机的性能在不断提高，我们处理数据的能力在逐步提升。

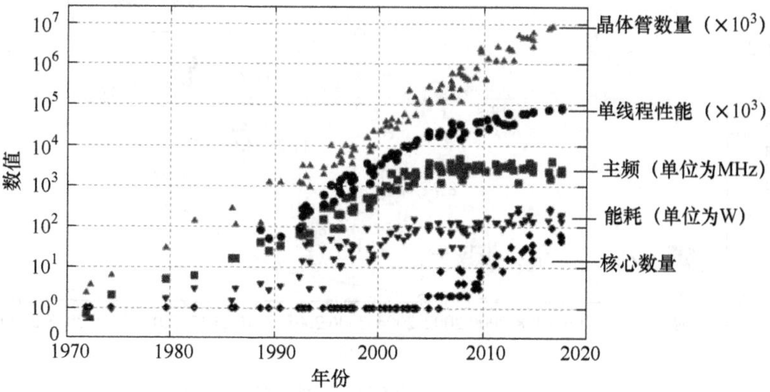

图 1-5 CPU 变化趋势

（3）网络带宽不断增加

网络技术的发展，解决了数据交换和共享的问题。近年来，我们所使用的网络可以说发生了巨大的变化，从最初的拨号上网、到宽带、光纤，网络传输的速度也在不断提高，如图 1-6 所示。网络连接方式的变化以及网络速度的不断提高，为大数据的采集和传输带来很大的便利。

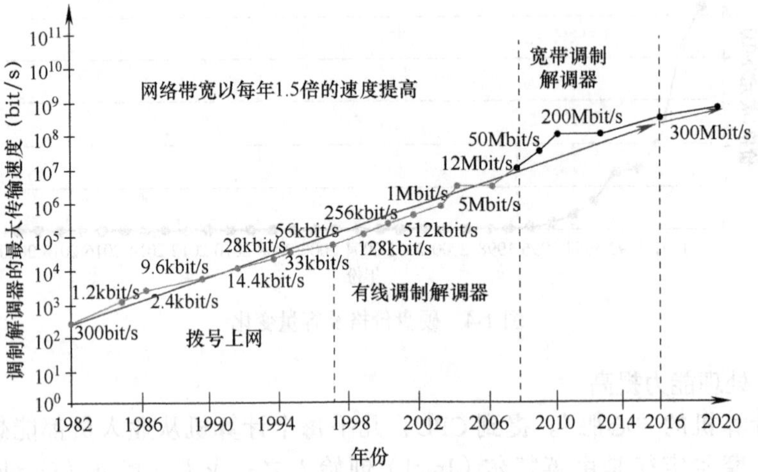

图 1-6 网络带宽的变化

（4）传感器的广泛应用

传感器的广泛应用使得数据采集变得更加方便，采集的成本也不断降低，同时也促使物联网快速发展。图 1-7 所示是智能设备之间互联的发展趋势。传感器的广泛应用使得传统行业获得了新的增长点，出现了智能交通、智能家居、智能电网等。同时，也提供了新的数据来源。

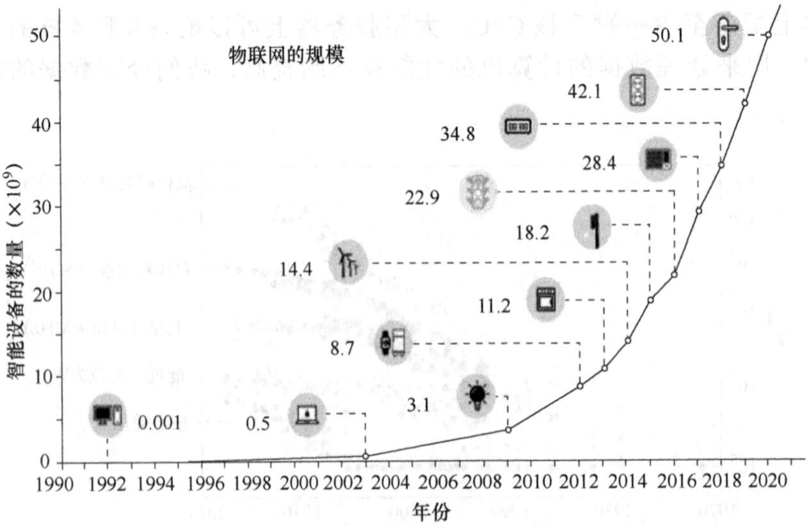

图 1-7 物联网的发展趋势

2. 数据产生方式的改变

数据的产生方式也直接推动了大数据时代的到来。最早的记录数据不是电子记录，而是记录在其他实体上，如纸等。直到 20 世纪 60 年代才出现存储大量电子数据的存储设备，如磁盘、磁带等，这些虽然是电子记录，但存储的大都是模拟信号，存储的数字信号比例还比较少，占 25% 左右。直到 2000 年左右，数字存储技术有了重要发展，开启了数字存储时代。现在存储的电子数据绝大多数是数字信号，占约 95%。随着存储技术的不断进步，数据库技术逐渐成熟，并在众多领域中得到广泛应用。概括来说，数据规模出现较大变化有以下几个阶段。

（1）数据库应用时代

20 世纪 70 年代，很多领域面临数据管理的问题，关系数据库管理系统技术逐渐成熟。因此，各个行业开始采用数据库存储和管理数据，数据管理的复杂度大大降低，并且开发部署了大量的信息管理系统。这也是我国经历的信息化的过程。在该阶段，大量的数据往往伴随着一定的运营活动而产生，并通过不同的信息管理系统存储到数据库中，数据的规模不断增加。这个阶段的数据是有一定特点的，或者说，这些数据都是结构化数据，这些数据的模式在构建数据库和信息管理系统的过程中已经提前预定好了。这些数据是人为地从日常交易的过程中记录下来的，属于被动产生的方式。

（2）Web 2.0 时代

在 21 世纪初，Web 2.0 技术的出现为网络应用带来巨大的发展空间。典型的应用就是社交网络、电子商务等，在很大程度上改变了人们的交往方式和生活方式。与以往 Web 1.0 阶段只能查看、浏览数据不同，在 Web 2.0 阶段，用户还可以生产和制造数据。人们可以在线发表自己的技术见解、抒发个人感情、购物、交友等，这一系列的网络活动，在网络空间留下了大量的数据。这些数据的特点是：数据是非结构化的，往往包括文本、图片、声音、图像、视频等；数据的产生是主动的方式；数据的规模庞大、增长的速度快，且很难预知。

（3）社会感知时代

随着传感器和物联网技术的发展，很多领域开始部署大量的感知系统，出现了智能交通、智能物流、智能家居、智能医疗、智能电网等应用。这些智能应用的背后是人们感知世界的能力、获取数据的能力和范围有了很大的提高。人类社会的数据量实现了第三次大的飞跃，从而推动了大数据时代的到来。

3. 总结

以上介绍了计算机技术与数据的产生方式两个方面推动了大数据时代的到来，可以简单地概括为图 1-8。

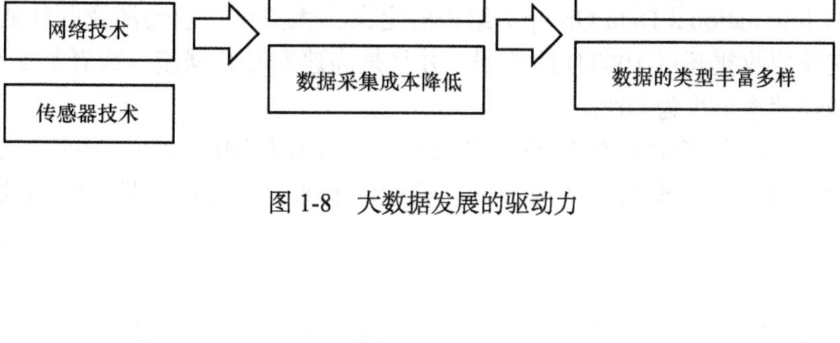

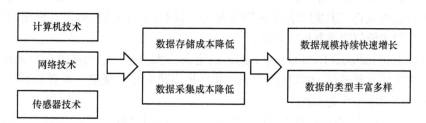

图 1-8　大数据发展的驱动力

1.2 大数据的相关概念

1.2.1 大数据的 5V 特征

对于大数据，不同的专家关注的重点不同，说法不一，关于大数据的特征有 3V、4V 和 5V 几种说法。这里给出的是关于 5V 的说明，如图 1-9 所示。

1）Volume：数据量大。一般业界认为，大数据的规模应该在 PB 级以上。

2）Variety：数据类型多样。包括结构化数据、半结构化数据和非结构化数据（文本、音频、图像、视频、空间数据等多样化数据）。

3）Value：数据具有潜在的应用价值。通过各种手段收集的数据往往价值密度低，需要根据业务需求做大量的数据清洗和抽取工作。

4）Velocity：数据具有高速性。这里的高速性指数据产生和采集的速度高、网络传输的速度高，同时为了保证数据的时效性要求数据处理和分析的速度也要高。

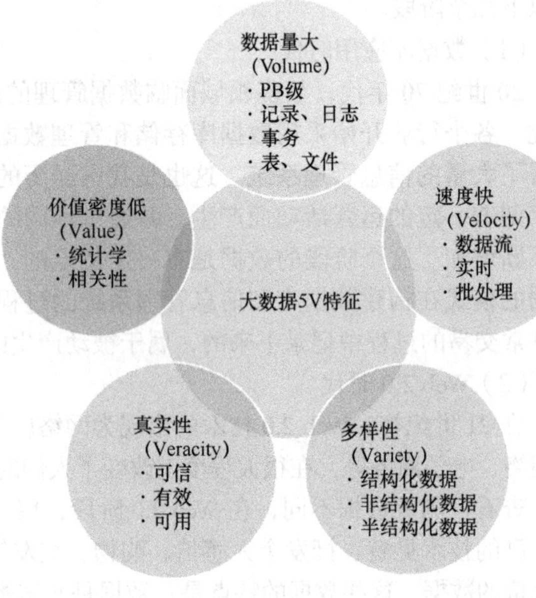

图 1-9 大数据的 5V 特征

5）Veracity：数据的真实性。由于大数据来源的差异性以及结构类型的复杂多样，从而导致数据的质量不高、可用性差。同时，受数据采集范围的限制，数据分析的结果不一定正确。

1.2.2 大数据的相关定义

大数据涉及的领域众多，不同的人对其认识不尽相同，没有严格、统一的定义。

1）Gartner 研究机构给出的定义：大数据是需要新的处理模式才能具有更强的决策力、发现力和流程优化能力的海量、高增长率和多样化的信息资产。

2）麦肯锡全球研究所给出的定义：一种规模大到在获取、存储、管理、分析方面大大超出了传统数据库软件工具能力范围的数据集合，具有海量的数据规模、快速的数据流转、多样的数据类型和价值密度低四大特征。

3）IDG（International Data Group）给出的定义：大数据一般会涉及两种或两种以上的数据形式，它需要收集超过 100TB 的数据，并且是高速实时数据流；或者是从小数据开始，但数据每年增长速率至少为 60%。

从以上的不同的研究机构给出的定义来看，基本都是围绕大数据的特征进行的描述。从中可以发现，由于大数据具备新的特征，导致传统的数据处理工具无法高效地完成对数据的分析，需要新的数据处理模式和工具。需要注意的是，大数据不是指规模必须达到 PB 级甚至更高，实际上大数据的其他特征才是大数据分析的难点所在。

在学习大数据相关内容的过程中还有一些重要的知识需要注意。

1）根据 IDC（International Data Corporation）做出的估测，数据一直都在以每年近 50% 的速度增长。这也就是说，每两年就增长约一倍（大数据摩尔定律），如图 1-10 所示。与此同时，大数据的市场规模也在快速扩大，如图 1-11 所示。

2）人类在最近两年产生的数据量相当于之前产生的数据量的总和。

3）到 2025 年，全球数据总量预估将达到 163ZB。

4）大数据中非结构化数据占约 80% 以上。

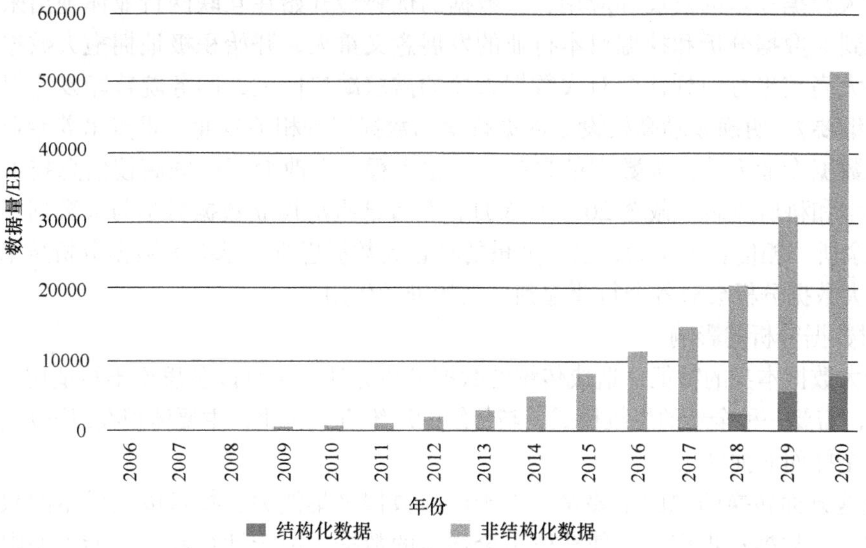

图 1-10　数据增长的趋势

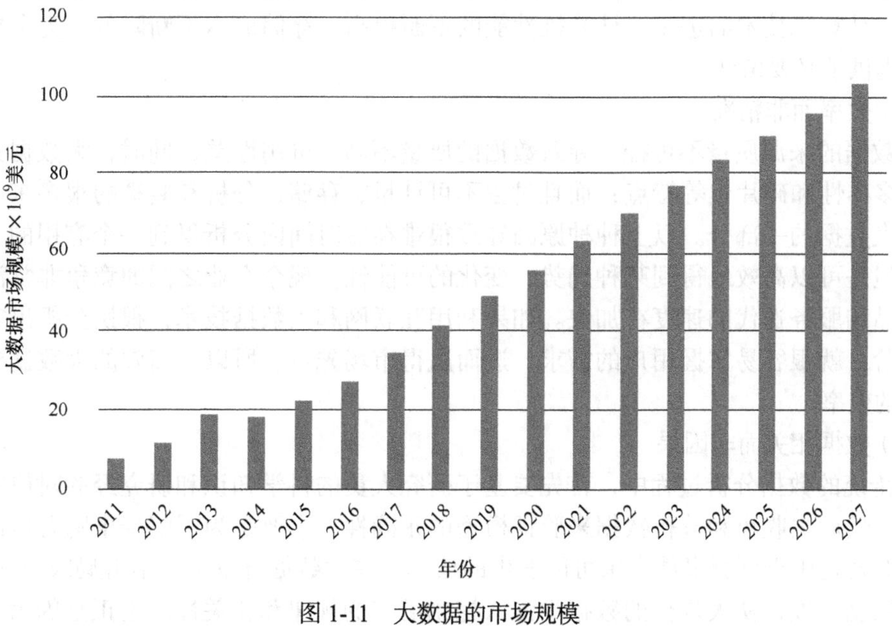

图 1-11　大数据的市场规模

1.3 大数据的影响

1. 对社会发展的影响

在社会发展方面，大数据决策逐渐成为一种新的决策方式，大数据的应用有力地促进了信息技术与各行业的深度融合，推动了新技术和新应用的不断涌现。大数据无处不在，包括金融、汽车、零售、餐饮、电信、能源、政务、医疗、体育、娱乐等在内的社会各行各业都已经融入了大数据的印迹，在一定程度上影响了人们的生活方式和工作方式。

2. 对人才培养的影响

随着大数据技术的发展和应用，大数据的优势最开始在互联网行业体现出来。传统行业也意识到大数据分析和挖掘对本行业的发展意义重大，开始积极地拥抱大数据技术。教育部和各大高校也意识到社会对大数据人才的需求缺口巨大，国务院曾印发《促进大数据发展行动纲要》，明确鼓励高校设立数据科学和数据工程相关专业，重点培养专业化数据工程师等大数据专业人才。大数据的兴起，在很大程度上改变了中国高校信息技术相关专业的现有教学和科研体制。截至 2019 年 3 月，教育部批准设立数据科学与大数据专业的高校达到 480 余所。相信若干年后，会有大量的具备大数据思维、掌握大数据分析技术的人才走向社会，大数据分析会对各个行业起到更大的推动作用。

3. 对数据分析的影响

由于大数据本身的特征，造成传统的数据分析方法、工具以及思维不再适用。对于大数据的分析，需要一种全新的思维模式，与传统的思维方式相比，主要体现在以下几个方面。

（1）全样而非抽样

造成这方面转换的原因主要是，由于以前数据采集能力、技术以及成本的限制，很难获取全样本的数据；再有，即使获取了全样本的数据，由于计算和存储能力的限制，也无法高效地进行全样本的数据分析，只能选择抽样的方法对数据进行分析并预估全体的情况。近年来，计算机技术的进步，计算机性能的不断提高，存储成本不断降低，为全样本的数据分析提供了必要条件。

（2）效率而非精准

大数据的来源质量不可控，导致数据的质量不高、可用性差；同时，大数据具有高增长性、多样性和碎片化等特点；而且过去不可计量、存储、分析和共享的很多东西都被数据化为大数据的一部分。以上种种原因导致很难在短时间内分析得到一个有用的、精准的结果，但是可以高效地得到某种趋势、变化的可能性。现今企业之间的竞争非常激烈，企业的产品和服务迭代的速度在加快。如果利用互联网和大数据技术，很快分析出客户对产品的评价，就很容易掌握用户的需求，进而赢得市场先机。所以，高效的大数据分析能提高企业的效率。

（3）数据相关而非因果

在传统的数据分析过程中，首先要基于研究人员的科学知识和研究经验对研究对象进行建模，然后去收集和分析数据来验证模型的正确性，主要是为了解释事物背后的发展机理，还有就是用于预测事件未来可能发生的概率。在大数据背景下，不再局限于各种模型，而是从数据出发，从大规模的数据中深入挖掘潜在的规律和相关性。也正是因为如此，大数据分析在很多领域发现了很多有洞察力的相关性结果，如啤酒和尿不湿的销量关系等。

1.4　大数据分析

1.4.1　大数据分析的特点

1）数据量大。数据的规模一般比较大，传统的分析工具很难实现，需要采用分布式和并行平台来完成。

2）数据类型繁多。从前面的内容可知，大数据是结构化数据和非结构化数据并存的，并且非结构化数据占绝大部分。结构化数据主要来源于传统的交易业务，非结构化数据主要来源于新兴的行业，如社交网络、移动通信等，如图 1-12 所示。

3）数据处理的速度快。对于某些行业来说，数据具有一定的时效性。从数据的生成到消耗，时间窗口非常小，可用于生成决策的时间非常少。这就要求数据处理和分析的整个流程的效率一定要高。

4）数据价值密度低，商业价值高。以视频为例，在连续不间断的监控过程中，可能有用的数据仅仅有一两秒，但是却具有很高的商业价值。大数据往往需要利用先进的数据挖掘技术进行深入分析。

5）需要行业知识和专业背景。不同数据类型的数据需要不同的专业知识和技术。

a) 结构化数据来源　　　b) 非结构化数据来源

图 1-12　结构化数据和非结构化数据的来源

1.4.2　大数据分析的流程

无论是大数据分析还是传统的数据分析，都会包括图 1-13 中的步骤，只是大数据分析面临的挑战更多、更复杂。

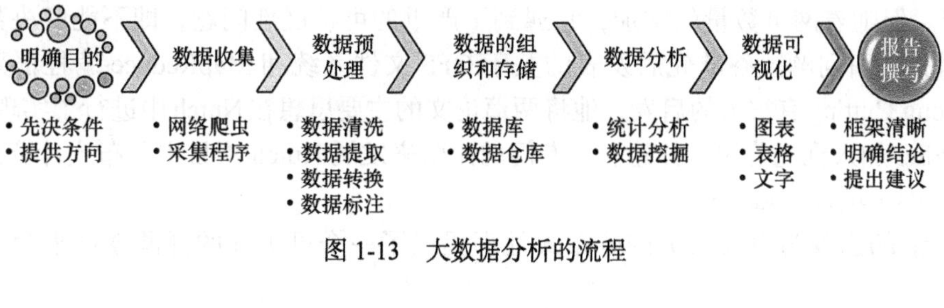

图 1-13　大数据分析的流程

1）数据分析工作首先要明确数据分析的目的，这是很关键的，只有确定了数据分析的目的才能确定数据的来源和范围。当然，现实中也存在掌握了大量的数据而不知道如何利用的现象。

2）在数据的来源和范围确定之后，需要根据数据存储和分布的特点确定数据收集的方法。一般的自动化的数据收集方法有网络爬虫和专门的数据采集程序。其中，网络爬虫主要是针对网络上公开的数据的采集。有些情况需要专业人员根据实际的情况编写专门的数据采集程序，例如，传感器数据的采集、实验设备数据的采集等。

3）数据采集来之后一个很重要的工作是数据的预处理，这一步会影响后续数据分析的质量。并且，其工作量比较大，往往会占数据分析整个流程工作量的 70% 以上。主要的原因在于，所得到的数据往往质量不高，直接用来进行数据分析的可能性不大，需要对其进行数据清洗、转换、标注等一系列工作。

4）为了高效利用数据，需要对预处理的数据选择高效的组织和存储方式。一般会选择数据库系统或数据仓库。当然，对于大数据的组织和存储一般要选择分布式数据库或分布式数据仓库，甚至直接使用分布式文件系统。

5）大数据分析包括传统的数据分析和数据挖掘。数据分析的工作包括：现状分析、原因分析、预测分析（定量）。数据分析的目标明确，先做假设，然后通过数据分析来验证假设是否正确，从而得到相应的结论。数据挖掘是从海量数据中找到隐藏的规则，其重点在寻找未知的模式与规律。数据挖掘主要解决四类问题：分类、聚类、关联和预测（定量、定性）。

6）经过数据分析之后得到的结论对于专业的人来说很容易理解，而对于非专业的人来说有时很难。为了更好地展示得到的结论，往往需要将分析的结果以可视化的方式来展现。现在有很多开源的可视化工具可用，只要把要展示的数据按照要求进行转换就能实现简单的可视化。

7）根据数据分析的结果撰写报告。报告要根据数据分析的结果，给出明确的结论及建议。

1.4.3 大数据分析的核心技术

谷歌（Google）公司为了解决其搜索引擎中所面临的数十亿网页的存储和分析的问题，提出了一套相对低廉的解决方案。2003 年—2006 年，谷歌公司提出了 MapReduce 编程框架、GFS 文件系统以及 BigTable 存储系统，从而成为大数据处理技术的开拓者和领导者。

Hadoop 最早起源于 Nutch。Nutch 是一个开源的网络搜索引擎，由 Doug Cutting 于 2002 年创建。Nutch 的设计目标是构建一个大型的全网搜索引擎，包括网页抓取、索引、查询等功能。但随着网页数量的增加，它遇到了严重的可扩展性问题，即不能解决数十亿网页的存储和索引问题。谷歌先后发表的关于 GFS 文件系统和 MapReduce 编程框架两篇论文，对 Doug Cutting 有很大的启发，他将两篇论文的主要思想在 Nutch 中进行了实现。之后，Doug Cutting 加入雅虎公司，并建立了专门的团队来发展 Nutch 项目中分布式计算部分，成为 Apache 的子项目 Hadoop。

Hadoop 的出现为海量数据的分布式处理提供了一个可扩展的开源软件平台，其中的分布式处理框架 MapReduce 和分布式存储系统 HDFS 成为大数据分析的两个核心技术。Hadoop 出现后被大量的受海量数据存储和分析困扰的互联网公司所采用，一度成为大数据分析的标准平台和代名词。随后，也有一些新的类似的平台和技术被提出，如 Spark、Storm、Hive、Impala 等，其中不乏开源的系统。无论哪种平台和技术都有其存在的原因和应用场景，我们需要做的是根据实际的应用场景选择合适的大数据处理平台。

1.4.4 大数据分析的计算模式

根据数据的产生方式或者使用数据的方式不同，大数据分析平台所采用的计算模式是不同的，见表 1-1。

表 1-1 大数据分析的不同计算模式

大数据计算模式	解决的问题	代表产品
批处理模式	针对大规模数据的批量处理	MapReduce、Spark
流计算模式	针对流数据的实时计算	Storm、S4、Flink、Flume、Streams、Puma、DStream、Super Mario
查询分析模式	大规模数据的存储管理和查询分析	Dremel、Hive、Cassandra、MongoDB、Impala
图计算模式	针对大规模图结构数据的处理	Pregel、GraphX、Giraph、PowerGraph、Hama、GoldenOrb

1. 批处理模式

如果要处理分析的数据是批量给定的，且属于静态数据，分析任务对时间要求不高。此类数据分析业务可以采用批处理平台来处理，如 Hadoop 和 Spark。像早期的搜索引擎的索引构建任务就属于这一类。

2. 流计算模式

在很多场景下，数据总是源源不断地产生，如电信、电商、网络监控。对此类数据的分析任务具有一定的实时性要求，并且数据也有一定的实效性，必须在一定的时间内处理完毕。这样的应用场景应该采用流计算平台，如 Storm、S4、Flink 等。

3. 查询分析模式

对于分析探索类的任务，往往需要从不同角度对数据进行查询与分析。用户非常需要有一种像关系数据库一样好用的工具，输入查询请求，服务器很快能给出结果。此类应用可以采用 Hive、Impala 这类的分布式数据仓库。这类平台能够管理大规模的数据，且提供类似 SQL 的查询语言，用户在使用的过程中像使用传统数据库一样，不必关心后台的处理细节。

4. 图计算模式

由于现实世界中的物体都是处于联系之中的，现实中的物体之间的联系都可以量化成网络或者图。例如，人与人之间的合作关系、城市之间的道路、电力传输的网络、河流组成的网络、社交网络上的朋友关系等。这一类数据的结构具有一定的特殊性，研究人员根据图数据分析的特点，提出了不同于 MapReduce 的 BSP 处理模型。针对图数据的分析，用户可以选择 Pregel、GraphX、Giraph 这类的平台。

1.5 大数据的行业应用

1.5.1 社交大数据

微信、微博、Facebook、Twitter 等社交网站的应用已经慢慢地改变了人们的交流方式。在社交网站中，会留下了许多用户的行为痕迹，而在这些行为痕迹的背后，隐含着巨大的商业价值。不仅仅是社交网站，现在众多的电子商务或其他服务平台都提供了社交网络的功能。这些都产生了大量的社交网络大数据。

获取了社交网络大数据后，可以对其进行全方位的分析，主要分析内容如图 1-14 所示。对于其中的用户画像，可以从五个方面进行描述，如图 1-15 所示。

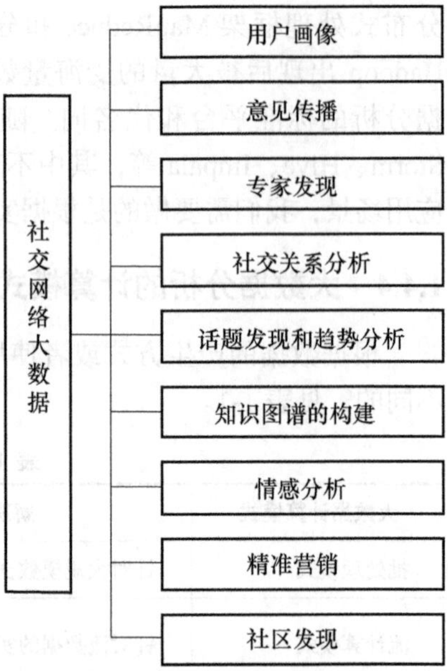

图 1-14 对社交网络大数据的分析

1. 用户画像

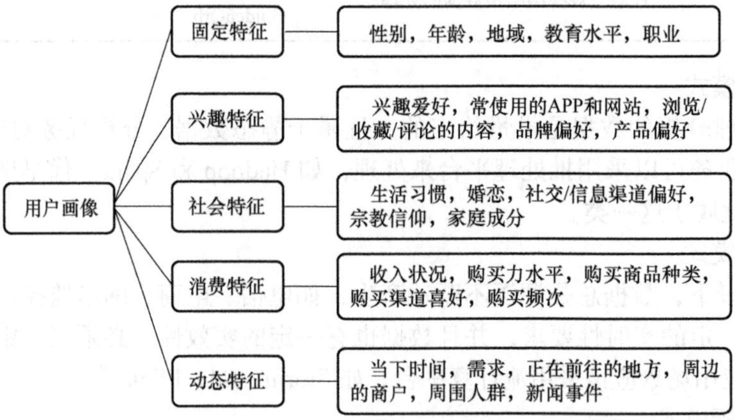

图 1-15 用户画像的特征

2. 情感分析

Facebook 对 689003 名用户进行了“用户所看到状态中的情感状态是否会影响到他们自身发布状态的情感”的实验。

在页面上人为地设置了一些正面或是负面的情感性关键词，同时控制用户在自己的新闻推荐中的阅读内容，从而观察用户在自身发布帖子中的行为表达。Facebook 将他们分成两组，一组看到的都是偏向积极向上状态的，而另外一组看到则是偏向消极状态的。结果显示，状态中所携带的感情色彩是会传染的。也就是说，当用户所看到的状态，其含有的正面情感词语比例越高，用户发布的状态就越积极，反之亦然。

1.5.2 医疗大数据

医疗行业的大数据主要存在于医院的相关部门，出于对个人隐私的保护，外界很难获取，因而医疗行业的大数据应用的进展也相对较慢。从个人角度来看，医疗数据包括从病人挂号、就医、检查、治疗、住院到出院、康复等整个就医过程的数据，还包括与就医过程相关的数据，如报销和购药等。从整体上来看，医疗行业的大数据主要包括：医疗成本数据、制药行业和科研数据、临床数据、病人行为和情绪数据等。

基于以上的医疗大数据，可以在如图 1-16 所描述的若干方面开展相关的应用。

医疗大数据分析的作用体现在以下几个方面。

1）在疾病诊疗与居民健康方面，了解健康情况，防患于未然。

2）在公共卫生管理方面，公共卫生部门对公共卫生状况进行整合分析，对疫情及传染病进行实时监控，并能快速响应。

3）在医院管理上，通过大数据分析技术找到医疗资源分配不合理的地方，帮助管理者做出更准确的决策。

4）在临床使用层面上，利用大数据技术对电子病历中的数字化信息进行分析处理，既能够让医生的诊疗有迹可循，还可以发现最有效的临床路径，从而及时为医生提供最佳的诊疗建议。

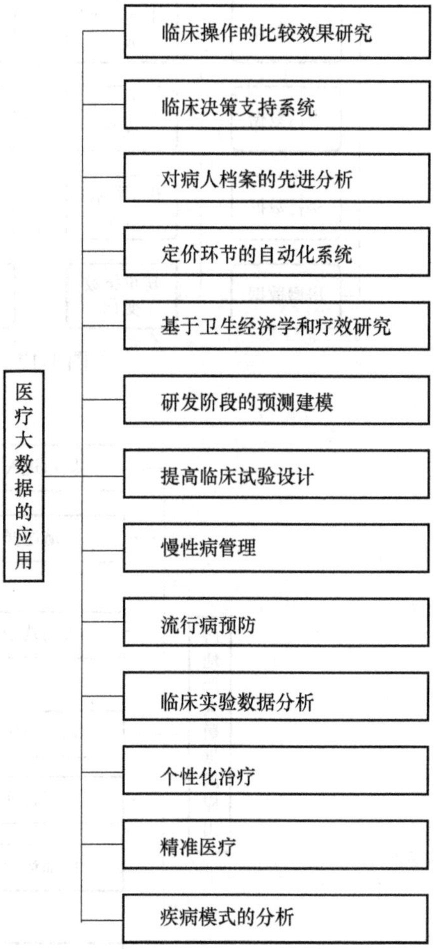

图 1-16 医疗大数据的应用

1.5.3 房地产大数据

房地产行业是一个比较传统的行业，给人的直接印象是“粗放、土豪、人力密集型”的行业。近年来，随着国家对房地产行业的调控措施相继出台，房地产行业进入深度调整期，许多大型的房地产公司开始尝试利用大数据技术实现产业升级。对于很多人来说，房地产大数据就是市场营销或者卖房。事实上，房地产大数据涉及房地产行业的整个产业链条。房地产行业可以利用的大数据主要包括内容如图 1-17 所示。

房地产行业基于大数据可以开展的应用如图 1-18 所示。对于一个房地产公司，一般由负责的领导或一组人决定或论证去哪个城市开展房地产业务。传统的方法会受限于人的决策水平。对于城市的选择，应该充分利用掌握的数据建立评估模型，为城市的选择进行评估。对于一个城市，会有许多区域，要选择哪一个板块去投资，也应该基于数据分析的结果来决定。对于一个房地产行业的大公司来说，其资产管理和内部运营数据也是非常庞大和复杂的，对于这些数据的管理和分析可以提高企业的管理水平。

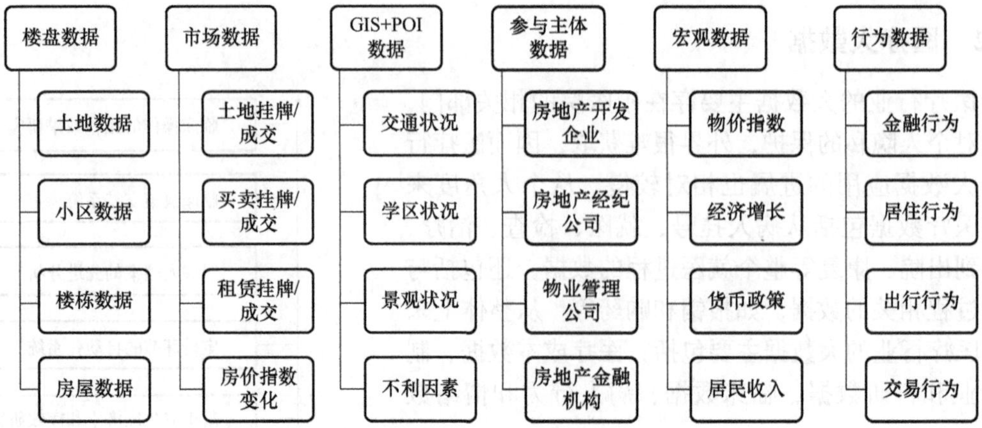

图 1-17 房地产行业可以利用的大数据

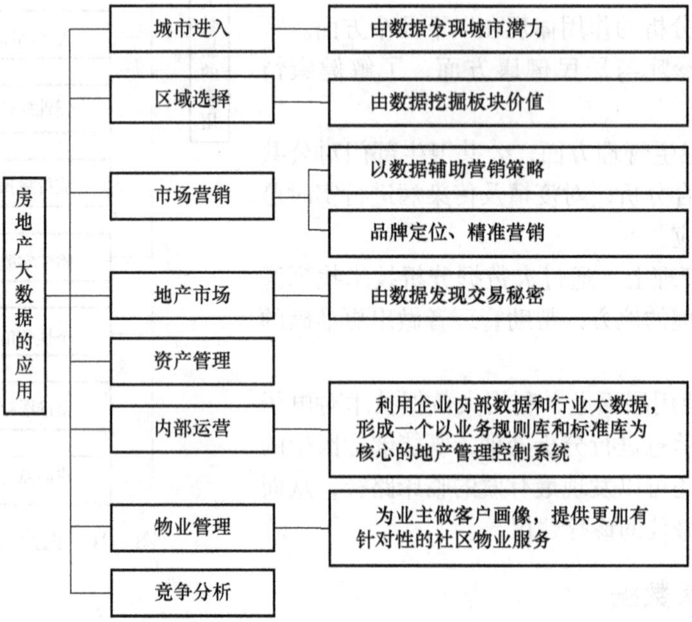

图 1-18 房地产大数据的应用

1.6 大数据与其他领域的关系

1.6.1 云计算、大数据和物联网

云计算、大数据和物联网代表了 IT 领域最新的技术发展趋势，三者相辅相成，既有联系又有区别。

云计算实现了通过网络提供可伸缩的、廉价的分布式计算能力，用户只需要在具备网络接入条件的地方，就可以随时随地获得所需的各种 IT 资源。实现云计算的关键技术主要有分布式存储、分布式计算、虚拟化以及多租户管理，如图 1-19 所示。

根据云计算提供服务的类型不同，云计算可分为基础设施层（IaaS）、平台层（PaaS）以及应用层（SaaS）；根据云计算资源的归属，云计算可以分为公有云、私有云和混合云，如图 1-20 所示。

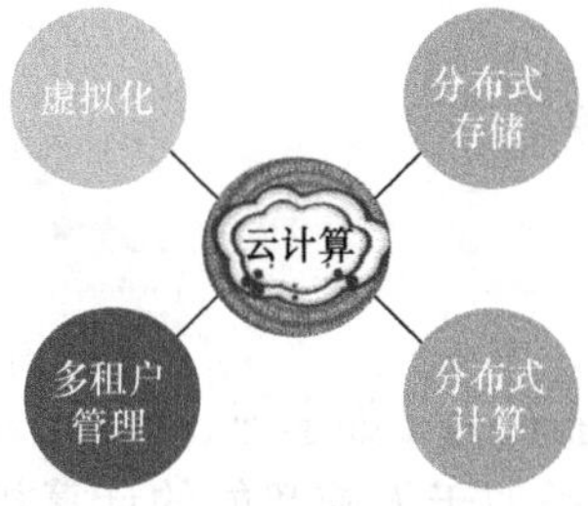

图 1-19　云计算的关键技术

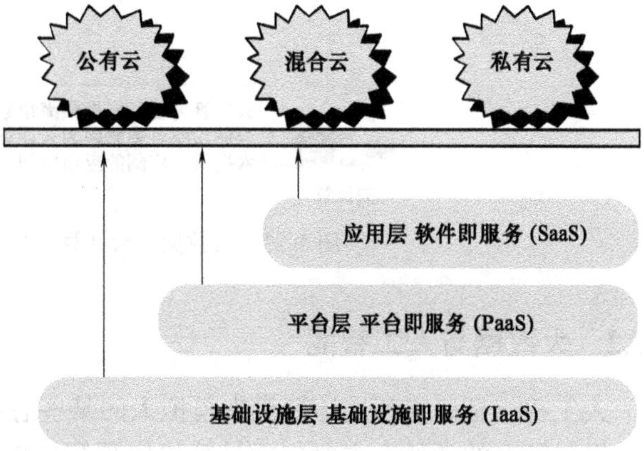

图 1-20　云计算的服务模式和类型

物联网是物物相连的互联网，是互联网的延伸。它利用局部网络或互联网等通信技术把传感器、控制器、机器、人员和物等通过新的方式联系在一起，形成人与物、物与物相连，实现信息化和远程管理控制。从物联网的体系结构来看，一般包括负责数据采集的感知层、数据传输的网络层、数据分析的处理层，以及与行业相关的应用层，如图 1-21 所示。总的来说，物联网的关键技术主要包括识别和感知技术、网络与通信技术以及数据挖掘与融合技术，如图 1-22 所示。

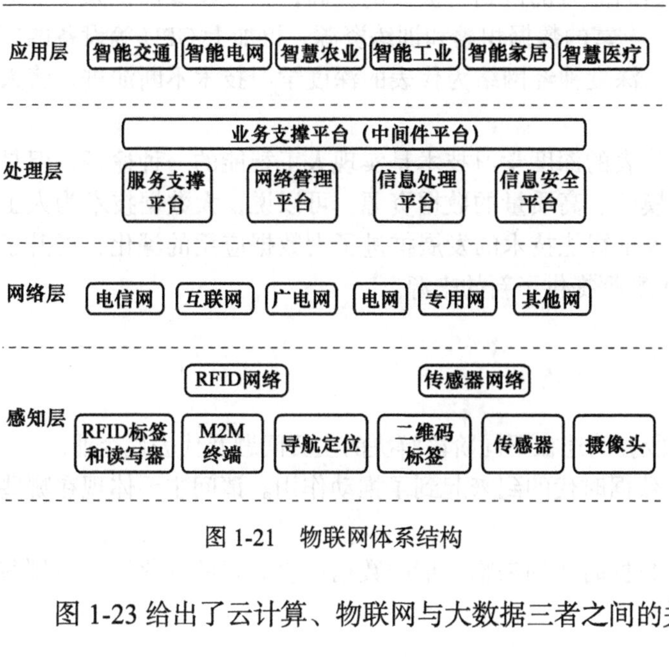

图 1-21　物联网体系结构

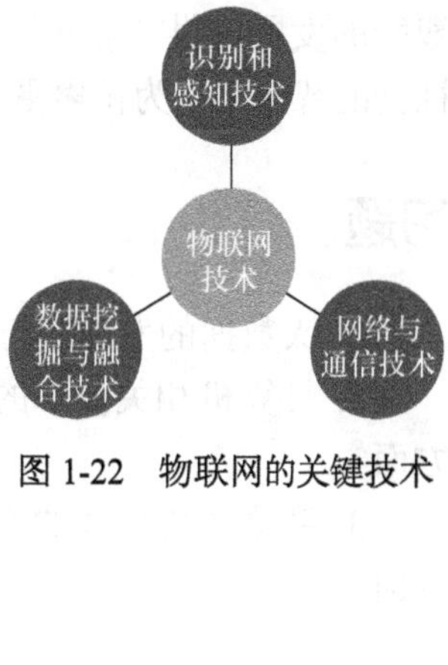

图 1-22　物联网的关键技术

图 1-23 给出了云计算、物联网与大数据三者之间的关系。

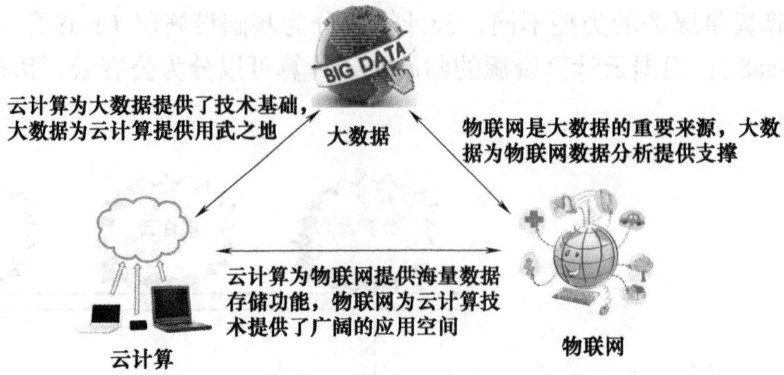

图 1-23　大数据、云计算、物联网之间的关系

1.6.2　大数据与人工智能

人工智能是研究利用计算机来模拟人的某些思维过程和智能行为（如学习、推理、思考、规划等）的学科，主要包括计算机实现智能的原理、制造类似于人脑智能的计算机，使计算机能实现更高层次的应用。从技术发展的角度可以将人工智能分为计算智能、感知智能、认知智能三个阶段。

首先是计算智能，机器人开始像人类一样会计算、传递信息，如神经网络、遗传算法等；其次是感知智能，感知包括视觉、语音、语言，机器开始看懂和听懂，能做出判断，采取一些行动，如可以听懂语音的音箱等；第三是认知智能，机器能够像人一样思考、主动采取行动，如完全独立驾驶的无人驾驶汽车、自主行动的机器人。

人工智能的目标是让机器在某些方面具备人类的智能，从而帮助人类完成各项复杂的任务。人工智能发展公认的三要素包括数据、算力和模型。近年来，随着大数据技术的发展，人们获取数据、存取和分析数据的能力都得到了极大的提高，各个领域都积累了丰富的数据集，为人工智能的发展提供了丰富的数据积累和训练资源。再加上 GPU 等设备的广泛使用，计算能力快速提升，使得以深度神经网络为代表的深度学习技术不断演进，将人工智能的发展推到了一个新的高度。

总体来说，以深度神经网络为代表的深度学习技术是实现人工智能的一种途径，但是深度神经网络模型的训练需要大规模的、高质量的数据资源，可以说，大数据技术为人工智能的发展提供“燃料”和基础。人工智能技术的发展推进了大数据应用的深化，提升了社会的智能化，为积累更多的行业大数据提供了新的来源。

习题

1. 大数据的发展经历了三个阶段。简述在不同阶段解决的主要问题及代表性企业。

2. 计算机相关技术的发展对大数据时代的到来起到了推动作用。请问主要体现在哪些方面?

3. 数据产生方式的变化促成大数据时代的来临。请问数据产生方式的变化体现在哪些方面?

4. 简述大数据的 5V 特征。
5. 在数据分析方面，大数据完全颠覆了传统的思维方式，主要体现在哪几个方面？
6. 大数据分析流程主要包括哪些步骤？
7. 大数据分析的代表性计算模式有哪些？
8. 简述云计算、大数据和物联网之间的关系。
9. 简述大数据与人工智能的关系。

Chapter 2 第2章

大数据的采集

随着计算机技术、网络技术以及传感器技术的发展，数据的产生、采集、传输、组织、存储等方面都发生了巨大的变化。第1章提到数据的产生方式经历了三次明显的变化，同时数据的来源也变得更加广泛。

2.1 大数据的来源

第1章讲过大数据由结构化数据和非结构化数据组成。结构化数据主要产生于各种行业的信息系统并存储在传统关系数据库中，这类数据有统一规整的数据格式。非结构化数据的来源就广泛得多了，例如，科学研究类的数据，包括基因组数据、加速器数据、地球与空间探测数据等；企业应用类的数据，包括Email、文档、文件、应用日志、交易记录等；互联网的数据，包括文本、图像、视频、服务器日志、电商和社交网络数据等。总的来说，世界上的数据来源可以分为三类：人类社会、信息空间、物理空间。

人类社会的数据：人类在生产、生活、社交活动中产生的可以记录并量化的信息。这类数据一般经由信息系统记录下来并保存在数据库中。例如，银行交易、客户关系、产品销售、供应链、位置空间等。这类数据可以反映人们参与生产、生活、商业活动的信息。这类数据的特点是结构规整、语义清晰、具有严格的数据模式、数据质量高、可用性好。

信息空间的数据：计算机或者其他能够记录数据的电子设备在日常运行过程中产生的数据。例如，网络服务器的日志、访问记录、科学仪器产生的数据等。当然，还包括人类在网络上的一些行为数据，如发表的博客、微博、图片、音频、视频、社交行为、购物消费等。这类数据包含大量的非结构化数据，在数据收集和分析的过程中需要使用一些专业的技术。

物理空间的数据：通过传感器或感知设备获取的对环境和空间的感知数据。例如，环境监测设备记录的数据，如气温、湿度、PM2.5浓度等；科学仪器运行过程中产生的数据，如医疗影像、基因组数据、航空航天探测数据等。

2.2　大数据采集工具

不同来源的数据产生的方式不同，需要有相应的数据采集方法。现有的方法大体上可以分为：专用的数据采集程序或设备、网络爬虫、众包和群智感知技术。

对于物理空间的数据收集，一般需要专门的采集程序或设备，并且需要专业的技术人员来设计、开发和维护。例如，环境监测、水污染治理，专业大型科研仪器等。有的还需要遵守国际标准。例如电能量的采集，由于电能量采集设备的通信模块都必须按照国际标准 IEC 61970 生产，数据的采集和传输也必须遵守上述的标准。

信息空间的数据基本以电子化的形式存储在网络空间中，如网页数据、系统日志等。由于互联网开放、互联的特征，可以用网络爬虫或者类似的采集工具收集此类数据。对于网络上公开的网页数据可以利用网络爬虫进行数据收集。当前开源或免费的网络爬虫工具有很多，如 Nutch、Scrapy 等。由于这两种爬虫工具应用较为广泛，本书在后半部分将对其进行详细的讲解。对于大型网络服务器集群上存储的日志，也有免费开源的工具可以利用，如 Facebook 的 Scribe、LinkedIn 的 Kafka 以及 Cloudera 的 Flume 等。

对于人类社会的数据，这类数据实际上是人类各种活动的信息化和量化，基本存储在人们构建的各种信息系统中，结构相对规整，收集起来相对容易。市场上也有一些专门用于此类数据收集和集成的工具。随着嵌入式设备、无线传感网络、物联网、智能移动终端等的快速发展，集成感知、计算和通信能力的普适智能系统正在被广泛部署，并逐步融入人类的日常生活环境中，随之出现了一种众包和群智感知技术。此类技术通过设计一系列的机制和方法，来协调一个群体（通过互联网）做“微工作”，利用人的群体的智慧来解决软件或个人难以解决的问题。此类技术最早应用于网络上输入的验证码，后来推广到网络上的在线合作编辑如 Wikipedia、百度百科，以及在线问答系统，如知乎、Quora 等。

2.3　大数据预处理

由于大数据来源的多源、异构、广泛等特征，造成其质量普遍较低、可用性差，主要表现为以下几个方面：①数据可能存在缺失的、不完整的、不正确的问题；②同一个实体在不同的数据源中描述不一致，且往往缺乏像关系数据库中那样的唯一标识；③数据之间或者数据的不同属性之间可能是相互关联的，存在冗余的情况；④数据的格式不一致。

以上的问题在数据集成的过程中非常普遍，为大数据分析带来很大的挑战。因此，需要对收集的大数据进行预处理。数据预处理工作的质量直接影响后期数据分析的结果，并且数据预处理的工作量在数据分析的整个流程中占绝大部分，一般认为此部分的工作量不低于 70%。

大数据的预处理一般包括数据清洗、数据集成、数据规约、数据转换等。

1. 数据清洗

现实中的数据往往是不完整的、有噪声的、不一致的。数据清洗试图填充缺失值，光滑噪声，并识别离群点，纠正数据中的不一致问题。数据清洗之前应该对数据的分布情况有个统计，才能判断噪声和离群点，以及属性间的依赖关系。

缺失值的处理方法一般有忽略有缺失值的元组和人工填写。人工填写可以利用均值、中位数、常量或者回归的方法。

噪声数据的处理方法有数据平滑和回归。数据平滑可以使用分箱（Binning）、回归（Regression）、离群点分析（Outlier Analysis）等方法。回归的方法有线性回归、非线性回归以及神经网络。

2. 数据集成

数据集成是将来自多个数据源的数据合并，并存放在一个一致的数据存储中，需要解决的问题有实体识别和数据冲突。识别不同数据源中描述同一实体的数据，并将它们关联在一起的过程称为实体识别。重复检测通常可以采用实体识别的方法来进行。在数据集成的过程中数据冲突主要表现为单位不一致、模式不一致、精度不一致等。解决以上问题的方法主要有模式匹配、数据映射、语义翻译等。

3. 数据规约

数据经过清洗和集成后，可以得到整合了多数据源且数据质量完好的数据集。但是，集成与清洗无法改变数据集的规模，依然需通过技术手段降低数据规模，这就是数据规约（Data Reduction）。数据规约方法类似数据集的压缩，它通过减少维度或者数据量，来达到降低数据规模的目的，主要有维度规约和数量规约两种方法。维度规约主要是为了减少所需自变量的个数，代表方法有 WT、PCA 与 FSS 等。数量规约是要用较小的数据表示形式替换原始数据，代表方法有对数线性回归、聚类和抽样等。

4. 数据转换

数据转换就是通过各种转换方法数据变得更加一致，更加容易被模型处理。数据转换的方法有下面三种：

数据标准化（Data Standardization）：将数据按比例缩放，使数据都落在一个特定的区间。方法有最大 - 最小标准化、Z-Score 标准化、小数定标标准化。

数据离散化（Data Discretization）：将数据用区间或者类别的概念替换。方法有分箱离散化、直方图离散化、聚类分类离散化、相关度离散化。

数据泛化（Data Generalization）：将底层数据抽象到更高的概念层。

2.4 Nutch 应用案例

Nutch 是一个开源的、用 Java 实现的搜索引擎，它提供了搜索引擎所需的全部功能，是一个成熟的产品化网络爬虫。Nutch 不仅具备了插件式和模块化优点，还提供了可扩展的功能接口，如解析、索引和自定义 ScoringFilter 实现；Nutch 可以自动发现网页超链接，减少很多维护工作，如检查坏链接；Nutch 为所有访问过的页面建立副本进行搜索。本案例对 Nutch 的安装和部署以及基础应用进行了介绍，同时分析了其中一些细节问题。

2.4.1 Nutch 的安装和配置

1. 准备工作

在利用虚拟机基于 Ubuntu 进行 Nutch 系统的搭建时，需要的软件包有 VMware、ubuntu-16-desktop.iso、jdk1.8.0_201.tar.gz 以及 apache-nutch-1.2-bin.tar.gz。

2. 开始部署

首先安装 VMware，然后安装 Ubuntu 以及 VMware tools。将上述软件包上传到共享目录 /mnt/hgfs/share/ 下。

3. 安装 JDK

安装 Java 程序的编译和运行环境 JDK，在终端输入以下命令。

```
#tar-zxvf jdk-8u201.tar.gz-C/home/hadoop/soft/
#cd/home/hadoop/soft

#ln-s jdk1.8.0_201 jdk  //创建符号链接
```

安装完成 JDK 之后需要配置好用户的环境变量才能保证 Nutch 正常工作。配置环境变量的方法有多种，这里采用的方法是在 /ctc/cnvironment 下配置环境变量。配置好环境变量非常重要，Nutch 爬取失败大部分是因为环境变量配置得不对。

在 /etc/environment 文件中添加以下内容来配置环境变量。

```
JAVA_HOME=/home/hadoop/soft/jdk
JRE_HOME=${JAVA_HOME}/jre

//PATH 环境变量设置，直接在该文件的 PATH 变量后面添加 ${JAVA_HOME}/bin
```

接下来，验证 JDK 的安装和环境变量的配置是否成功。若输入以下命令，得到如下的输出，则表明安装和配置成功。

输入：

```
#java-version
```

输出：

```
Java version"1.8.0_201"
Java(TM)SE Runtime Environment(build 1.8.0_201-b09)
Java HotSpot(TM)64-Bit Server VM(build 25.201-b09, mixed mode)
```

4. 安装配置 Nutch

（1）在终端输入以下命令安装 Nutch

```
#tar-zxvf apache-nutch-1.2-bin.tar.gz  -C/home/hadoop/soft
#ln-s nutch-1.2 nutch
#cd/home/hadoop/soft/nutch
```

（2）设置 Nutch 的环境变量

编辑 nutch-1.2\conf\hadoop-env.sh 文件，配置 JDK 路径，将此文件中的 Java_Home 设置为 JDK 的安装路径。

下面以爬取搜狐网为例设置相关的配置文件。

（3）编辑 conf/crawl-urlfilter.txt 文件（编辑器用 vim、vi 或 nano 都可以）。

```
nano conf/crawl-urlfilter.txt
```

（4）修改 conf/crawl-urlfilter.txt 中的合法 URL 声明

```
#accept hosts in MY.DOMAIN.NAME
+^http://([a-z0-9]*\.)*MY.DOMAIN.NAME/
```

将其中要爬取的合法 URL 声明修改为如下的值。

```
#accept hosts in MY.DOMAIN.NAME
+^http://([a-z0-9]*\.)*sohu.com/
```

（5）修改 nutch-site.xml 文件

在这个文件中需要填写相关的代理属性。因为 Nutch 要遵守 Robot 协议，在爬取网站内容的时候，要把相关的信息提交给被爬取的网站。打开 nutch-site.xml 文件并添加如图 2-1 所示的信息。

```
#nano conf/nutch-site.xml
```

```
<?xml version="1.0"?>
<?xml-stylesheet type="text/xsl" href="configuration.xsl"?>
<!—Put site-specific property overrides in this file.-->
<configuration>
<property>
    <name>http.agent.name</name>
    <value>http://www.xinhuanet.com/ </value>
</property>
<property>
    <name>http.agent.version</name>
    <value>1.0 </value>
</property>
<property>
    <name>http.agent.url</name>
    <value>http://www.xinhuanet.com/</value>
</property>
<property>
    <name>http.robots.agents</name>
    <value>http://www.xinhuanet.com/</value>
</property>
</configuration>
```

图 2-1　修改 nutch-site.xml 文件

（6）添加要爬取的网址

在 nutch-1.2 文件夹内建立一个名为 urls 的文件夹，并在此文件夹内建立 url.txt 文本文件，使用以下命令。

```
#cd/home/hadoop/soft/nutch/bin
#mkdir urls
#nano urls/url.txt
```

在 urls/url.txt 中添加如下内容。

```
http: //www.sohu.com/
```

（7）编辑 nutch-1.2\conf\nutch-default.xml 文件

编辑 nutch-1.2\conf\nutch-default.xml 文件，设置代理名，如图 2-2 所示。若不进行此设置，则在爬取的时候可能出现空指针异常，在 tomcat 中搜索时可能导致 0 条记录。

```
<!--HTTP properties-->
<property>
  <name>http.agent.name</name>
  <value>xinhuanet</value>
  <description>HTTP'User-Agent'request header.MUST NOT be empty-
  please set this to a single word uniquely related to your organization.

  NOTE: You should also check other related properties:
    http.robots.agents
    http.agent.description
    http.agent.url
    http.agent.email
    http.agent.version
</property>
```

图 2-2　编辑 nutch-default.xml 文件

（8）创建日志

创建的日志用来记录爬取时的输出情况，不指定输出文件的话，默认输出到终端。命令如下。

```
#cd/home/hadoop/soft/nutch/
#mkdir logs
#nano logs/log1.log
```

（9）创建存储目录

创建存储目录用来存储爬取过程中产生的所有数据。命令如下。

```
cd/home/hadoop/
#mkdir/index
```

2.4.2　Nutch 爬取与内容解析

1. 爬取数据

执行 Nutch 来爬取数据，使用的命令如图 2-3 所示。

```
#cd/home/hadoop/soft/nutch/bin
#./nutch crawl urls dir/home/Hadoop/index-depth 4-threads 3-topN 50 | tee logs/log1.log
```

图 2-3　Nutch 爬取数据命令

下面对命令中使用的一些参数进行了解释。

crawl：执行 crawl 的 main 方法。

urls：存放需要爬取的 url.txt 文件的目录。

dir：爬取后文件保存的位置。

depth：爬取深度。

threads 指定并发爬取的线程个数，这里设定为 3。

topN：一个网站要爬取的最大页面数。

2. 爬取状态检查

使用如下命令检查爬取是否成功。

```
#ll/home/hadoop/index
```

若出现图 2-4 所示的文件索引内容，则表示成功；若没有，查看 logs/log1.log 日记的异常。

```
hadoop@hadoop:~$ cd/home/Hadoop/index
hadoop@hadoop:~/index$ ll
总用量 28
drwxrwxr-x   7   hadoop   hadoop   4096   3月   30   19:14   ./
drwxrwxr-x   25  hadoop   hadoop   4096   3月   30   15:35   ../
drwxrwxr-x   3   hadoop   hadoop   4096   3月   30   19:14   crawldb/
drwxrwxr-x   2   hadoop   hadoop   4096   3月   30   19:14   index/
drwxrwxr-x   3   hadoop   hadoop   4096   3月   30   19:14   indexes./
drwxrwxr-x   3   hadoop   hadoop   4096   3月   30   19:14   linkdb/
drwxrwxr-x   6   hadoop   hadoop   4096   3月   30   19:14   segments/
hadoop@hadoop:~/index$ ll  segments/
drwxrwxr-x   6   hadoop   hadoop   4096   3月   30   19:14   ./
drwxrwxr-x   7   hadoop   hadoop   4096   3月   30   19:14   ../
drwxrwxr-x   8   hadoop   hadoop   4096   3月   30   19:13   20190330191314/
drwxrwxr-x   8   hadoop   hadoop   4096   3月   30   19:13   20190330191321/
drwxrwxr-x   8   hadoop   hadoop   4096   3月   30   19:14   20190330191341/
drwxrwxr-x   8   hadoop   hadoop   4096   3月   30   19:14   20190330191425/
```

图 2-4　检查爬取状态

3. 网页内容导出

使用 Nutch 提供的命令将爬取的网页内容导出，命令如图 2-5 所示。命令中 -readseg 是 Nutch 读取命令，segdb 是导出内容保存的文件夹名。

```
#./nutch readseg-dump/home/Hadoop/index/segments/20190330191321  segdb  -nocontent
  -nofetch  -nogenerate  nonoparse  -noparsedata
```

图 2-5　网页内容导出命令

爬取的网页的内容导出之后，可以使用如下的命令来查看解析后的网页的内容。网页导出的部分内容示例如图 2-6 所示。

```
#cat segdb dump/*
```

Recno: 23
URL:: http://www.news.cn/world/
ParseText::
新华网首页　时政　国际　财经　高层　理论　论坛　思客　信息化　房产　军事　港澳
图片　视频　娱乐　时尚　体育　汽车　科技　食品　新华网国际　国际首页　外交一习谈　寰球观察　寰球图解
一带一路　华人新闻　热点专题　寰球立方体　高端访谈　记者专栏　亚太网新加坡　国际　国际首页　外交
……

图 2-6　网页导出部分内容示例

2.5 Scrapy 应用案例

2.5.1 Scrapy 框架概述

Scrapy 是基于 Python 开发的一个快速、高层次的信息抓取框架，可以高效率地爬取 Web 页面并提取出结构化的数据。Scrapy 框架的应用较为广泛，可用于数据挖掘、数据监测和自动化测试。Scrapy 框架组成如图 2-7 所示。

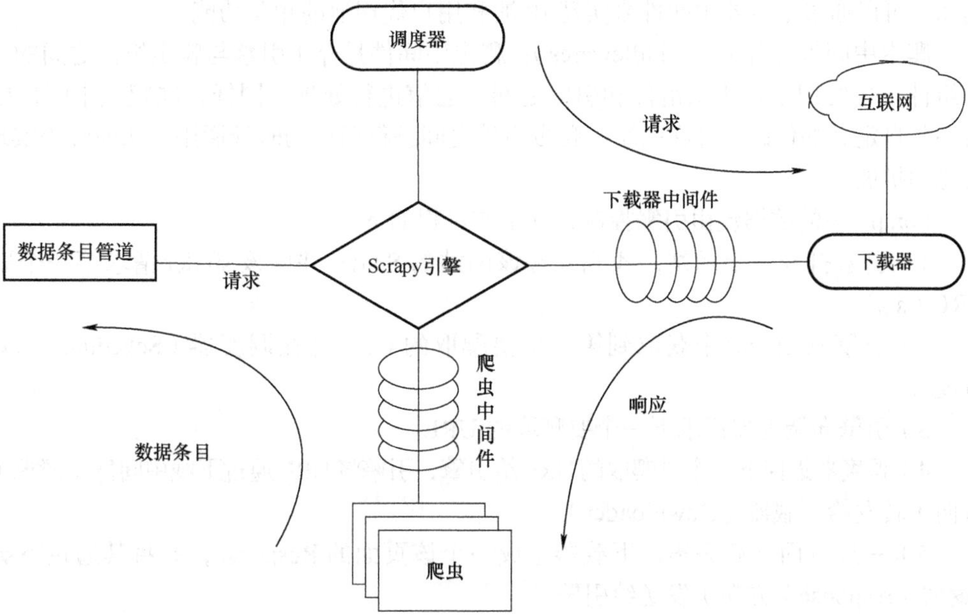

图 2-7　Scrapy 框架组成

Scrapy 引擎（Scrapy Engine）：它是框架的核心，负责框架中各组件的信号和数据传递，并在相应动作发生时触发事件。

调度器（Scheduler）：主要实现存储待爬取的网址，并确定这些网址的优先级，决定下一次爬取哪个网址等。可以把调度器的存储结构看成一个优先队列，调度器会从引擎中接收请求（Request）并存入优先队列中，在队列中可能会有多个待爬取的网址，但是这些网址各自具有一定的优先级，同时调度器也会过滤掉一些重复的网址，避免重复爬取。当引擎发出请求之后，调度器将优先队列中下一次要爬取的网址返回给引擎，以供引擎进行进一步的处理。

下载器（Downloader）：它根据引擎发送过来的请求对要爬取的网页资源进行高速下载，并将得到的数据传递给引擎，再由引擎传递给相应的爬虫进行处理。由于该组件需要通过网络进行大量数据的传输，所以该组件的负担一般会比其他组件重。

爬虫（Spider）：该组件是爬虫实现的核心。在一个 Scrapy 项目中，可以有多个爬虫，每个爬虫可以负责一个或多个特定的网站。它主要负责接收 Scrapy 引擎中的响应（Response）（这些响应是下载器从互联网中得到的响应然后传递到 Scrapy 引擎中的），并在接收了响应之后，对这些响应进行分析处理，然后提取出相应的数据，或提取出接下来需要处理的新网址等信息。

数据条目管道（Item Pipeline）：主要用于接收从爬虫组件中提取出来的数据条目（Item），接收后，会对这些数据条目进行相应的处理，常见的处理有：清洗 HTML 数据、验证解析到的数据、检查是否有重复数据、将解析到的数据存储到数据库等。

下载器中间件（Downloader Middlewares）：下载器中间件是介于下载器和引擎之间的一个特定的组件，主要用于对下载器和引擎之间的通信进行处理。在下载器中间件中，可以加入自定义代码，在引擎与下载器通信的时候调用，从而轻松地实现 Scrapy 功能的扩展。例如，可以通过下载器中间件来实现 IP 池和用户代理池的相关功能。

爬虫中间件（Spider Middlewares）：爬虫中间件是介于引擎与爬虫组件之间的一个特定的组件，主要用于对爬虫组件和引擎之间的通信进行处理。同样，在爬虫中间件中可以加入一些自定义的代码，并在引擎与爬虫组件之间进行通信的时候调用，从而轻松实现 Scrapy 功能的扩展。

Scrapy 中的数据流由引擎控制，其工作过程如下。

1）引擎打开一个网站，找到处理该网站的 Spider 并向该 spider 请求第一个要爬取的 URL（s）。

2）引擎从 Spider 中获取到第一个要爬取的 URL 并在调度器（Scheduler）以 Request 调度。

3）引擎向调度器请求下一个要爬取的 URL。

4）调度器返回下一个要爬取的 URL 给引擎，引擎将 URL 通过下载中间件（请求（request）方向）转发给下载器（Downloader）。

5）一旦页面下载完毕，下载器生成一个该页面的 Response，并将其通过下载中间件（返回（response）方向）发送给引擎。

6）引擎从下载器中接收到 Response 并通过 Spider 中间件（输入方向）发送给 Spider 处理。

7）Spider 处理 Response 并返回爬取到的 Item 及（跟进的）新的 Request 给引擎。

8）引擎将（Spider 返回的）爬取到的 Item 给 Item Pipeline，将（Spider 返回的）Request 给调度器。

9）（从第二步）重复直到调度器中没有更多地 request，引擎关闭该网站。

2.5.2　Scrapy 的安装和配置

安装 Scrapy 之前，首先要安装 Python、pip、lxml 和 OpenSSL，并且设置好相关的环境变量。Python 的软件包都可以利用 pip 来安装。如果需要将数据存储在数据库中，可以使用 MySQL 数据库。需要注意的是，安装之前一定要确定软件的版本之间的兼容性。

安装 Scrapy 使用命令“pip install Scrapy”。在安装的过程中，Scrapy 依赖的软件包 pip 会根据需要自动下载并安装。

2.5.3　Scrapy 爬取实例

本节以爬取“美食杰网站中华菜系”的相关数据为例，展示利用 Scrapy 爬取数据的过程。爬取目标为中华菜系中的每道菜谱的具体信息，爬取的数据包括每道菜谱的工艺、口味、烹饪时间、主料、辅料以及它所在的菜系。待爬取的目标网页结构如图 2-8 所示，要爬取的数据项如图 2-9 所示。以下按照爬取实现的需要的步骤进行论述。

图 2-8　网页的结构

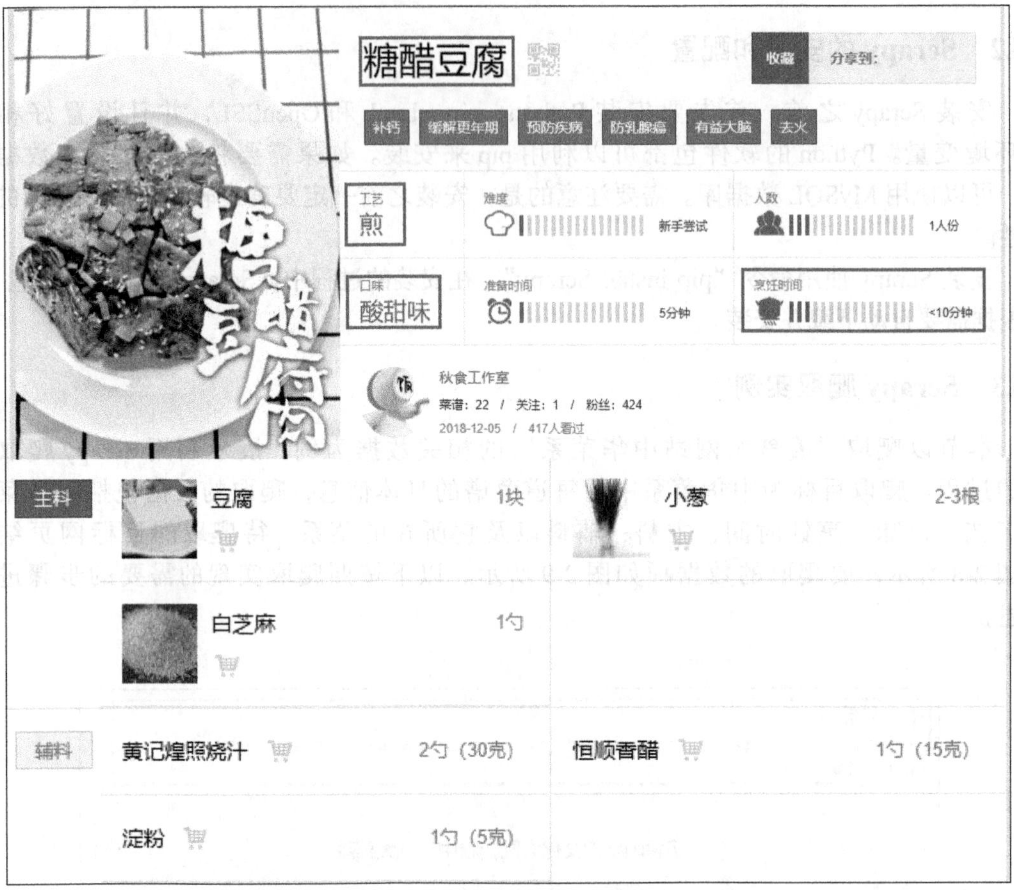

图 2-9　要爬取的数据项

1. 创建工程目录

创建工程目录使用如下命令。

```
#scrapy startproject snack
```

2. 工程目录结构浏览

工程目录创建完成后，结果如图 2-10 所示。各个文件的作用说明如下。

1）scrapy.cfg 为项目的配置信息，主要为 Scrapy 命令行工具提供一个基础的配置信息（真正爬虫相关的配置信息在 settings.py 文件中）。

2）items.py 设置数据存储模板，用于数据结构化。

3）pipelines.py 数据处理行为，如一般结构化的数据持久化。

4）settings.py 为配置文件，如递归的层数、并发数、延迟下载等。

5）spiders 为爬虫存放目录，如创建文件，编写爬虫规则。

3. 编写 item.py

在此文件中，根据需要爬取的数据项定义相关的字段，如图 2-11 所示。

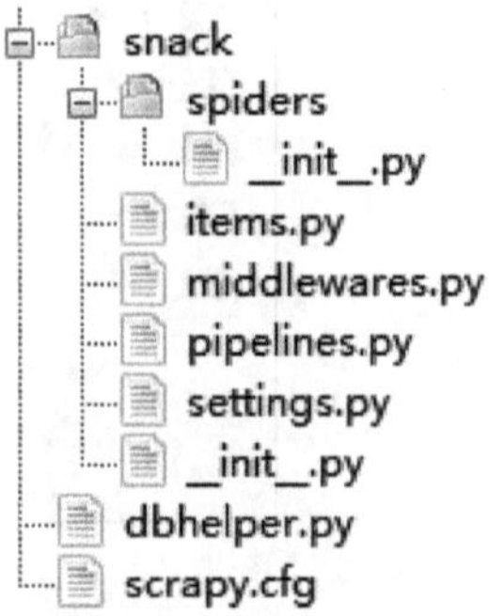

图 2-10　工程目录结构

```
import scrapy

class SnackItem(scrapy.Item):
        #define the fields for your item here like:
        #菜系名
        area=scrapy.Field()
        #菜谱名
        title=scrapy.Field()
        #标签名
        feature=scrapy.Field()
        #主料名
        major=scrapy.Field()
        #辅料名
        minor=scrapy.Field()
        #烹饪工艺
        way=scrapy.Field()
        #口味名
        taste=scrapy.Field()
        #烹饪时间
        time=scrapy.Field()
```

图 2-11　存储字段的定义

4. 创建基础爬虫类

进入工程目录 snack，使用如下命令新建一个基础爬虫类。执行下面的命令后会在 snack 文件夹中创建名为 caixi.py 的 Spider 文件。修改 caixi.py 如图 2-12 所示。

```
scrapy genspider caixi"meishij.net"
```

```
import scrapy
from snack.items import SnackItem
import re
from scrapy.selector import Selector

class Caixi_Spider(scrapy.Spider):
        name ='caixi'
        allowed_domains=['meishij.net']
        start_urls =[
            'http://www.meishij.net/china-food/caixi/',
        ]
```

图 2-12　爬虫文件

说明：

1）Spider 必须继承 scrapy.Spider 类。

2）name 用于区别 Spider。该名字必须是唯一的，不可以为不同的 Spider 设定相同的名字。

3）start_urls 包含了 Spider 在启动时进行爬取的 URL 列表。因此，第一个被爬取的页面将是其中之一。后续的 URL 则从初始 URL 数据中提取。

5. Scrapy 选择器的实现

Scrapy 自带提取数据的机制，称之为选择器（Selector）。Scrapy 使用了一种基于 Xpath 和 CSS 的表达机制。选择器有 4 种基本的方法。

1）xpath()：传入 xpath 表达式，返回该表达式所对应的所有节点的 selector list。

2）css()：传入 css 表达式，返回该表达式所对应的所有节点的 selector list。

3）extract()：序列化该节点为字符串，并以列表返回。

4）re()：根据传入的正则表达式对数据进行提取，返回字符串列表。

在构造 Scrapy 选择器前，首先应该分析待爬取网站的 HTML 源码。这里使用 Chrome 浏览器的右键“检查”方法（见图 2-13）。

1）通过以下代码解析 HTML 标签，可以得到中华菜系名称的总集合。直接定位到特定的 div，这里选取其 id 作为标识。使用以下的代码可以获取所有菜系的名称。

```
area=response.xpath('.//div[@id="listnav"]/div/dl/dd//text()').extract()
```

2）相应的 Xpath 表达式及其对应的含义如下。

- /html/head/title：选择 HTML 文档中 <head> 标签内的 <title> 元素。
- /html/head/title/text()：选择上面提到的 <title> 元素的文字。
- //td：选择所有的 <td> 元素。
- //div[@class="mine"]：选择所有具有 class="mine" 属性的 div 元素。

3）通过以下代码可以得到所有菜系 URL 的总集合。

```
urls=response.xpath('.//div[@id="listnav"]/div/dl//@href').extract()
```

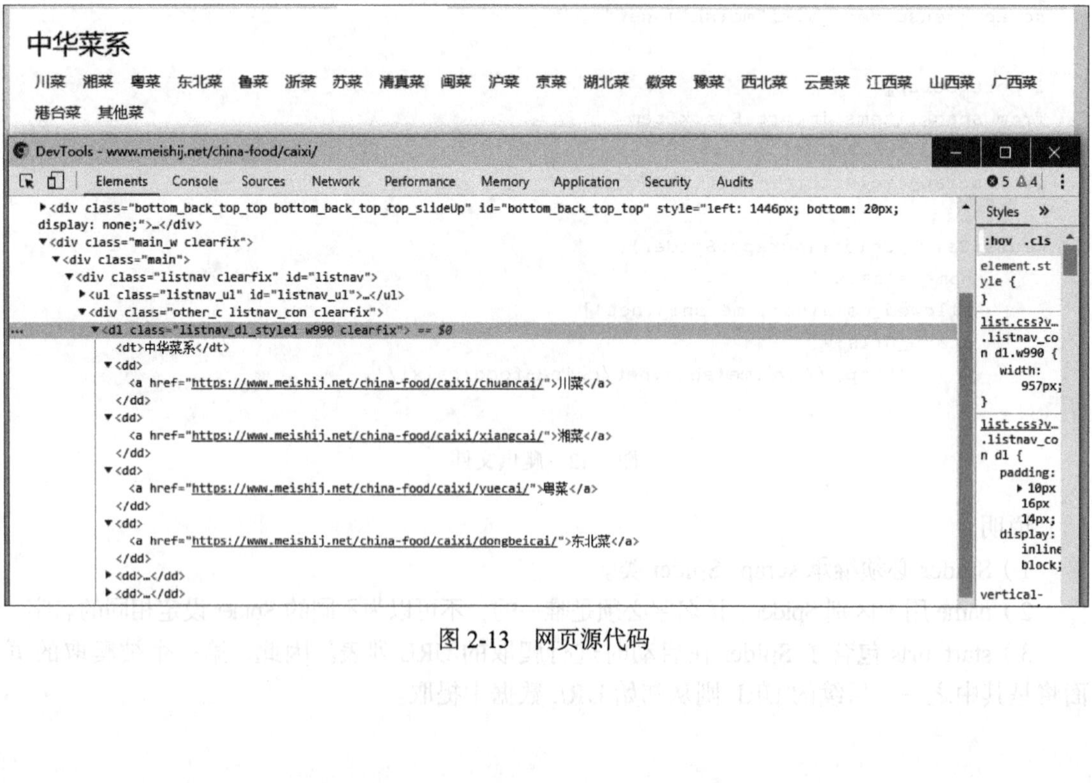

图 2-13 网页源代码

4）使用 Scrapy Shell 终端调试工具进行测试。

Scrapy Shell 用于在未启动 Spider 的情况下尝试及调试爬取代码。其本意是用来测试提取数据的代码，可以将其作为正常的 Python 终端，在上面测试任何的 Python 代码。该终端是用来测试 XPath 或 CSS 表达式，查看它们的工作方式及从爬取的网页中提取的数据。在编写 Spider 时，该终端提供了交互性测试表达式代码的功能，免去了每次修改后运行 Spider 的麻烦。一旦熟悉了 Scrapy 终端后，会发现其在开发和调试 Spider 时可以发挥的巨大作用。使用如下的命令可以在 Shell 终端对要爬取的网页进行测试，然后输入 XPath 来解析网页，如图 2-14 所示。

```
//在命令行窗口输入以下命令
#scrapy shell url
//url 为具体待解析的网址
/* 输入待解析的 Xpath，如图 2-13 所示 */
In  [7]:  response.xpath('.//div[@class="yl fuliao clearfix"]/ul/li/h4//text()').extract()
Out[7]:   ['姜','生抽','细香葱','豆瓣辣酱','白糖','植物油','水']

In  [8]:  response.xpath('.//div[@class="yl fuliao clearfix"]/ul/li/span').extract()
Out[8]:   ['<span>3 片 </span>',
           '<span>1 茶匙 </span>',
           '<span>2 根 </span>',
           '<span>1 汤匙 </span>',
           '<span>1/4 茶匙 </span>',
           '<span>1 汤匙 </span>',
           '<span>100 毫升 </span>']
```

图 2-14　XPath 解析示例

6. 编写爬虫

（1）parse() 函数的实现

parse() 是 Spider 的方法，被调用时，每个初始 URL 完成下载后生成的 response 对象将会作为唯一的参数传递给该函数。该方法负责解析返回的数据，提取数据生成 item，以及生成需要进一步处理的 URL 的 request 对象。图 2-15 所示为爬虫文件 caixi.py。

（2）菜谱信息解析

对于要提取的菜谱的信息，要根据网页的源代码获取每一项数据的 XPath。解析函数根据提供的 Xpath 提取数据项，如图 2-16 所示。在此例中，提取了菜系、菜名、口味、主料、辅料、烹饪方法、烹饪时间等数据项。

（3）特殊情况处理，字符串解析

对于较为复杂的数据项，需要实现具体的解析函数。图 2-17 所示是对主料和辅料这类复杂的数据项的处理方法。在图 2-16 中主料和辅料解析之后是一些列表，需要进一步解析为详细的数据项。

```
def parse(self,response):
    urls=response.xpath('.//div[@id="listnav"]/div/dl//@href').extract()
    area=response.xpath('.//div[@id="listnav"]/div/dl/dd//text()').extract()
    for url,place in zip(urls,area):
        # 同步遍历，并调用负责处理每个菜系所有菜谱 URL 的函数 parse_item1，传参
        yield scrapy.Request(url,meta={'place':place},callback=self.parse_item1)

def parse_item1(self,response):
    place=response.meta["place"]
    # 获得当前页面所有菜谱 URL 的集合
    urls=response.xpath('.//div[@id="listtyle1_list"]//@href').extract()
    for url in urls:
    # 遍历每个菜谱的 URL，并调用专门负责处理具体菜谱页面信息的 parse_item2，传参
        yield scrapy.Request(url,meta={'place':place},callback=self.parse_item2)
    # 解析当前页面的"下一页"的 url，确保完整无遗漏爬取菜谱信息
    next_page=response.xpath('.//a[@class="next"]//@href').extract_first()
    if next_page is not None:
        # 递归调用
        yield scrapy.Request(next_page,meta={'place':place},callback=self.parse_item1)
```

图 2-15　parse（）函数的实现

```
def parse_item2(self, response):
        # 该函数负责解析菜谱页面信息，获得相应 item 并返回
        items=SnackItem()
        items['area']=response.meta["place"]
        feature=response.xpath('.//div[@class="info1"]/dl/dt/a//text()').extract()
        items['feature']=''.join(feature)
        title=response.xpath('.//h1[@class="title"]//text()').extract()
        items['title']=''.join(title)
        # 主料以及用量
        major_namelist=response.xpath('.//div[@class="c"]/h4/a//text()').extract()
        major_numlist=response.xpath('.//div[@class="c"]/h4/span').extract()
        # 此处爬取的主料信息需要特殊处理，转入 parse_list 进一步解析
        items['major']=self.parse_list(major_namelist, major_numlist)
        # 辅料以及用量
        minor_namelist=response.xpath('.//div[@class="yl fuliao clearfix"]/ul/li/h4//
text()').extract()
        minor_numlist=response.xpath('.//div[@class="yl fuliao clearfix"]/ul/li/span').extract()
        items['minor']= self.parse_list(minor_namelist, minor_numlist)
        #
        way=response.xpath('.//div[@class="info2"]/ul/li[1]/a//text()').extract()
        items['way']=''.join(way)
        taste=response.xpath('.//div[@class="info2"]/ul/li[4]/a//text()').extract()
        items['taste']=''.join(taste)
        time=response.xpath('.//div[@class="info2"]/ul/li[6]/div/a//text()').extract()
        items['time']=''.join(time)
        return items
```

图 2-16　菜谱信息解析

```
def parse_list(self,namelist,numlist):
    # 去掉 '<span> </span>' 标签
    piece =','.join(numlist)
    pattern_a ='<span>'
    pattern_b ='</span>'
    result_a = re.sub(pattern_a,'',piece)
    result_b = re.sub(pattern_b,'',result_a)
    num_final = result_b.split(',')
    result=[]
    for name,num in zip(namelist,num_final):
        result.append({'name':name.strip(),'num':num.strip()})
    return result
```

图 2-17　复杂数据项的处理

7. 编写 pipelines.py

Scrapy 提供了 Pipeline 模块来处理 Spider 收集的 item。Pipeline 模块的典型应用包括：验证爬取的数据、查重、将爬取结果保存到文件或数据库中。在创建 Scrapy 项目的过程中自动创建了一个 pipelines.py 文件，同时创建了一个默认的 Pipeline 类。可以根据需要自定义 Pipeline 类，然后在后面的 settings.py 文件中进行配置即可。

在此例中，将 item 数据存储为 json 文件。程序示例如图 2-18 所示。

```
import json

class SnackPipeline(object):
    """
      功能：保存 item 数据
    """
    def__init__(self):
        self.filename=open("caixi.json",'w+')

    def process_item(self, item, spider):
        text=json.dumps(dict(item), ensure_ascii= False)+",\n"
        self.filename.write(text.encode("utf-8"))
        return item

    def close_spider(self, spider):
        self.filename.close()
```

图 2-18　将解析的数据项存储为 json 文件

8. 编写 setting.py

1）设置随机 user-agent（用户可在网上自行收集），手动给爬虫添加 request 头信息，模拟浏览器的行为，以应对一些网站的反爬虫机制。示例如图 2-19 所示。

2）打开 DOWNLOADER_MIDDLEWARES 和 ITEM_PIPELINES 端口，继续相关设置。示例如图 2-20 所示。

```
#Crawl responsibly by identifying yourself (and your website) on the user-agent
USER_AGENTS=[
    "Opera/9.80 (Macintosh; Intel Mac OS X 10.6.8; U; fr) Presto/2.9.168 Version/11.52",
    "Mozilla/5.0 (Windows; U; Windows NT 5.1; zh-CN) AppleWebKit/523.15 (KHTML, like
      Gecko, Safari/419.3) Arora/0.3 (Change: 287 c9dfb30)",
    "Mozilla/5.0 (X11; U; Linux; en-US) AppleWebKit/527+ (KHTML, like Gecko, Safari/
      419.3) Arora/0.6",
    "Mozilla/5.0 (Windows; U; Windows NT 5.1; en-US; rv:1.8.1.2pre) Gecko/20070215
      K-Ninja/2.1.1",
    "Mozilla/5.0 (Windows; U; Windows NT 5.1; zh-CN; rv:1.9) Gecko/20080705 Firefox/
      3.0 Kapiko/3.0",
    "Mozilla/4.0 (compatible; MSIE 6.0; Windows NT 5.1; SV1; AcooBrowser;.NET CLR 1.1.4322;.
      NET CLR 2.0.50727)",
    "Mozilla/4.0 (compatible; MSIE 7.0; Windows NT 6.0; Acoo Browser; SLCC1; .NET CLR
      2.0.50727; Media Center PC 5.0;.NET CLR 3.0.04506)",
    "Mozilla/4.0 (compatible; MSIE 7.0; AOL 9.5; AOLBuild 4337.35; Windows NT 5.1; .
      NET CLR 1.1.4322;.NET CLR 2.0.50727)",
    "Mozilla/5.0 (Windows; U; MSIE 9.0; Windows NT 9.0; en-US)",
    "Mozilla/4.0 (compatible; MSIE 7.0b; Windows NT 5.2;.NET CLR 1.1.4322; .NET CLR
      2.0.50727; InfoPath.2; .NET CLR 3.0.04506.30)",
    "Mozilla/5.0 (X11; Linux i686; U;) Gecko/20070322 Kazehakase/0.4.5",
    "Mozilla/5.0 (X11; U; Linux i686; en-US; rv:1.9.0.8) Gecko Fedora/1.9.0.8-1.fc10
      Kazehakase/0.5.6",
    "Mozilla/5.0 (Windows NT 6.1; WOW64) AppleWebKit/535.11 (KHTML, like Gecko) Chrome/
      17.0.963.56 Safari/535.11",
    "Mozilla/5.0 (Macintosh; Intel Mac OS X 10_7_3) AppleWebKit/535.20 (KHTML, like Gecko)
      Chrome/19.0.1036.7 Safari/535.20",
]
```

图 2-19 设置 user-agent

```
# Obey robots.txt rules
ROBOTSTXT_OBEY = False
COOKIES_ENABLED = False

DOWNLOADER_MIDDLEWARES = {
  'snack.middlewares.RandomUserAgent': 573,
}

ITEM_PIPELINES = {
  'snack.pipelines.SnackPipeline': 300,
}
```

图 2-20 设置相关端口

9. 编写 middlewares.py

Scrapy 提供了 from_crawler ( ) 方法，用于访问相关的设置信息。这里就用到了这个方法，从 settings 里面取出 USER_AGENTS 列表，而后随机从列表中选择一个，添加到 headers 里面。示例如图 2-21 所示。

```
class RandomUserAgent(object):
    """ 根据预定义的列表随机更换用户代理 User-Agent"""

    def__init__(self, agents):
       self.agents = agents

    @classmethod
    def from_crawler(cls, crawler):
        return cls(crawler.settings.getlist('USER_AGENTS'))

    def process_request(self, request, spider):
        request.headers.setdefault('User-Agent', random.choice(self.agents))
```

图 2-21　随机变换用户代理

10. 开始爬取

利用下面的命令启动爬虫，爬取网页内容并解析，最终将提取的数据项存储为 json 文件，文件内容示例如图 2-22 所示。

```
scrapy crawl caixi  /* 爬虫名称为 caixi*/
```


```
","title":"蕃豆子蒸子鸡","feature":"降三高 开胃 抗衰老 防癌 增强抵抗力 抗感冒 延年益寿","minor":[{"na
","title":"豆泡炒矮脚黄","feature":"开胃 润肺 防癌 强身健体 消炎 去火","minor":[{"name":"食盐","num":'
","title":"茄子烧毛豆","feature":"排毒 抗衰老 软化血管 润肠 补钙 防癌 开胃消食 美容瘦身","minor":[{"n
","title":"剁椒冬瓜","feature":"减肥 降血脂 软化血管 润肺 防癌 降胆固醇 降血糖 降压 滋养肾气 润肤美容'
","title":"芋头烧鸡腿肉","feature":"","minor":[{"name":"食盐","num":"适量"},{"name":"醋","num":"少许"
"title":"凉伴白萝卜","feature":"养胃 消食 强身健体","minor":[{"name":"食盐","num":"适量"},{"name":"味
","title":"龙凤点心","feature":"抵抗力 健脾","minor":[{"name":"椰蓉","num":"适量"},{"name":"肉松","nu
","title":"青椒蒜苗炒腊肉","feature":"清热去火 消食 防癌 活血 缓解疲劳 助消化","minor":[{"name":"食盐'
","title":"红烧鸭腿","feature":"开胃 活血 驱虫 消炎 预防中暑 抗冒 降压","minor":[{"name":"食盐","num"
","title":"蜜汁萝卜","feature":"养胃 消食 强身健体","minor":[{"name":"长寿深山野蜜","num":"3勺"}],"wa
","title":"剁椒四季豆","feature":"减肥 补钙 养胃 补血 防癌 利尿 开胃消食 增强抵抗力 美容养颜","minor"
","title":"啤酒烧羊肉","feature":"养胃 温补肝肾 温经止痛 健胃 护眼 增强抵抗力","minor":[{"name":"食盐'
","title":"苏式紫薯月饼","feature":"安神 降血压 抗衰老 美容养颜","minor":[{"name":"食盐","num":"2g"}],
"title":"酥皮洋葱火腿月饼","feature":"安神 降血压 抗衰老 美容养颜","minor":[{"name":"食盐","num":"5g"
","title":"薏仁海带排骨汤","feature":"润肺 养肾","minor":[{"name":"薏米","num":"50g"}],"way":"其它工艺
"title":"炝莴笋丝","feature":"明目 降糖 通便排毒 防癌 下奶 助消化","minor":[{"name":"花生油","num":"适
"title":"杭椒炒牛柳","feature":"清热去火 消食 防癌 活血 缓解疲劳 助消化","minor":[{"name":"红尖椒","n
"title":"栗子黄焖鸡","feature":"抗衰老 软化血管 防癌 健脑 养肝 美容护肤","minor":[{"name":"鸡蛋","num'
"title":"剁椒鹅丝","feature":"清热去火 消食 防癌 活血 止咳 缓解疲劳 助消化","minor":[{"name":"柿子椒",
"title":"手抓羊肉","feature":"消食 抗感冒","minor":[{"name":"香菜","num":"1小把"},{"name":"食盐","num'
"title":"四味素烩","feature":"利尿消石 润肠 通便排毒 养胃 消食 防癌 强身健体 利尿 下奶","minor":[{"na
"title":"沙锅鳝鱼","feature":"降糖 健脑","minor":[{"name":"冬菇(干)","num":"4个"},{"name":"食盐","num'
"title":"鸡腿蘑炖豆腐","feature":"软化血管 补钙 防癌 健脑","minor":[{"name":"豆腐","num":"500g"},{"na
"title":"四色烩羊肉","feature":"美容 明目 降糖 降血脂 抗衰老 安神 养胃 补血 防癌 降胆固醇 强身健体 利
"title":"西柠鹌鹑煲","feature":"开胃 润肺 安神 消食 健脑 活血 抗过敏 消炎 降压 美容养颜 预防中暑 抗冒
"title":"炒默福","feature":"利尿消石 强健身体 排毒 降血脂 开胃 安神 消食 补血 防癌 活血 抗过敏 消炎 降
","title":"百合煮香芋","feature":"清热去火 安神 防癌 强身健体 防龋齿","minor":[{"name":"百合","num":"
"title":"熘胸口","feature":"明目 降糖 助消化","minor":[{"name":"胡萝卜","num":"150克"},{"name":"色拉油
"title":"米饭煎饼","feature":"明目 安神 健脾 消炎","minor":[{"name":"食盐","num":"4g"},{"name":"鸡精",
"title":"炒红薯玉米粒","feature":"防治结石 养肾 清火疗疹 防治结核 明目 清热去火 降三高 抗衰老 消食 防
"title":"爆肚","feature":"消食 抗感冒","minor":[{"name":"香菜","num":"30克"},{"name":"酱油","num":"20
","title":"土豆小饼","feature":"清热解毒","minor":[{"name":"食盐","num":"适量"},{"name":"味精","num":'
"title":"薇菜烧猪肉","feature":"感冒食谱 清热解毒食谱 防癌抗癌食谱 脑炎食谱","minor":[{"name":"五花肉'
```


图 2-22　爬取的内容示例（局部）

2.5.4　总结

按照本节所述步骤，可以爬取中华菜系的所有菜谱的相应信息。在熟悉了 Scrapy 框架

中各个组件的功能后，可以进一步定制自己的需求。例如，在 pipelines.py 中实现相关的类将爬取的数据存入关系数据库，如 MySQL、NoSQL 或 MongoDB。有些网站除了需要设置用户代理，还需要进行模拟登录，有兴趣的读者请自行查找相关的例子。常见的问题可以查询 Scrapy 官方的中文文档。

习题

1. 大数据来源主要分为哪几类？
2. 请列举信息空间的大数据来源。
3. 大数据采集工具主要分哪几类？
4. 大数据的预处理一般包括哪些工作？
5. 简述 Nutch 与 Scrapy 的差别及各自的适用场合。

大数据处理平台 Hadoop

3.1 Hadoop 概述

3.1.1 Hadoop 的发展历程

Hadoop 起源于 Apache Nutch。Nutch 是一个以 Lucene 为基础实现的搜索引擎，它不仅提供搜索功能，而且还有数据抓取的功能。Nutch 的设计目标是构建一个大型的全网搜索引擎，包括网页爬取、索引、查询等功能。但随着爬取网页数量的增加，遇到了严重的可扩展性问题——如何解决数十亿网页的存储和索引。

谷歌公司为了解决搜索引擎所面临的数十亿网页的存储和分析问题，于 2003 年开始，陆续发表了三篇论文为该问题提供了可行的解决方案。2003 年，Nutch 的开发者 Doug Cutting 看到谷歌公司发表的有关 Google 分布式文件系统（GFS）的论文，深受启发。然后，基于 GFS 的思想，他开发了 Nutch 的分布式文件系统（NDFS），用来解决大规模网页的存储问题。2004 年，谷歌公司发表了有关分布式计算框架 MapReduce 的论文，其可用于处理海量网页的索引计算问题。Nutch 的开发者又将 MapReduce 在 Nutch 上进行了实现。2006 年，Nutch 独立出来，成为一个独立的 Lucene 子项目，称为 Hadoop。大约在同一时间，Doug Cutting 加入雅虎公司，雅虎提供了一个专门的团队和大量资源，将 Hadoop 发展成 Apache 开源项目。2008 年 2 月，雅虎宣布其搜索引擎产品部署在一个拥有 1 万个内核的 Hadoop 集群上。

2008 年 1 月，Hadoop 成为 Apache 顶级项目。之后，Hadoop 被很多公司应用，如 Last.fm、Facebook 和《纽约时报》。2008 年 4 月，Hadoop 打破世界纪录，成为排序 1TB 数据最快的系统。该 Hadoop 系统运行在一个有 910 节点的群集上，在 209s 内排序了 1TB 的数据，击败了前一年的冠军（用时 297s）。同年 11 月，谷歌在报告中声称，MapReduce 实现 1TB 数据的排序只用时 68s。2009 年 3 月，Cloudera 公司对 Hadoop 源代码进行了改进，推出 CDH（Cloudera's Distribution Including Apache Hadoop）平台。2009 年 5 月，有报道称雅虎的团队使用 Hadoop 对 1TB 的数据进行排序只花了 62s。

Hadoop 的发展历程如图 3-1 所示。

Hadoop 从出现、经历学术圈的质疑，发展到现在被各大公司广泛应用，已经历近二十年。由于其具有高可靠性、高可扩展性，Hadoop 得到了广泛的应用，并且成为大数据分析和处理的代表性系统。Hadoop 这个单词早期只代表了两个组件——HDFS 和 MapReduce。现在，这个单词代表的是 Hadoop 的核心组件：HDFS、MapReduce、Yarn，以及不断成长的生态系统。

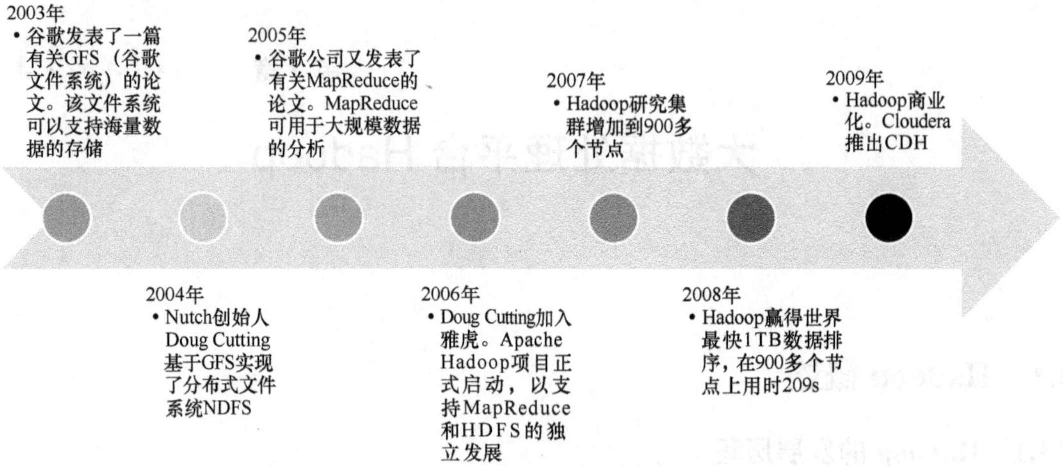

图 3-1 Hadoop 的发展历程

由于 Hadoop 的广泛使用，除了原生开源的 Apache Hadoop 之外，出现了很多不同的 Hadoop 版本，包括 Intel 版、CDH 版（Cloudera's Distribution Including Apache Hadoop），HDP 版（Hortonworks Data Platform）以及 MapR 版。开发者可根据实际需求选择合适的版本。

3.1.2 Hadoop 的体系结构

Hadoop 是一个能够对大量数据进行分布式处理的软件框架，具有可靠、高效、可伸缩的特点。Hadoop 的核心是 HDFS（分布式文件系统）和 MapReduce（分布式运算编程框架），Hadoop 2.0 还包括 Yarn（运算资源调度系统）。

整个 Hadoop 的体系结构主要是通过 HDFS 来实现对分布式存储的底层支持，并通过 MR 来实现对分布式并行任务处理的程序支持。图 3-2 展示了 Hadoop 的生态系统及核心组件。

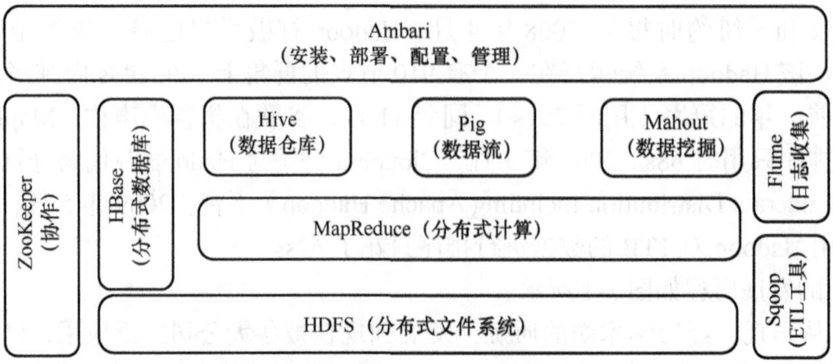

图 3-2 Hadoop 的生态系统及核心组件

1. HDFS

HDFS（Hadoop Distributed File System）是一个适合构建廉价计算机集群之上的分布式文件系统，具有低成本、高可靠性、高吞吐量的特点，由早期的 NDFS 演化而来。

2. MapReduce

MapReduce 是一个编程模型和软件框架，用于在大规模计算机集群上编写对大数据进行快速处理的并行化程序。

3. HBase

HBase 是一个分布式的、面向列的开源数据库。不同于一般的关系数据库，它是一个适合于非结构化大数据存储的数据库。

4. Hive

Hive 是一个基于 Hadoop 的数据仓库工具。它可以将结构化的数据文件映射为一张数据库表，并提供强大的类 SQL 查询功能，可以将 SQL 语句转换为 MapReduce 任务进行运行。

5. Pig

Pig 是一个用于大数据分析的工具，包括一个数据分析语言和其运行环境。Pig 的特点是其结构设计支持真正的并行化处理，因此适合应用于大数据处理环境。

6. ZooKeeper

ZooKeeper 是一个分布式应用程序协调服务器，用于维护 Hadoop 集群的配置信息、命名信息等，并提供分布式锁功能和群组管理功能。

7. Ambari

Ambari 是一个用于安装、管理、监控 Hadoop 集群的 Web 界面工具。目前已支持包括 MapReduce、HDFS、HBase 在内的几乎所有 Hadoop 组件的管理。

8. Mahout

Mahout 是 Apache 旗下的一个开源项目，提供一些可扩展的机器学习领域经典算法的实现，包括聚类、分类、推荐过滤、频繁子项挖掘等。

9. Flume

Flume 是一个分布式、可靠、高可用的海量日志采集、聚合和传输的系统。支持在日志系统中定制各类数据发送方，用于收集数据；同时，Flume 提供对数据进行简单处理，并写到各种数据接收方（如文本、HDFS、HBase 等）的能力。

10. Sqoop

Sqoop 是一款开源的数据迁移工具，主要用于在 Hadoop（Hive）与传统的数据库（MySQL、Oracle、Postgres 等）间进行数据的传递，可以将一个关系型数据库中的数据导入 Hadoop 的 HDFS 中，也可以将 HDFS 的数据导入关系型数据库中。

3.1.3　Hadoop 的特点

（1）支持超大文件

一般来说，HDFS 存储的文件可以支持 TB 或 PB 级别的数据。

（2）检测和快速应对硬件故障

在集群环境中，硬件故障是常见问题。因为有上千台服务器连在一起，故障率高，因此故障检测和自动恢复是 HDFS 文件系统的一个设计目标。假设某一个 DataNode 节点（计算节点）故障之后，因为有数据备份，还可以从其他节点里找到。NameNode（管理节点）通过心跳机制来检测 DataNode 是否还存在。

（3）流式数据访问

HDFS 的数据处理规模比较大，应用一次需要大量的数据，同时，这些应用一般都是批量处理，而不是用户交互式处理，应用程序能以流的形式访问数据。访问速度最终是要受制于网络和磁盘的速度，机器节点再多，也不能突破物理的局限。HDFS 不适合低延迟的数据访问应用，而适合高吞吐量的应用。

（4）简化的一致性模型

对于外部使用用户，不需要了解 Hadoop 底层细节，如文件的切块、文件的存储、节点的管理等。

一个文件存储在 HDFS 上后，适合一次写入、多次写出的场景（Once-write-read-many）。因为存储在 HDFS 上的文件都是超大文件，当上传完这个文件到 Hadoop 集群后，会进行文件切块、分发、复制等操作。如果文件被修改，会导致重新执行这个过程，而这个过程耗时很长。所以在 Hadoop 里，不允许对上传到 HDFS 上的文件做修改（随机写）。在 2.0 版本中可以在后面追加数据，但也不建议使用。

（5）高容错性

数据自动保存多个副本，副本丢失后自动恢复。可构建在廉价机上，实现线性（横向）扩展。当集群增加新节点之后，NameNode 也可以感知，将数据分发和备份到相应的节点上。

（6）商用硬件

Hadoop 并不需要运行在昂贵且高可靠的硬件上，它是设计运行在商用硬件集群上的，因此至少对于庞大的集群来说，节点故障的概率还是非常高的。HDFS 遇到上述故障时，被设计成能够继续运行且不让用户察觉到明显的中断。

3.2 Hadoop 的安装和配置

Hadoop 一般部署在 Linux 系统上。本章介绍的 Hadoop 的安装与配置都在 Linux 系统上实现。

3.2.1 准备工作

Hadoop 一般部署在机房的服务器上；而用户一般都是远程访问机房的服务器，需要在本地计算机上安装远程连接工具。远程连接工具有很多种，这里推荐使用 SecureCRT 远程连接工具。没有服务器的可以通过虚拟机工具，在本地计算机上创建若干虚拟机并安装 Linux 系统来进行模拟。

1. 连接服务器

1）打开 SecureCRT，创建快速连接（Quick Connect），如图 3-3 所示。

2）输入服务器的 IP 地址，如图 3-4 所示。

3）输入用户名和密码，如图 3-5 所示。

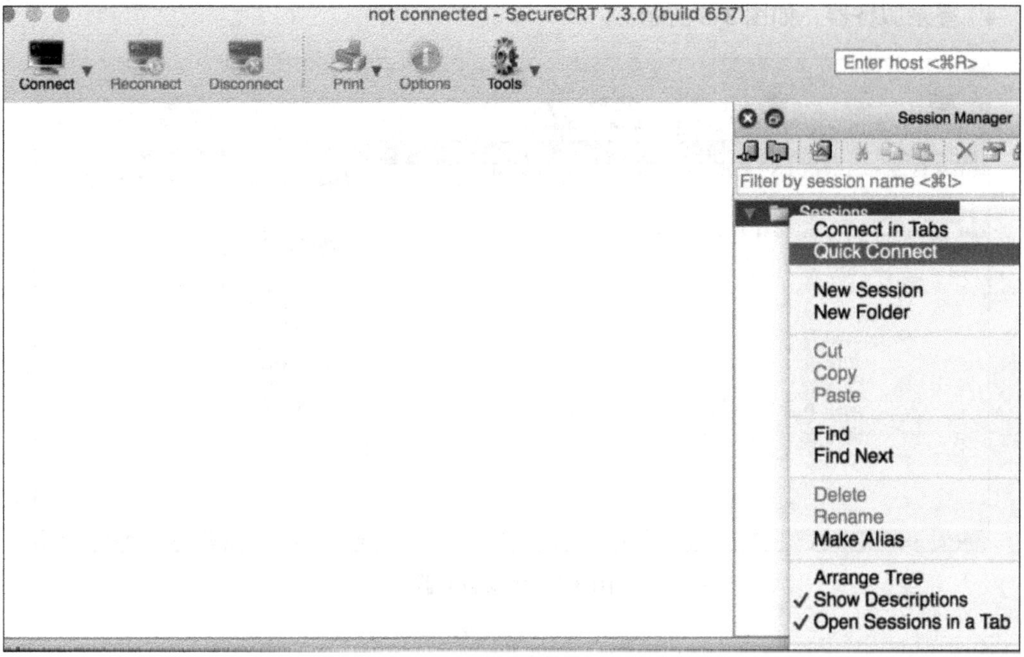

图 3-3　创建与服务器的连接

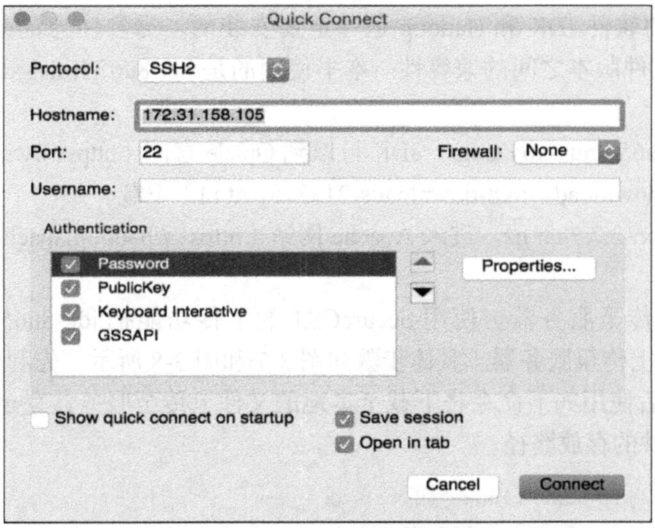

图 3-4　输入 IP 地址

图 3-5　输入用户名和密码

4）登录服务器，如图 3-6 所示。

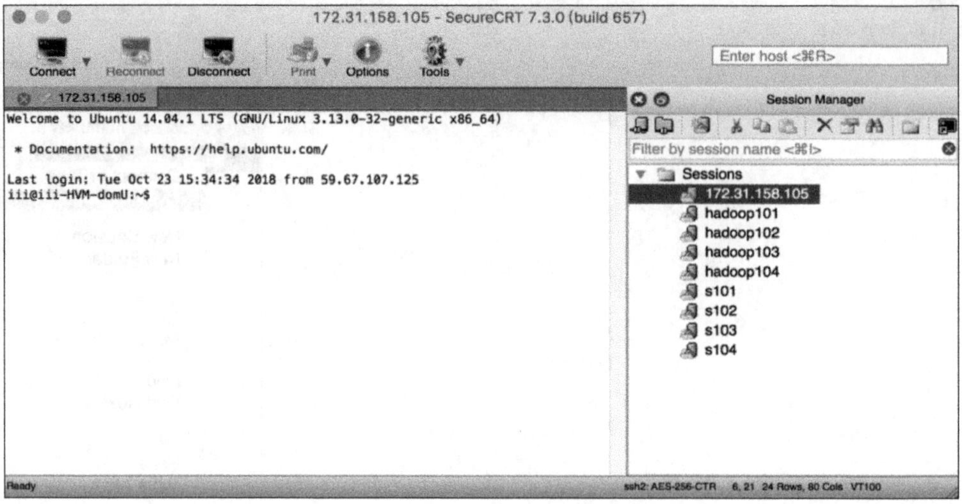

图 3-6 登录服务器

2. 安装相关软件

Hadoop 是用 Java 语言开发的，Hadoop 软件的安装及其应用程序开发都依赖于 JDK。因此，两个必需的软件 JDK 和 Hadoop 是一定要安装的。需要注意的是，在下载和安装时，一定要注意软件版本之间的兼容性。本书使用的是 jdk-8u65-linux-x64.tar.gz 和 hadoop-2.7.7.tar.gz。

1）下载 jdk-8u65-linux-x64.tar.gz。JDK 可以到 Oracle 官网（https：//www.oracle.com/technetwork/java/javase/downloads/jdk8-downloads-2133151.html）下载。

2）下载 hadoop-2.7.7.tar.gz。进入 Apache 网站（https：//hadoop.apache.org/releases.html）下载 Hadoop。

3）将文件上传至服务器。使用 SecureCRT 的上传功能把 jdk-8u65-linux-x64.tar.gz 和 hadoop-2.7.7.tar.gz 上传至服务器。具体步骤如图 3-7 和图 3-8 所示。先利用 SecureCRT 创建 SFTP Session，然后使用如下命令将下载至本地的文件上传至服务器登录账号的根目录下，其中 url 是本地文件的存放路径。

```
sftp>put-r/url/jdk-8uxx-linux-x64.tar.gz
sftp>put-r/url/hadoop-2.7.7.tar.gz
```

当然，也有其他的文件传输工具可以使用，有相关技术基础的读者可以使用其他更加方便的工具。

4）确认文件上传至服务器。

登录服务器使用 ls 命令确认文件已经上传至服务器，如图 3-9 所示。

3.2.2 Hadoop 软件的安装和配置

Hadoop 的安装可以有三种不同的方式：本地模式、伪分布模式和完全分布模式。

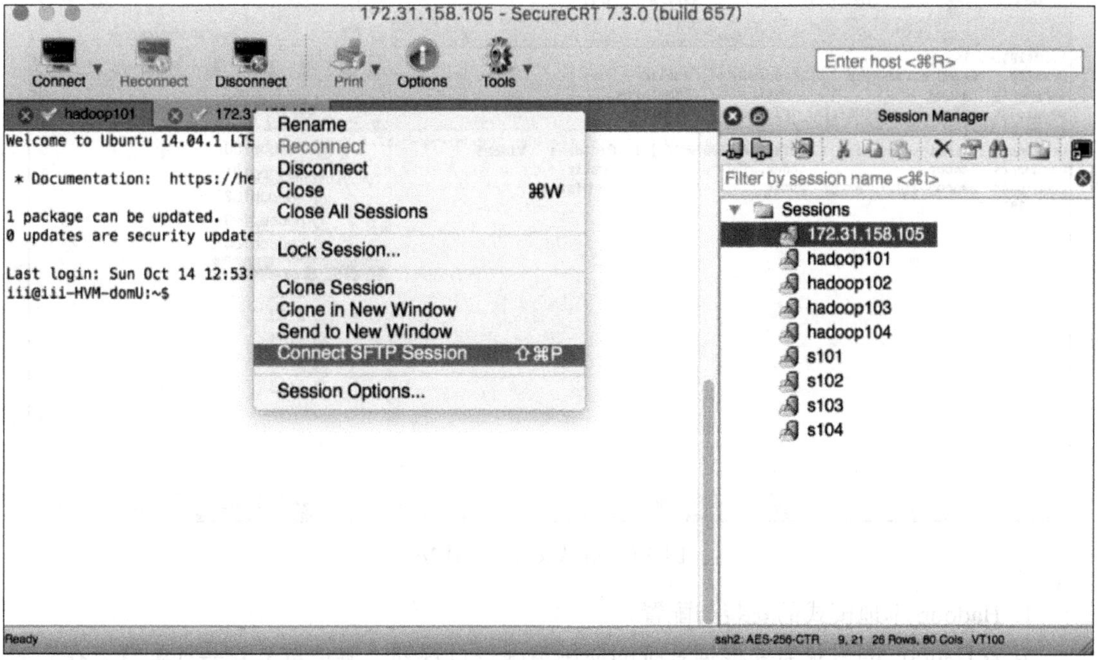

图 3-7　创建 SFTP Session

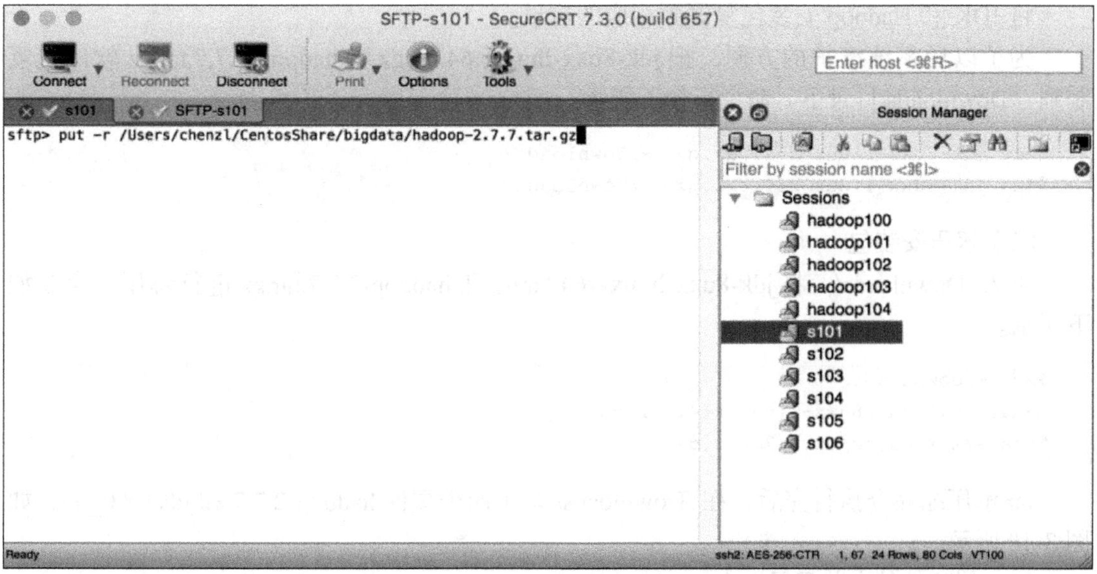

图 3-8　上传文件

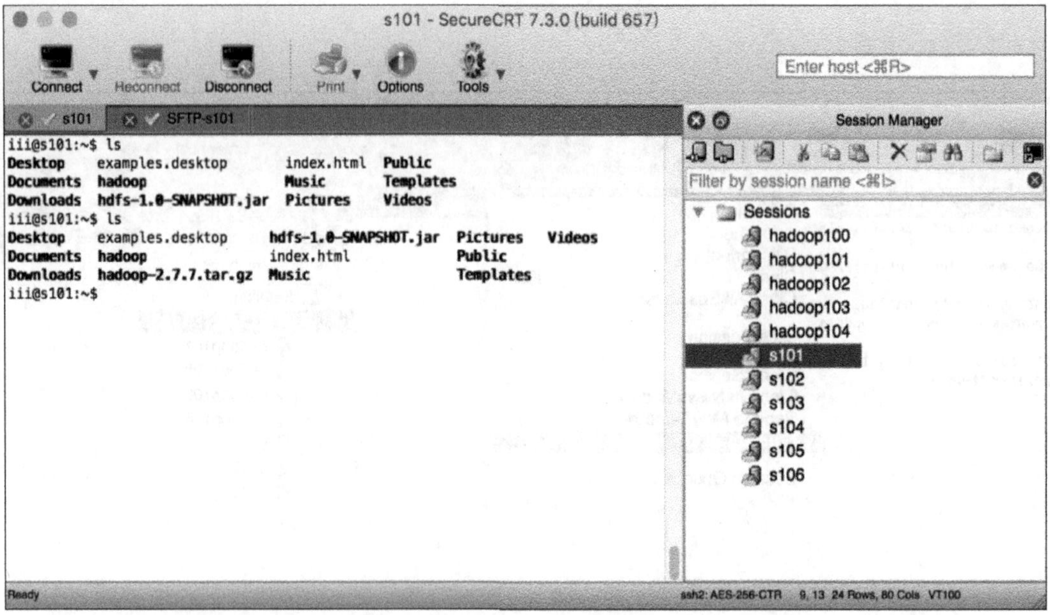

图 3-9　确认文件上传成功

1. Hadoop 本地模式的安装与配置

安装 Hadoop 的目录需要根据系统的使用情况进行规划，避免重复安装和配置。在安装和配置的过程中，一些临时文件的存放位置以及使用的端口号都要经过考虑，不然会对后期系统的使用和维护造成很大的麻烦。

（1）将软件包复制到其他目录

将 JDK 和 Hadoop 安装包复制到相应的目录。

为了以后系统维护的方便，把 jdk-8uxx-linux-x64.tar.gz 和 hadoop-2.7.7.tar.gz 软件包复制到 ~/Downloads 目录下。命令行如下所示。

```
$>cp jdk-8uxx-linux-x64.tar.gz  ~/Downloads/
$>cp jdk-8uxx-linux-x64.tar.gz  ~/Downloads/
```

（2）解压安装包

进入 /Downloads/，将 jdk-8uxx-linux-x64.tar.gz 和 hadoop-2.7.7.tar.gz 进行解压。命令如下所示。

```
$>cd ~/Downloads/
$>tar-zxvf jdk-8uxx-linux-x64.tar.gz
$>tar-zxvf hadoop-2.7.7.tar.gz
```

tar 解压缩命令执行完后，在 /Downloads/ 多了两个文件 hadoop-2.7.7 和 jdk1.8.0_65，如图 3-10 所示。

（3）创建软件安装目录

进入根目录，创建 /soft/，用来存放 JDK 和 Hadoop 的文件。需要注意的是，如果当前用户不是超级用户（root），需要修改文件的所有者；如果是超级用户（root），则不需要操作以下步骤。执行的命令行如下，过程如图 3-11 所示。

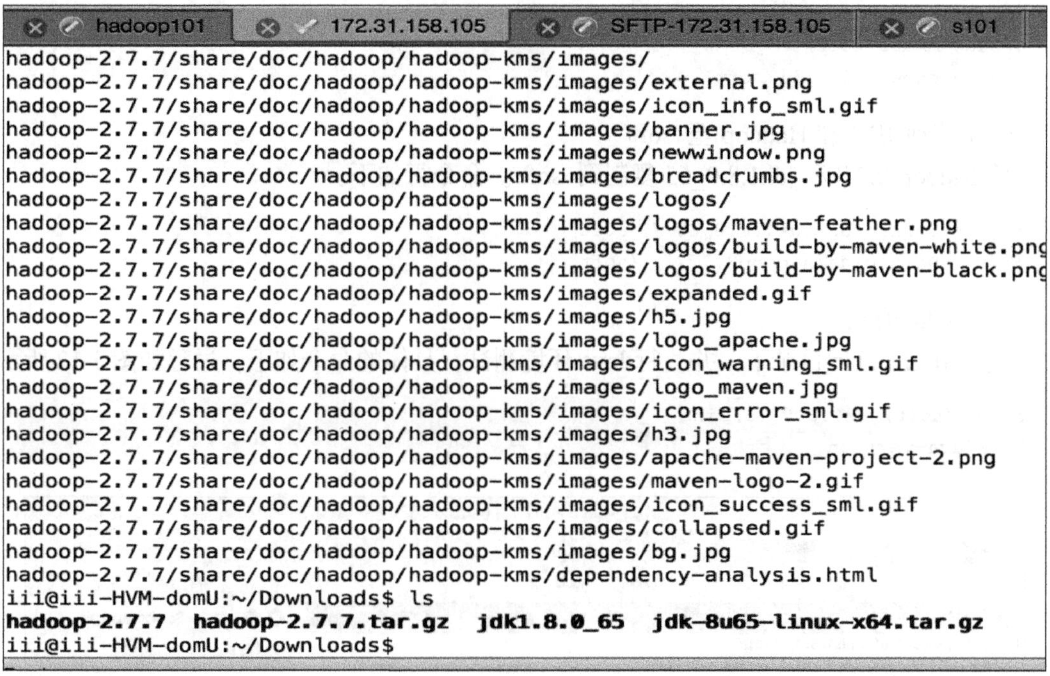
hadoop101
172.31.158.105
SFTP-172.31.158.105
s101
hadoop-2.7.7/share/doc/hadoop/hadoop-kms/images/
hadoop-2.7.7/share/doc/hadoop/hadoop-kms/images/external.png
hadoop-2.7.7/share/doc/hadoop/hadoop-kms/images/icon_info_sml.gif
hadoop-2.7.7/share/doc/hadoop/hadoop-kms/images/banner.jpg
hadoop-2.7.7/share/doc/hadoop/hadoop-kms/images/newwindow.png
hadoop-2.7.7/share/doc/hadoop/hadoop-kms/images/breadcrumbs.jpg
hadoop-2.7.7/share/doc/hadoop/hadoop-kms/images/logos/
hadoop-2.7.7/share/doc/hadoop/hadoop-kms/images/logos/maven-feather.png
hadoop-2.7.7/share/doc/hadoop/hadoop-kms/images/logos/build-by-maven-white.png
hadoop-2.7.7/share/doc/hadoop/hadoop-kms/images/logos/build-by-maven-black.png
hadoop-2.7.7/share/doc/hadoop/hadoop-kms/images/expanded.gif
hadoop-2.7.7/share/doc/hadoop/hadoop-kms/images/h5.jpg
hadoop-2.7.7/share/doc/hadoop/hadoop-kms/images/logo_apache.jpg
hadoop-2.7.7/share/doc/hadoop/hadoop-kms/images/icon_warning_sml.gif
hadoop-2.7.7/share/doc/hadoop/hadoop-kms/images/logo_maven.jpg
hadoop-2.7.7/share/doc/hadoop/hadoop-kms/images/icon_error_sml.gif
hadoop-2.7.7/share/doc/hadoop/hadoop-kms/images/h3.jpg
hadoop-2.7.7/share/doc/hadoop/hadoop-kms/images/apache-maven-project-2.png
hadoop-2.7.7/share/doc/hadoop/hadoop-kms/images/maven-logo-2.gif
hadoop-2.7.7/share/doc/hadoop/hadoop-kms/images/icon_success_sml.gif
hadoop-2.7.7/share/doc/hadoop/hadoop-kms/images/collapsed.gif
hadoop-2.7.7/share/doc/hadoop/hadoop-kms/images/bg.jpg
hadoop-2.7.7/share/doc/hadoop/hadoop-kms/dependency-analysis.html
iii@iii-HVM-domU:~/Downloads$ ls
hadoop-2.7.7 hadoop-2.7.7.tar.gz jdk1.8.0_65 jdk-8u65-linux-x64.tar.gz
iii@iii-HVM-domU:~/Downloads$

图 3-10 解压后生成新的目录

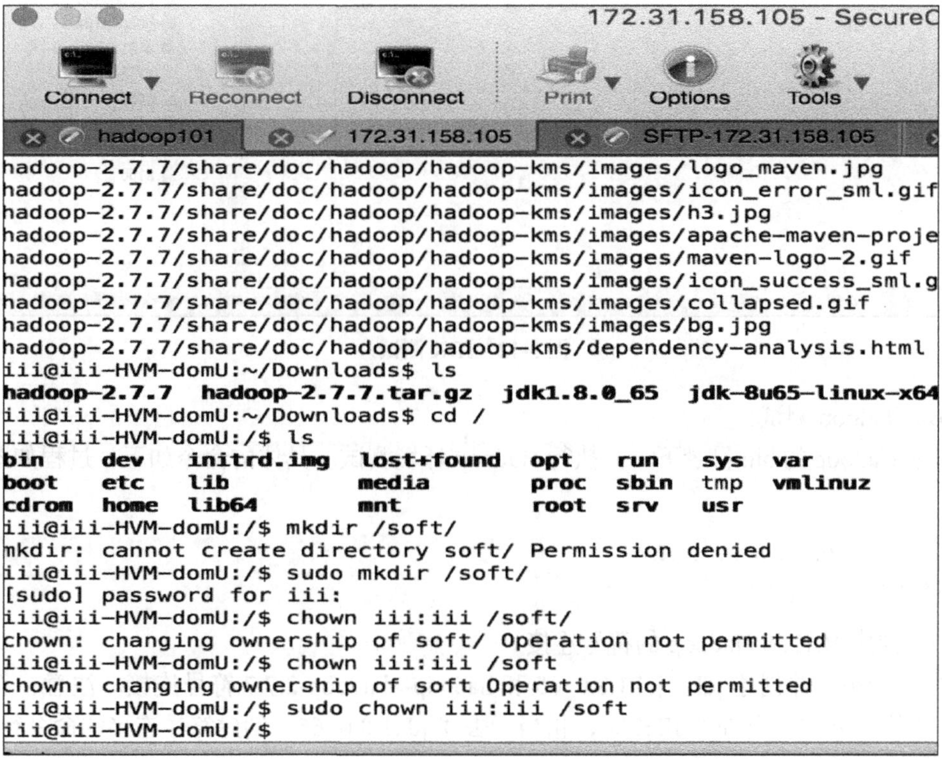
172.31.158.105 - SecureC
Connect
Reconnect
Disconnect
Print
Options
Tools
hadoop101
172.31.158.105
SFTP-172.31.158.105
hadoop-2.7.7/share/doc/hadoop/hadoop-kms/images/logo_maven.jpg
hadoop-2.7.7/share/doc/hadoop/hadoop-kms/images/icon_error_sml.gif
hadoop-2.7.7/share/doc/hadoop/hadoop-kms/images/h3.jpg
hadoop-2.7.7/share/doc/hadoop/hadoop-kms/images/apache-maven-proje
hadoop-2.7.7/share/doc/hadoop/hadoop-kms/images/maven-logo-2.gif
hadoop-2.7.7/share/doc/hadoop/hadoop-kms/images/icon_success_sml.g
hadoop-2.7.7/share/doc/hadoop/hadoop-kms/images/collapsed.gif
hadoop-2.7.7/share/doc/hadoop/hadoop-kms/images/bg.jpg
hadoop-2.7.7/share/doc/hadoop/hadoop-kms/dependency-analysis.html
iii@iii-HVM-domU:~/Downloads$ ls
hadoop-2.7.7 hadoop-2.7.7.tar.gz jdk1.8.0_65 jdk-8u65-linux-x64
iii@iii-HVM-domU:~/Downloads$ cd /
iii@iii-HVM-domU:/$ ls
bin dev initrd.img lost+found opt run sys var
boot etc lib media proc sbin tmp vmlinuz
cdrom home lib64 mnt root srv usr
iii@iii-HVM-domU:/$ mkdir /soft/
mkdir: cannot create directory soft/ Permission denied
iii@iii-HVM-domU:/$ sudo mkdir /soft/
[sudo] password for iii:
iii@iii-HVM-domU:/$ chown iii:iii /soft/
chown: changing ownership of soft/ Operation not permitted
iii@iii-HVM-domU:/$ chown iii:iii /soft
chown: changing ownership of soft Operation not permitted
iii@iii-HVM-domU:/$ sudo chown iii:iii /soft
iii@iii-HVM-domU:/$

图 3-11 创建软件安装目录并设置相应的权限

```
$>cd/
$>sudo mkdir/soft/
$>sudo chown iii:iii/soft
```

（4）移动 JDK 和 Hadoop 至 /soft/

将 hadoop-2.7.7 和 jdk1.8.0_65 复制到 /soft/。命令行如下。

```
$>mv ~/Downloads/jdk1.8.0_65/  /soft
$>mv ~/Downloads/hadoop2.7.7/  /soft
```

（5）JDK 测试

进入 JDK 的 bin 目录下，并执行 Java 环境测试。具体的命令如下，过程如图 3-12 所示。

```
$>cd  /soft/jdk1.8.0_65/bin
$>./java-version
```

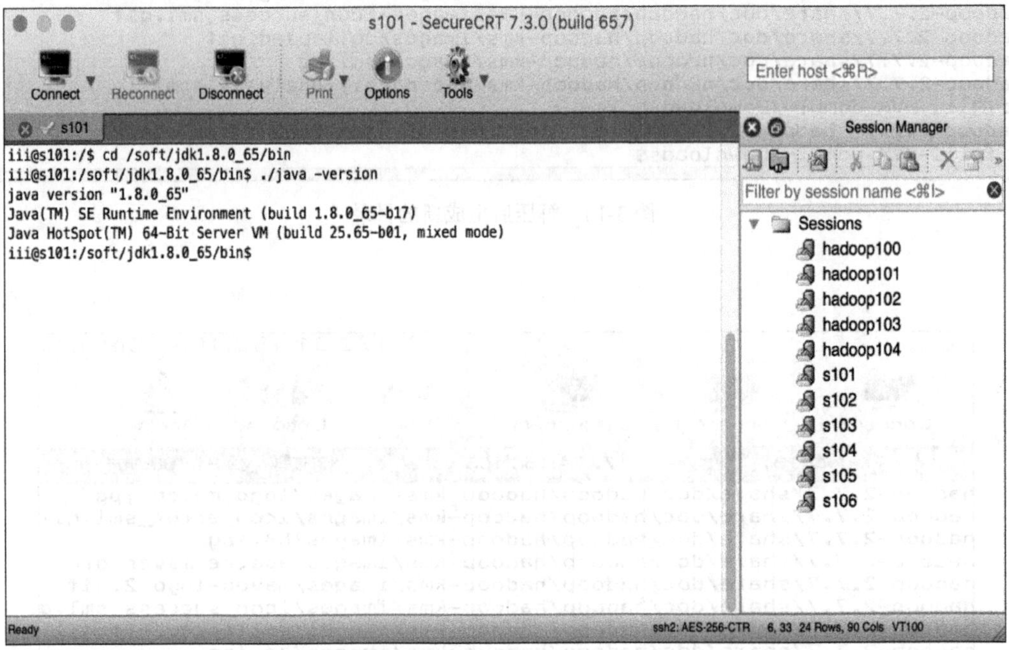

图 3-12　JDK 测试

（6）Hadoop 测试

进入 Hadoop 的 bin 目录下，并执行 Hadoop 环境测试。具体的命令如下，过程如图 3-13 所示。

```
$>cd  /soft/hadoop-2.7.7/bin
$>./hadoop version
```

（7）创建 JDK 和 Hadoop 的符号连接

进入 /soft/，并创建 jdk->jdk1.8.0_65 和 hadoop->hadoop-2.7.7 符号连接。注意：符号连接相当于快捷方式，当进入 JDK 时，相当于去找 jdk1.8.0_65。创建符号连接的命令行如下，过程如图 3-14 所示。

```
$>cd/soft/
$>ln-s jdk1.8.0_65/soft/jdk
$>ln-s hadoop-2.7.7/soft/hadoop
$>ll
```

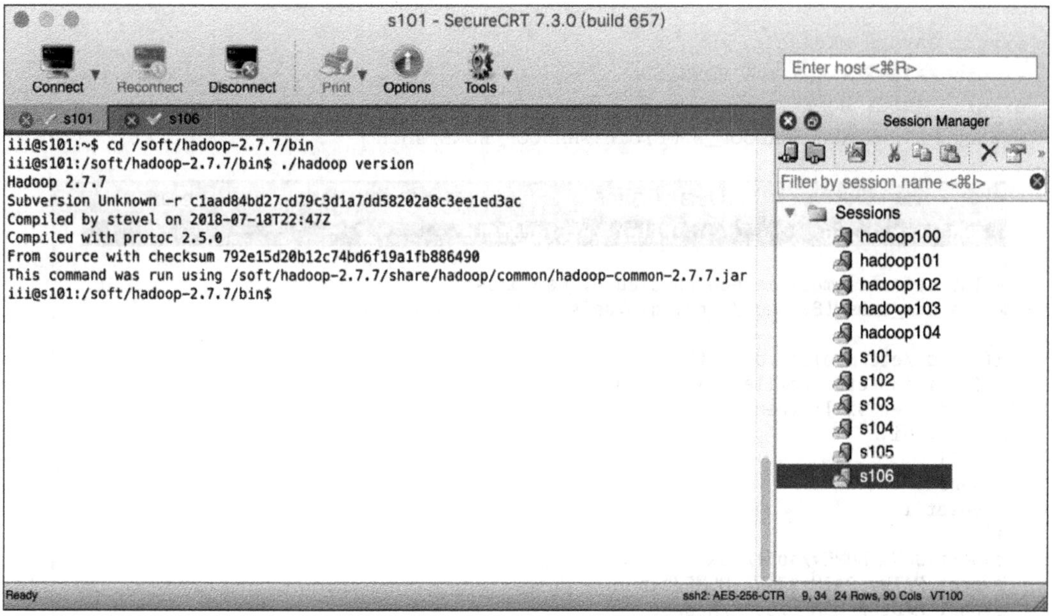

图 3-13　Hadoop 测试

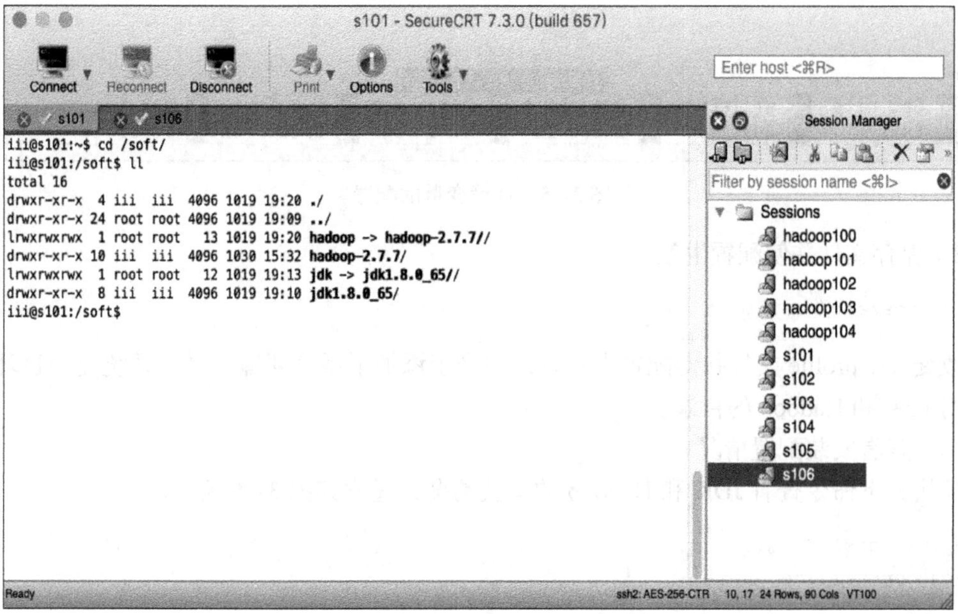

图 3-14　创建符号连接

创建符号连接时，当用命令找到 /soft/hadoop 时，就相当于找到 hadoop2.7.7。这样可以方便配置 JDK 和 Hadoop 的环境变量。

（8）配置环境变量

1）修改 profile 文件。使用命令 $>sudo nano/etc/profile 或者 $>sudo vi/etc/profile。

2）在文件最后一行添加以下配置内容，过程如图 3-15 所示。

```
export JAVA_HOME=/soft/jdk
export PATH=$PATH:$JAVA_HOME/bin
export HADOOP_HOME=/soft/hadoop
export PATH=$PATH:$HADOOP_HOME/bin:$HADOOP_HOME/sbin
```

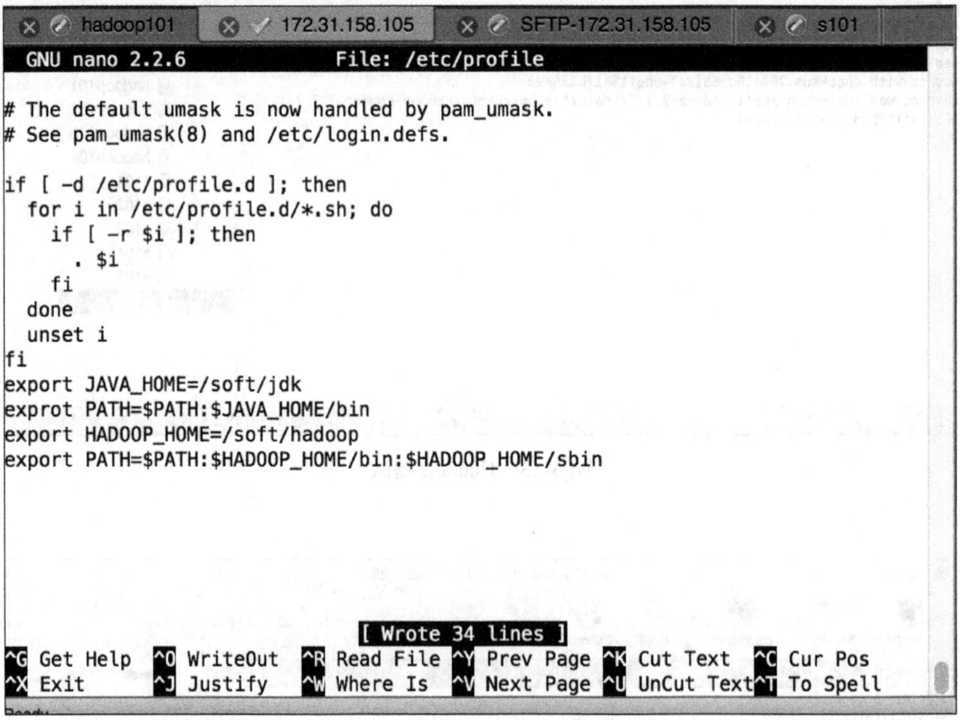

图 3-15　环境变量的配置

3）保存文件并使配置生效。

```
$>source/etc/profile
```

改变 /etc/profile 文件并使配置生效时，相当于添加了系统环境变量。系统能通过环境变量找到 JDK 和 Hadoop 的目录。

（9）查看安装配置情况

使用如下命令查看 JDK 和 Hadoop 的安装情况，过程如图 3-16 所示。

```
$>java-version
$>hadoop version
```

通过上述操作，就完成了 Hadoop 单机模式的搭建。这种模式仅能用来进行本地开发的测试与调试，它的文件系统相当于本地的 Linux 文件系统。

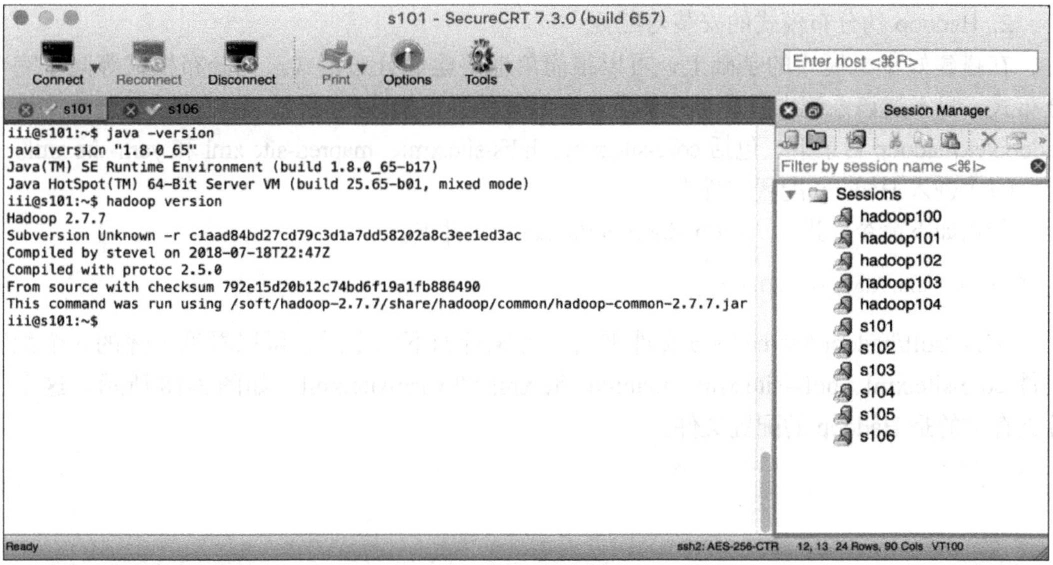

图 3-16 测试配置

（10）查看本地模式文件系统

使用如下命令查看本地模式的文件系统，结果如图 3-17 所示。

```
$>hdfs dfs-ls/
```

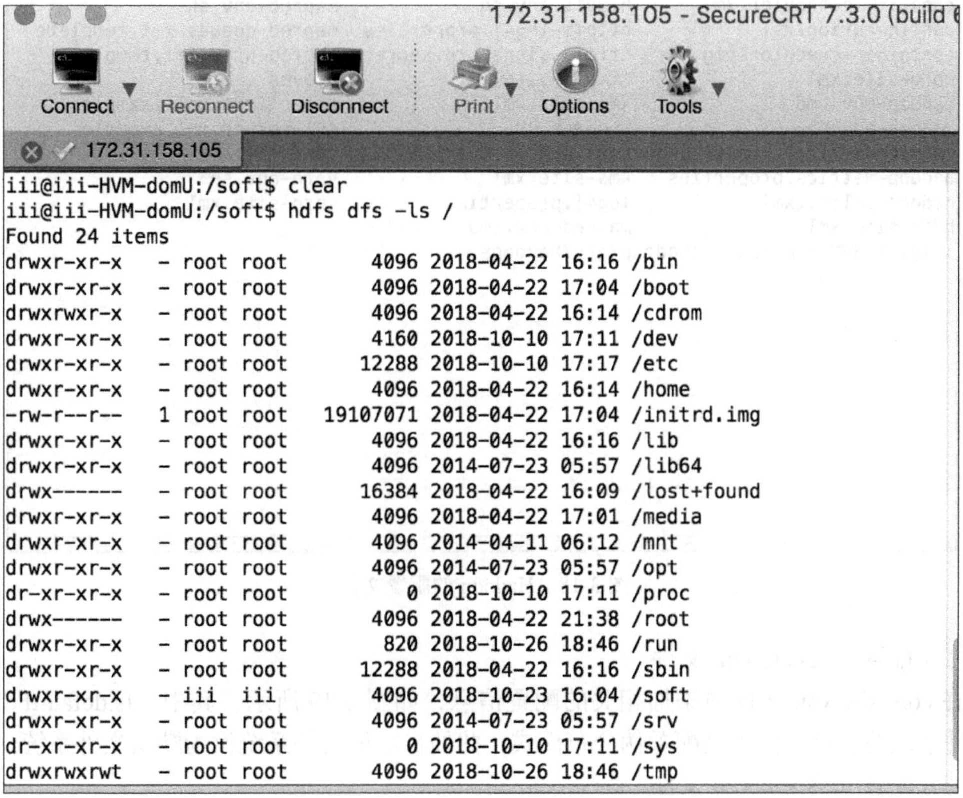

图 3-17 查看本地模式的文件系统

2. Hadoop 伪分布模式的安装与配置

在搭建好单机模式的基础上，可以很简单地搭建伪分布模式。伪分布模式等同于完全分布式，只不过该系统中只有一个节点。在配置伪分布模式的时候，需要修改的配置文件在 hadoop/etc/hadoop 目录下，包括 core-site.xml、hdfs-site.xml、mapred-site.xml 和 yarn-site.xml。

（1）进入 Hadoop 配置文件夹

使用如下命令，进入 /soft/hadoop/etc/hadoop 文件夹。

```
$>cd/soft/hadoop/etc/hadoop
```

进入 /soft/hadoop/etc/hadoop 文件夹后，当执行如下命令时，可以看见上述的 4 个配置文件 core-site.xml、hdfs-site.xml、mapred-site.xml 和 yarn-site.xml，如图 3-18 所示。这个文件夹存放的是 Hadoop 的配置文件。

```
$>ls
```

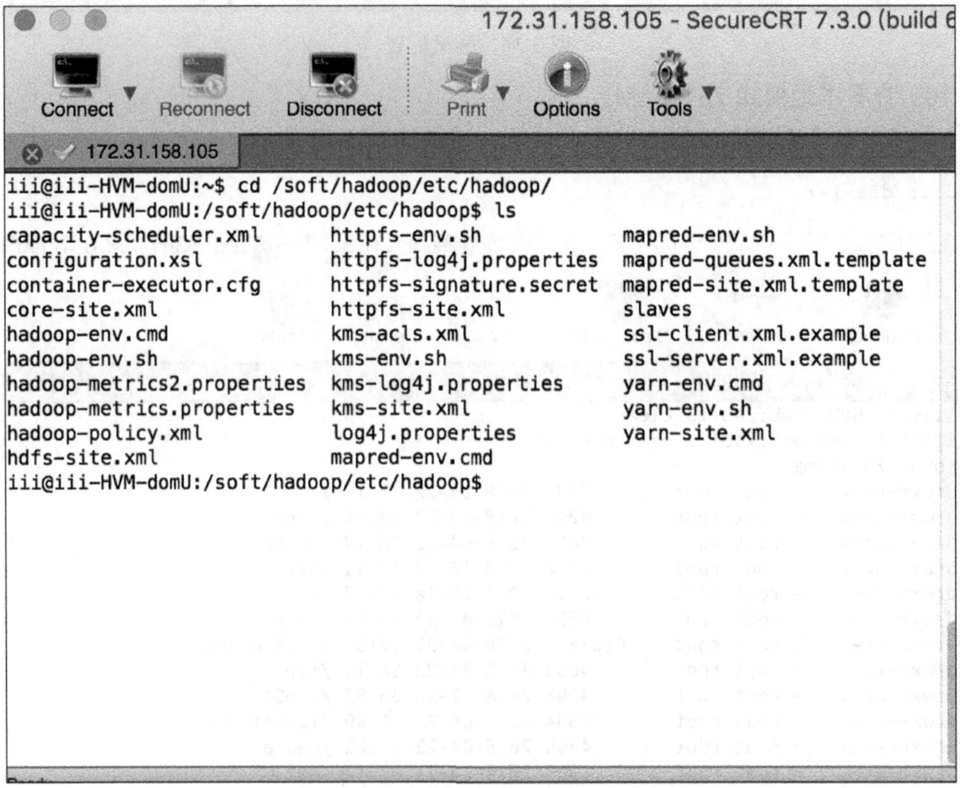

图 3-18 Hadoop 的配置文件

（2）配置 core-site.xml 文件

在 core-site.xml 文件中添加相关的配置信息，如图 3-19 所示。其中，fs.defaultFS 是默认文件系统的名称。由于是配置伪分布模式，此处将本地文件系统设为默认文件系统。

（3）配置 hdfs-site.xml 文件

在 hdfs-site.xml 中配置伪分布模式中文件的副本个数，如图 3-20 所示。

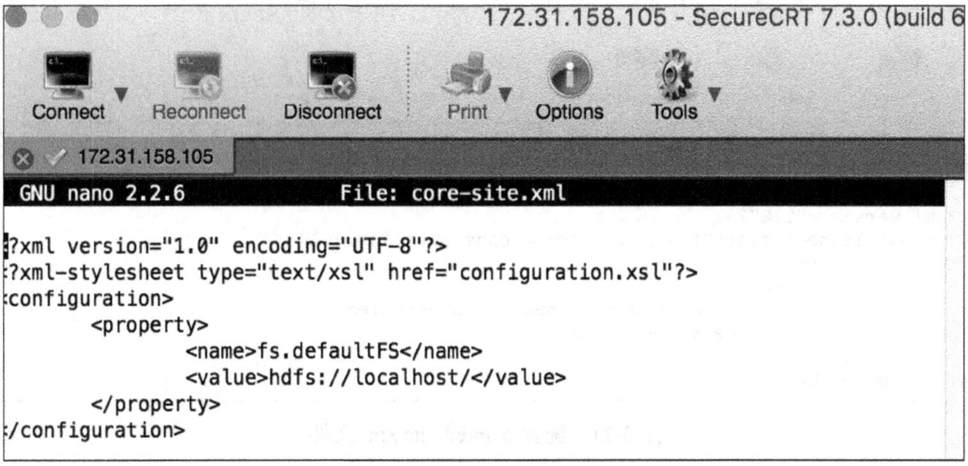

图 3-19　配置 core-site.xml 文件

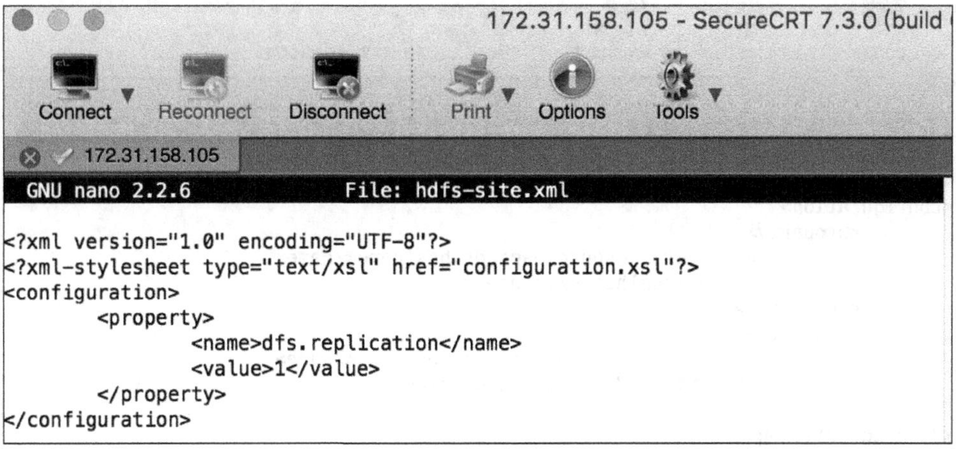

图 3-20　配置 hdfs-site.xml 文件

（4）配置 mapred-site.xml 文件

1）创建 mapred-site.xml 文件。

因为系统中没有 mapred-site.xml 文件，所以要基于 mapred-site.xml.template 模板来创建 mapred-site.xml 文件。命令行如下。

```
$>cp mapred-site.xml.template mapred-site.xml
```

2）在 mapred-site.xml 中写入以下配置信息，设置 Hadoop 所使用的资源管理框架为 yarn，如图 3-21 所示。

（5）配置 yarn-site.xml 文件

在 yarn-site.xml 中写入以下配置信息，如图 3-22 所示。

（6）配置本地的无密登录（ssh）

1）查看是否启动了 sshd 进程，命令行如下。

```
$>ps-Af | grep sshd
```

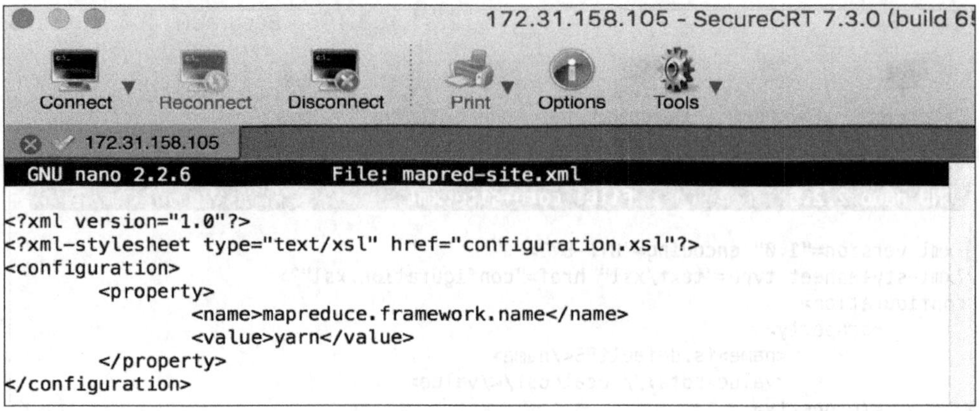

图 3-21 配置 mapred-site.xml 文件

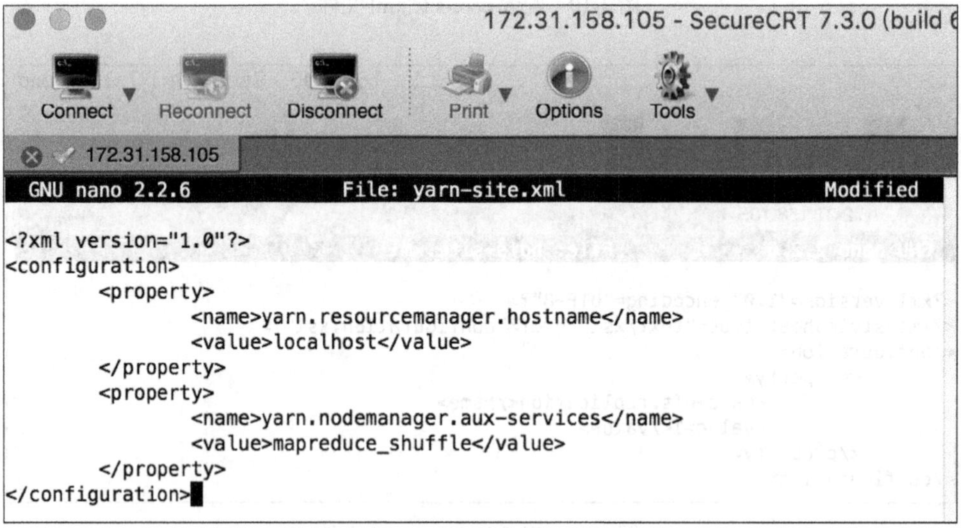

图 3-22 配置 yarn-site.xml 文件

2）在 client 侧生成公私密钥对，命令行如下，结果如图 3-23 所示。

```
$>ssh-keygen-t rsa-P"-f ~/.ssh/id_rsa
```

3）生成 ~/.ssh 文件夹，里面有 id_rsa（私钥）和 id_rsa.pub（公钥）。利用如下命令进行查看，如图 3-24 所示。

```
$>cd ~/.ssh/
$>ls
```

4）追加公钥到 ~/.ssh/authorized_keys 文件中（文件名和位置固定），如图 3-25 所示。

```
$>cd ~/.shh/
$>cat id_rsa.pub>>authorized_keys
```

5）使用如下命令修改 authorized_keys 的权限为 644。

```
$>chmod 644 authorized_keys
```

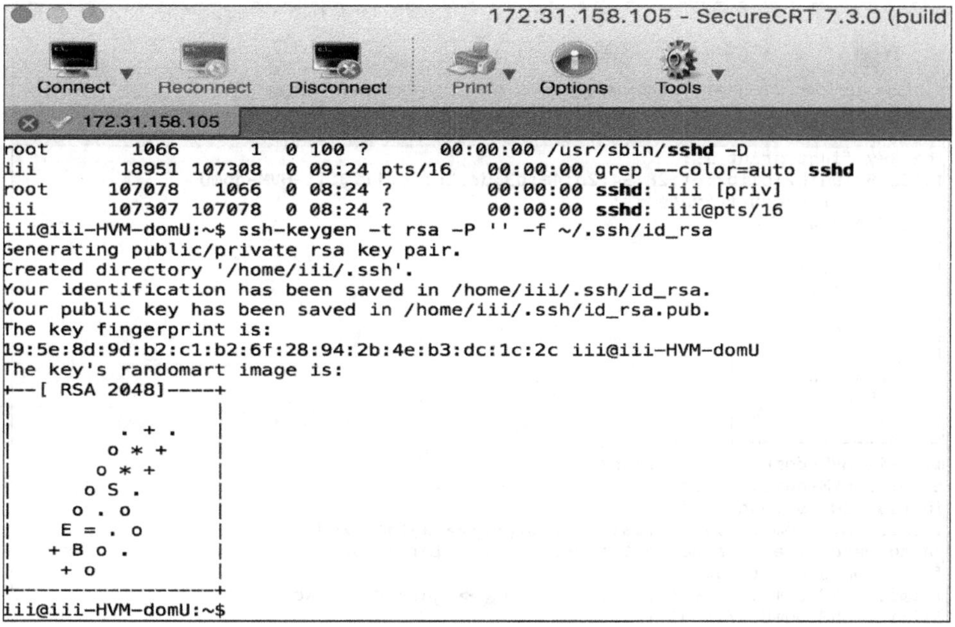

图 3-23　创建 ssh 密钥

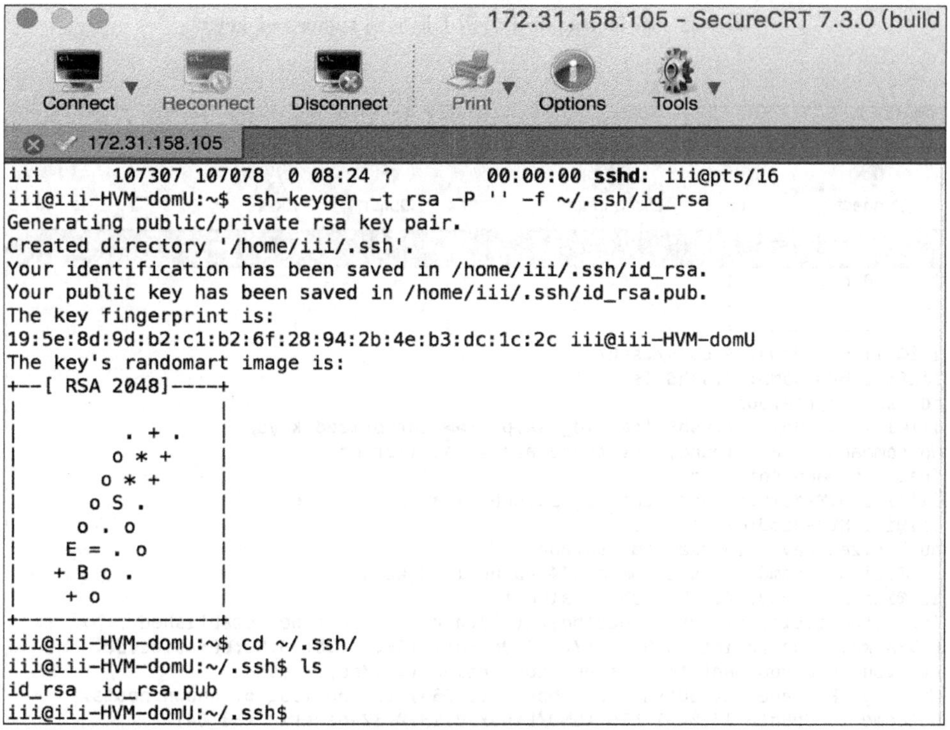

图 3-24　查看 ssh 密钥

6）测试无密登录，命令如下，结果如图 3-26 所示。

```
$>ssh localhost
```

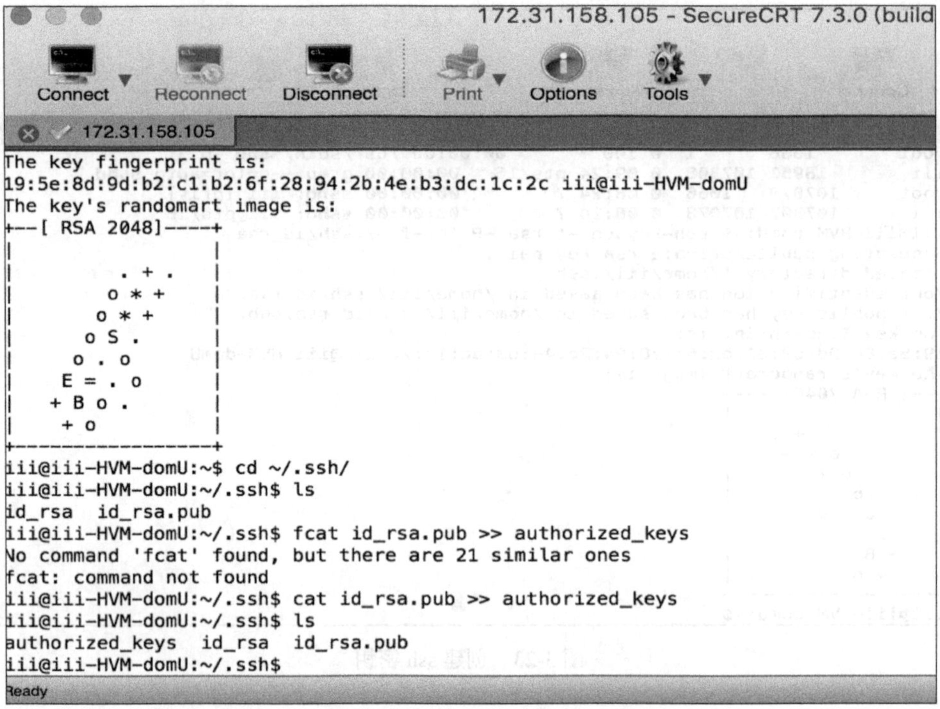

图 3-25 将 id_rsa.pub（公钥）追加到 authorized_keys

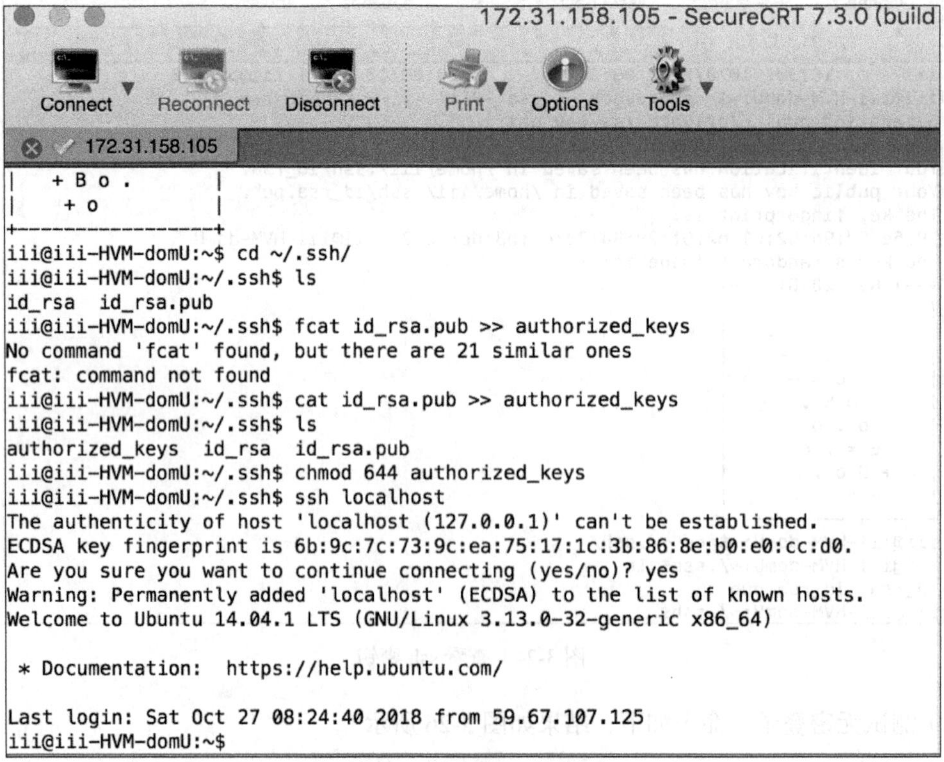

图 3-26 无密登录测试

通过上述操作，完成了本机的无密登录，ssh locallost 不用输入密码就能登录，登录后的界面显示如图 3-26 所示。因为在 authorized_keys 中有 id_rsa.pub 公钥，所以登录不需要密码。如果配置完还需要密码，请删除 ssh 文件重新配置（注：第一次可能提示输入密码，属于正常，或者需要输入 yes）。

（7）在 Hadoop 中配置 JDK 路径

1）进入 Hadoop 的配置文件夹，命令如下：

```
$>cd/soft/hadoop/etc/hadoop
```

2）编辑 hadoop-env.sh 文件，命令如下：

```
$>nano hadoop-env.sh
```

3）修改 JAVA_HOME 声明。

将该环境变量的声明更改为 JDK 所在目录的路径。命令如下，结果如图 3-27 所示。

```
export JAVA_HOME=/soft/jdk
```

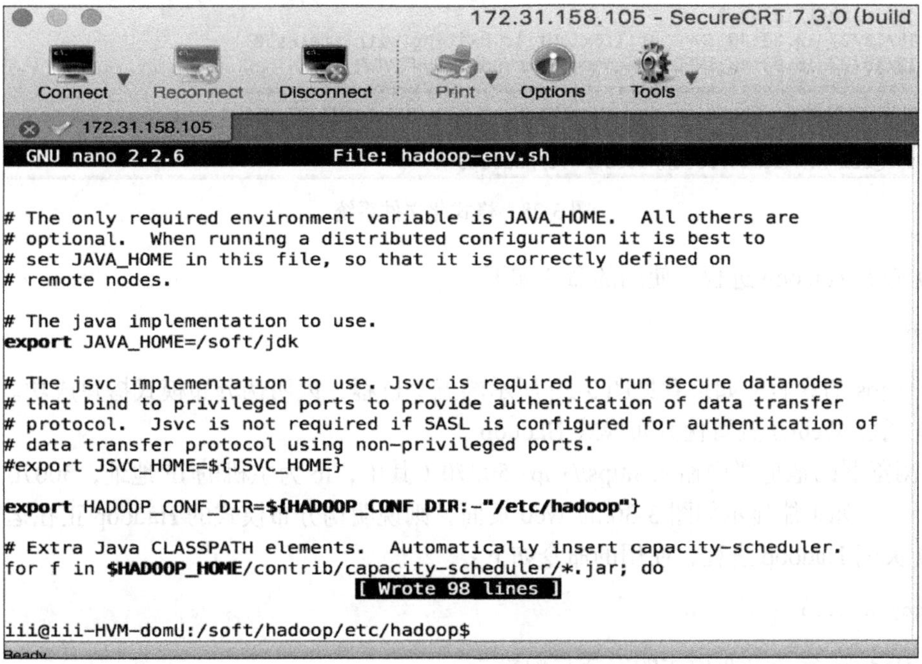

图 3-27　Hadoop 的 JDK 配置

（8）启动 Hadoop

1）格式化 HDFS。

在启动 Hadoop 之前需要格式化 HDFS 分布式文件系统。使用的命令如下，格式化成功后，显示如图 3-28 所示。

```
$>hdfs namenode-format
```

2）启动 Hadoop 进程，使用的命令如下：

```
$>start-all.sh
```

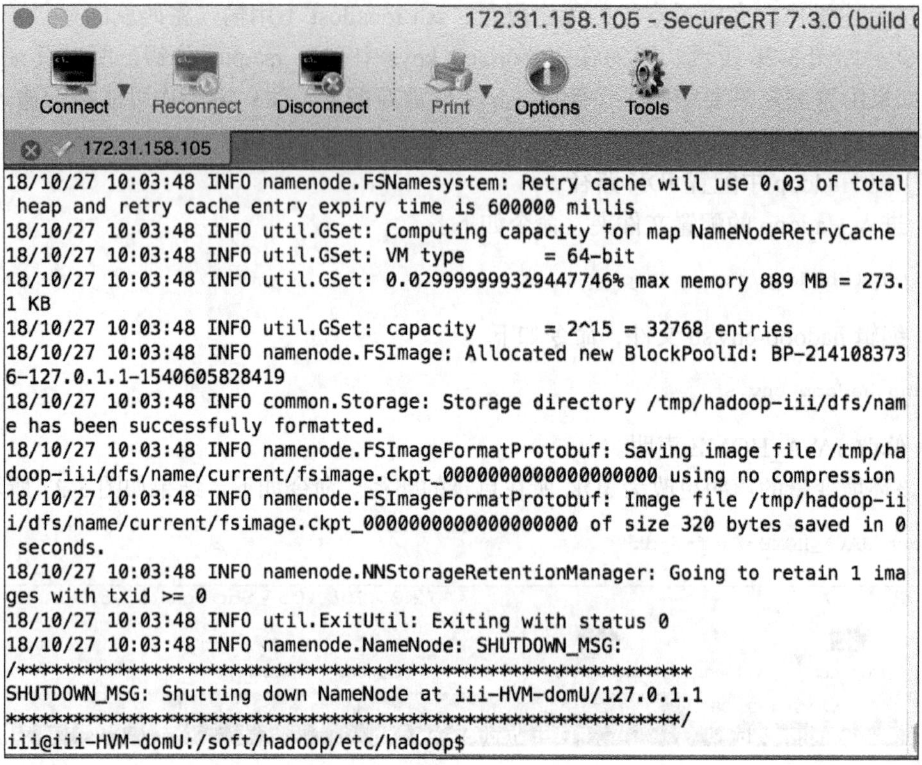

图 3-28 格式化文件系统

3）查看 Hadoop 进程，使用的命令如下：

```
$>jps
```

执行 jps 命令后，如果看见图 3-29 所示的五个进程，说明伪分布模式搭建成功。

4）通过 WebUI 查看伪分布模式 Hadoop。

在浏览器的地址栏中输入 https//: ip: 50070（其中，ip 为主机的 IP 地址，50070 为默认的端口号）。如果能显示如图 3-30 的 Web 页面，则说明伪分布模式的 Hadoop 正在运行。

5）关闭 Hadoop 进程，使用的命令如下：

```
$>stop-all.sh
```

3. Hadoop 完全分布模式的安装与配置

完全分布模式是正常运行方式的一种。下面就来完成 Hadoop 的完全分布模式安装和配置。这里使用 5 台服务器搭建一个完全分布式的 Hadoop 集群，其中以 s101 作为 Name Node，s102~s105 四台服务器作为 Data Node。

（1）修改服务器的主机名

1）修改主机名。

为了配置上的方便，将五台服务器的主机名（hostname）一次修改为 s101~s105。使用的命令如下，修改内容如图 3-31 所示。

```
$>sudo nano/etc/hostname
```

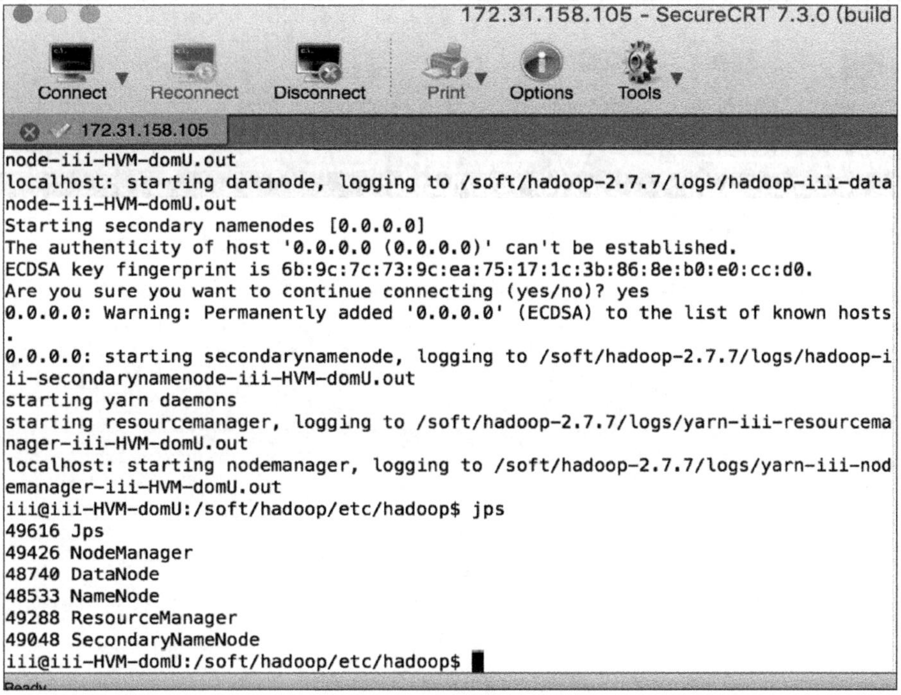

图 3-29　查看 Hadoop 进程

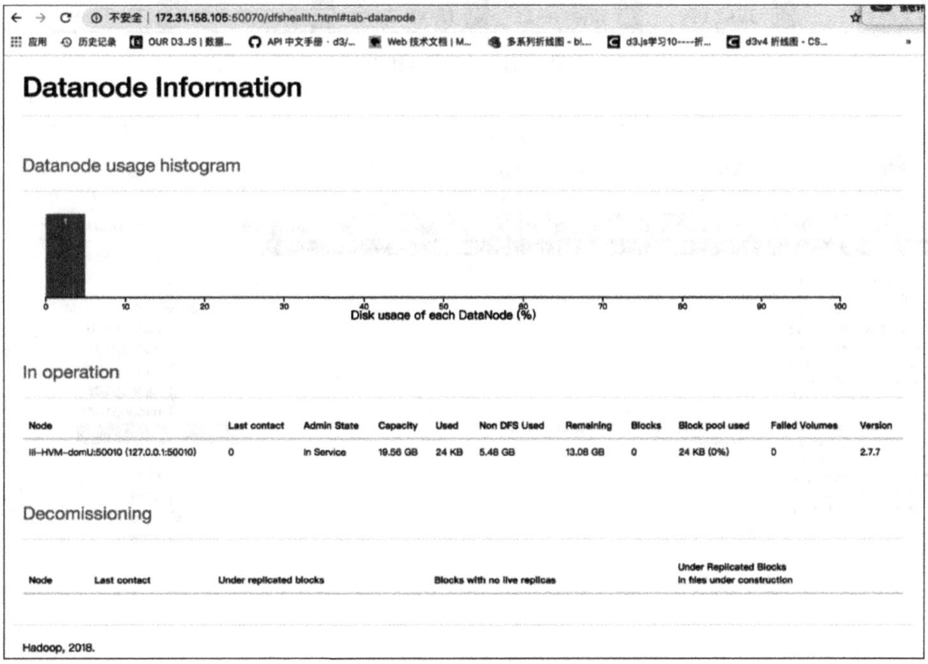

图 3-30　WebUI 查看伪分布式的 Hadoop

2）修改 hosts 文件。

修改每台服务器的 hosts 文件，增加图 3-32 所示的服务器 IP 地址和主机名。

```
$>sudo nano  /etc/hosts
```

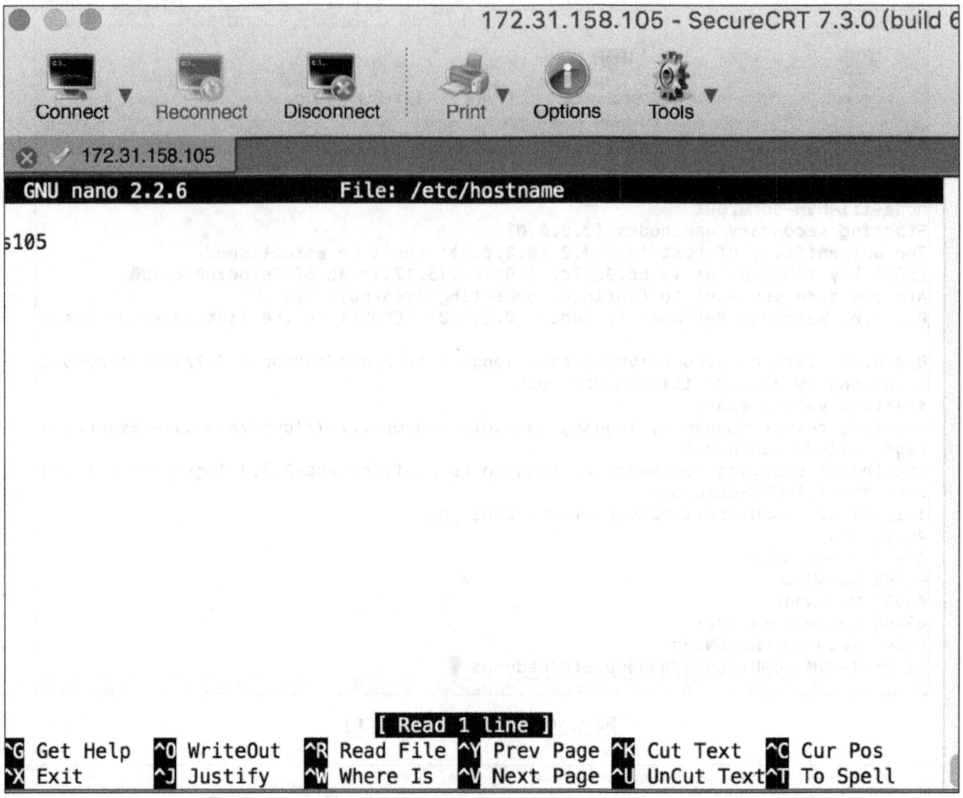

图 3-31　修改主机名

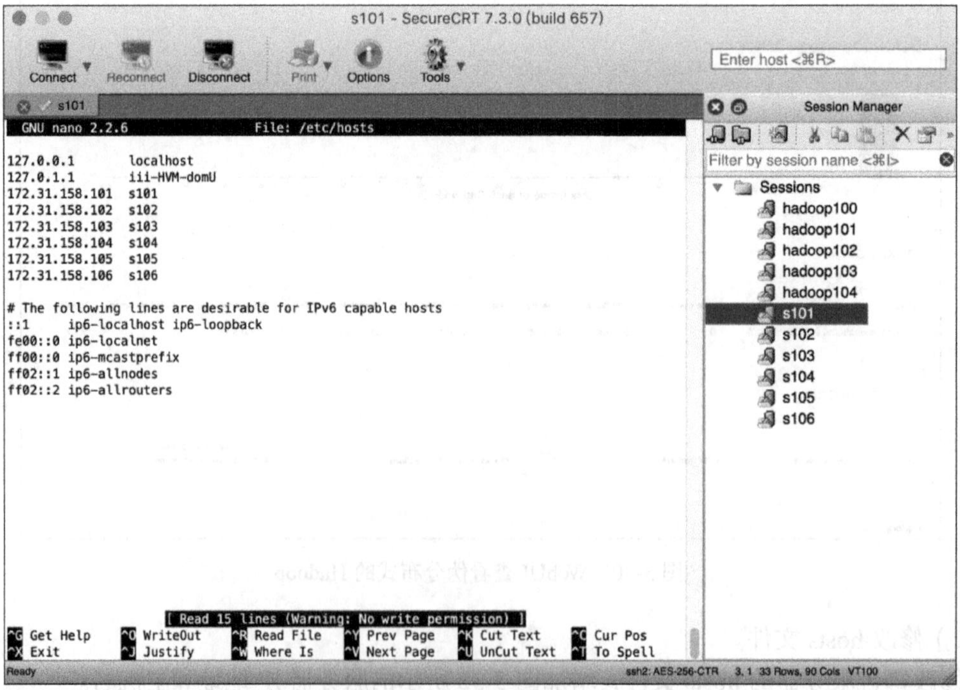

图 3-32　修改 hosts 文件

（2）服务器软件的配置

1）给每台服务器安装 JDK 和 Hadoop，具体操作步骤请参考本地模式的搭建过程。

2）创建无密登录 ssh。

使 NameNode（名称节点 s101）能通过 ssh 无密登录其他 DataNode（数据节点 s102~s105）。实现这一功能需要经过以下三个步骤。

① 删除所有主机上（s101~s105）的 ~/.ssh/*，使用的命令如下：

```
$>sudo rm-rf ~/.ssh/*
```

② 在 s101 上生成公私密钥对，使用的命令如下：

```
$>ssh-keygen-t rsa-P"-f ~/.ssh/id_rsa
```

命令的执行界面如图 3-33 所示。

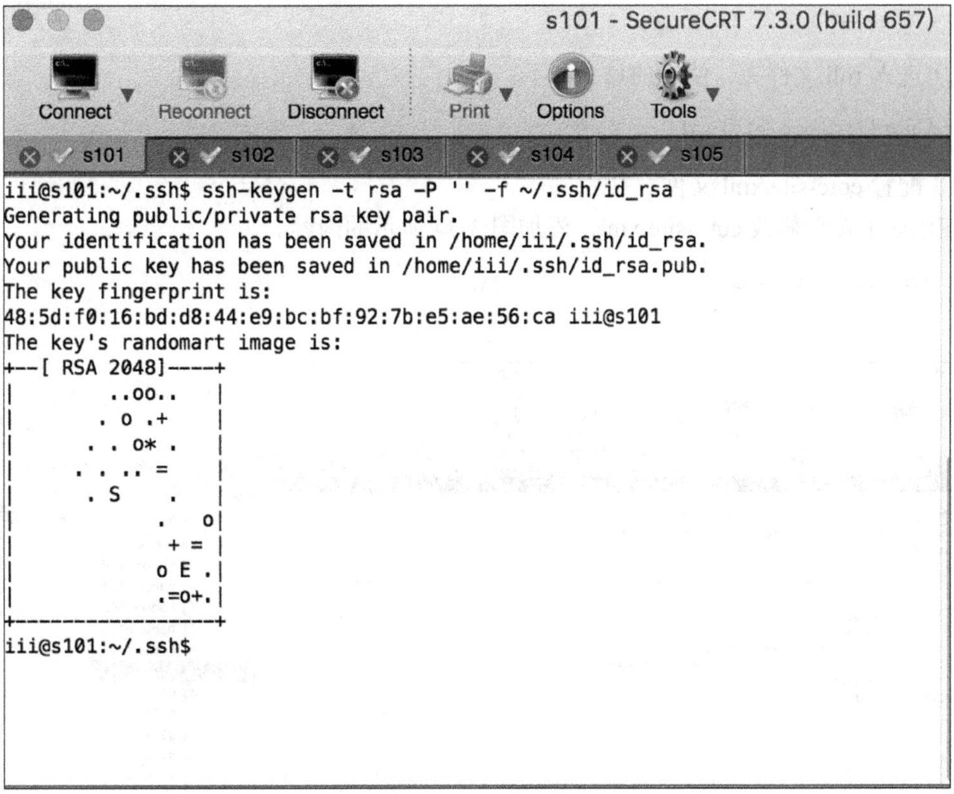

图 3-33　在 s101 上生成公私密钥对

③ 将 s101 的公钥文件 id_rsa.pub 远程复制到 s102 ~ s105 服务器。

使用远程复制命令 scp 将 s101 生成的公钥文件复制到相应服务器的 /home/centos/.ssh/authorized_keys 文件中。依次执行如下的命令，其中的 username 为对应服务器上的用户名。

```
$>scp id_rsa.pub'username'@s101:/home/centos/.ssh/authorized_keys
$>scp id_rsa.pub'username'@s102:/home/centos/.ssh/authorized_keys
$>scp id_rsa.pub'username'@s103:/home/centos/.ssh/authorized_keys
$>scp id_rsa.pub'username'@s104:/home/centos/.ssh/authorized_keys
$>scp id_rsa.pub'username'@s105:/home/centos/.ssh/authorized_keys
```

执行下面的命令后就能将本地的文件远程复制到相应的服务器上，实现 s101 无密登录到其他四台服务器。

（3）配置完全分布模式的 Hadoop

为了提高工作效率，首先将服务器 s101 上的 Hadoop 配置文件修改完成，然后再将配置文件复制到另外四台服务器上。

先在 s101 上 Hadoop 的 etc 文件下，复制 3 份 Hadoop 配置文件，然后把 hadoop 文件删除。这样做主要是为了保证每台服务器上的文件目录是一致的，节省系统维护的开销。实现过程中需要执行如下命令。

```
$>cd/soft/hadoop/etc
$>cp hadoop/full
$>cp hadoop/pesudo
$>cp hadoop/local
$>rm-rf Hadoop
```

1）进入 full 文件夹，使用的命令如下：

```
$>cd/soft/hadoop/etc/full
```

2）配置 core-site.xml 文件。

使用如下命令修改 core-site.xml，添加图 3-34 所示的内容。

```
$>nano core-site.xml
```

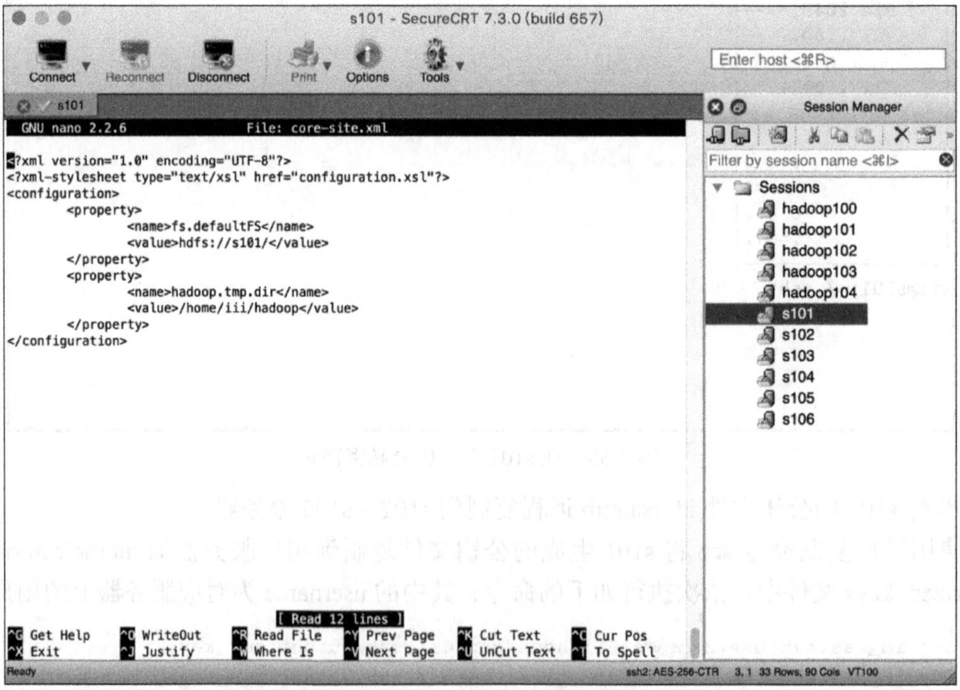

图 3-34 core-site.xml 文件的配置

3）配置 hdfs-site.xml 文件。

使用如下命令修改 hdfs-site.xml 文件。在此文件中设置分布式文件副本的个数，此处设为 3，如图 3-35 所示。

```
$>nano hdfs-site.xml
```

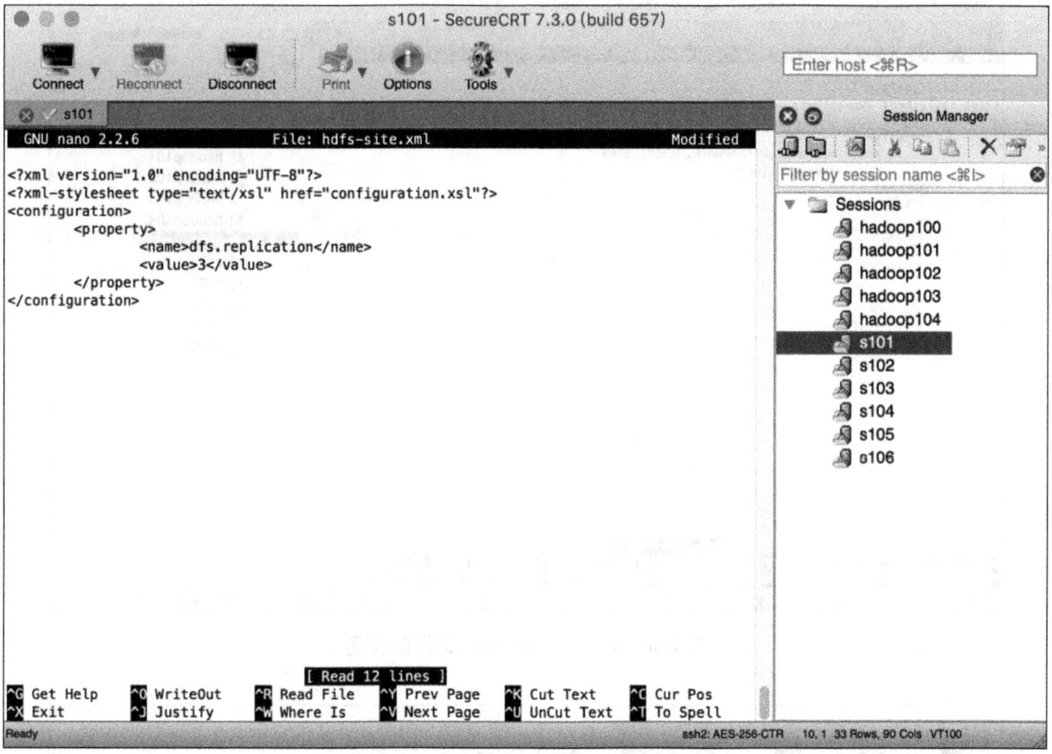

图 3-35　hdfs-site.xml 文件的配置

4）配置 mapred-site.xml 文件。

使用如下命令修改 mapred-site.xml 文件。

```
$>nano mapred-site.xml
```

在此文件中设置 Hadoop 集群采用的资源管理框架 yarn，如图 3-36 所示。

5）配置 yarn-site.xml 文件。

使用如下命令修改 yarn-site.xml 文件。

```
$>nano yarn-site.xml
```

在此文件中设置 yarn 资源管理服务器的信息，如图 3-37 所示。

6）配置集群的 slaves 节点。

这里将 s102~s105 设置为 slaves 节点，如图 3-38 所示。

7）分发配置文件到各台服务器，使用的命令如下。

```
$>cd/soft/hadoop/etc/
$>scp-r full iii@s102:/soft/hadoop/etc/
```

```
$>scp-r full iii@s103:/soft/hadoop/etc/
$>scp-r full iii@s104:/soft/hadoop/etc/
$>scp-r full iii@s105:/soft/hadoop/etc/
```

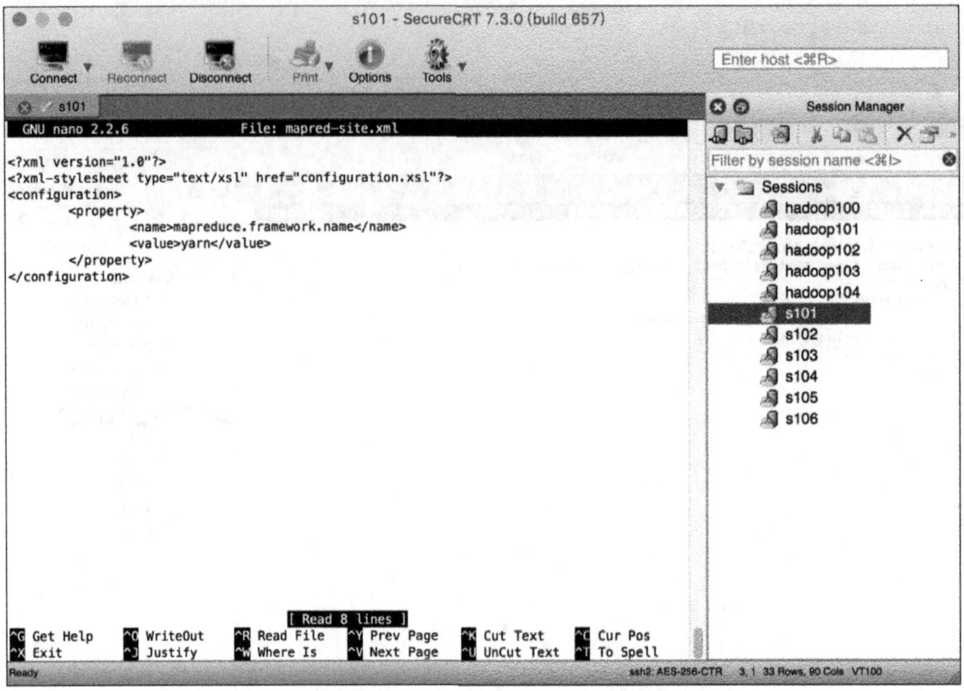

图 3-36 mapred-site.xml 文件的配置

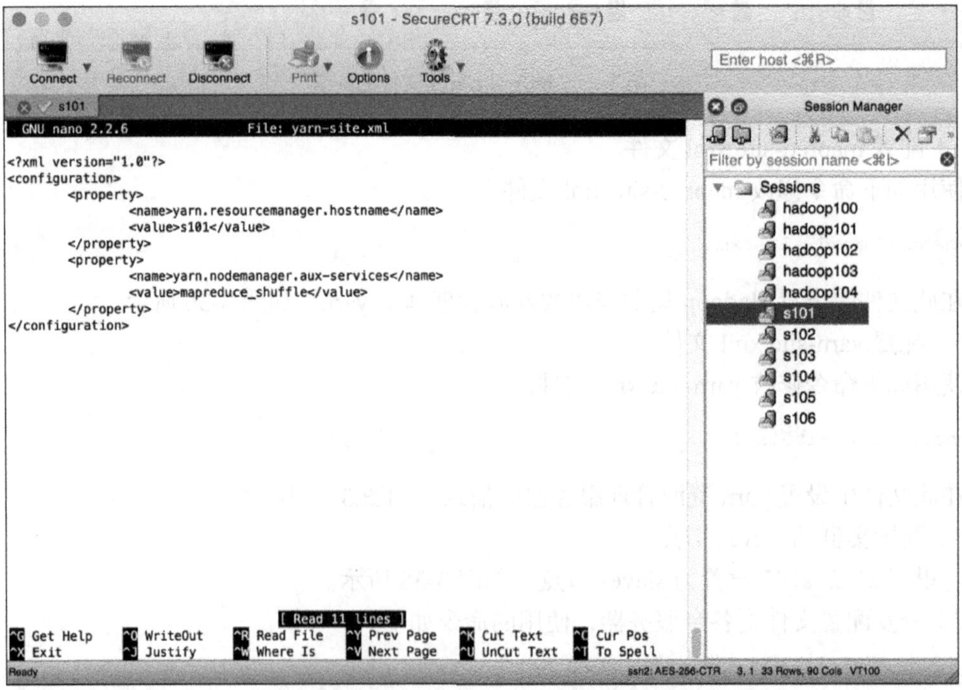

图 3-37 yarn-site.xml 文件的配置

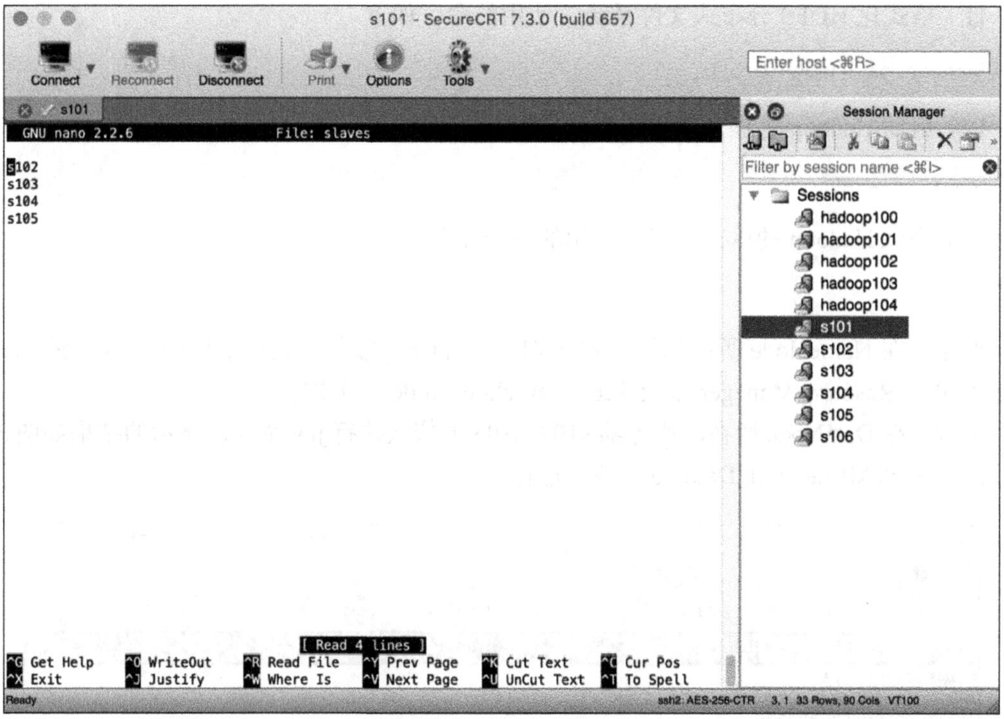

图 3-38 slaves 文件的配置

8）创建符号连接，使用的命令如下。

```
$>cd/soft/hadoop/etc/
$>ln-s full hadoop
$>ssh s102 ln-s/soft/hadoop/etc/full/soft/hadoop/etc/hadoop
$>ssh s103 ln-s/soft/hadoop/etc/full/soft/hadoop/etc/hadoop
$>ssh s104 ln-s/soft/hadoop/etc/full/soft/hadoop/etc/hadoop
$>ssh s105 ln-s/soft/hadoop/etc/full/soft/hadoop/etc/hadoop
```

9）删除临时目录文件，使用的命令如下。

```
$>cd/tmp
$>rm-rf hadoop-iii
$>ssh s102 rm-rf/tmp/hadoop-iii
$>ssh s103 rm-rf/tmp/hadoop-iii
$>ssh s104 rm-rf/tmp/hadoop-iii
$>ssh s105 rm-rf/tmp/hadoop-iii
```

10）删除 Hadoop 日志，使用的命令如下。

```
$>cd/soft/hadoop/logs
$>rm-rf*
$>ssh s102 rm-rf/soft/hadoop/logs/*
$>ssh s103 rm-rf/soft/hadoop/logs/*
$>ssh s104 rm-rf/soft/hadoop/logs/*
$>ssh s105 rm-rf/soft/hadoop/logs/*
```

11）格式化 HDFS 分布式文件系统，使用的命令如下。

```
$>hadoop namenode-format
```

12）启动 Hadoop 进程，使用的命令如下。

```
$>start-all.sh
```

13）测试 Hadoop 的运行状态，使用的命令如下。

```
$>jps
```

首先，在 NameNode 所在的服务器 s101 上执行 jps 命令，显示结果如图 3-39 所示，有 NameNode、ResourceManager 以及 SecondaryNameNode 三个进程。

然后，在 DataNode 所在的服务器 s102~s105 上依次执行 jps 命令，显示的结果如图 3-40 所示，有 NodeManager 和 DataNode 两个进程。

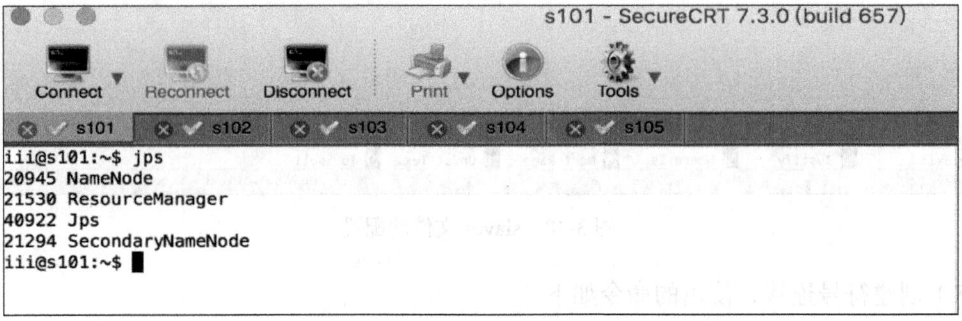

图 3-39　NameNode 进程

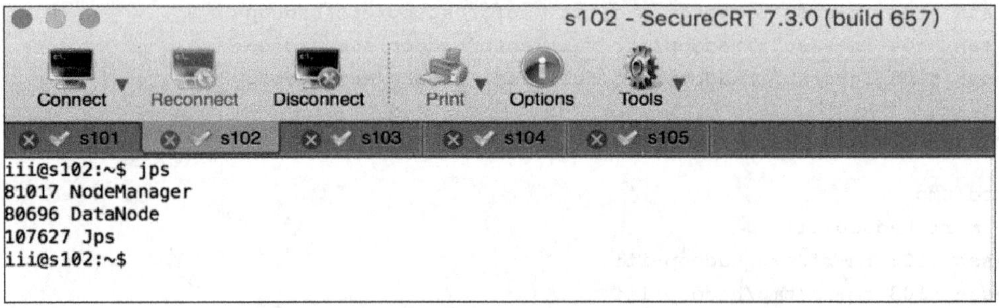

图 3-40　DataNode 进程

如果集群服务器上的相关进程都正常运行，则说明完全分布式的 Hadoop 已经安装配置成功。

习题

1. 谷歌公司为大数据分析奠定基础的三篇论文分别是什么？它们分别是针对哪方面内容的？

2. Hadoop 实现的与谷歌公司大数据分析技术类似的三项关键技术分别是什么？
3. Hadoop 的核心组件包括哪些？
4. 简述 Hadoop 的特点。
5. Hadoop 可以有几种不同的安装方式？

Chapter 4

第4章

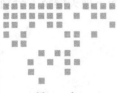

MapReduce 编程

4.1 MapReduce 概述

MapReduce 框架是 Hadoop 技术的核心，它为大数据处理提供了一种可以利用底层分布式计算环境进行并行处理的计算模式，并为开发者提供了一整套编程接口和执行环境。可以说，掌握 MapReduce 是使用 Hadoop 技术的核心要点。

MapReduce 计算模式是一种标准的函数式编程模式，这种计算模式在早期的编程语言中就已被采用，如 Lisp 语言。这种计算模式的核心在于，可以将一个函数作为参数传递给另一个函数，这种函数通常被称为高次函数。通过多个高次函数的串接，可以将数据的计算过程转化为一系列函数的执行过程。

MapReduce 处理数据过程主要分成 Map 和 Reduce 两个阶段。首先执行 Map 阶段，再执行 Reduce 阶段。Map 和 Reduce 的处理逻辑由用户自定义实现，但要符合 MapReduce 框架的约定。

为适应多样化的数据环境，MapReduce 中将关键字 / 值数据对（key-value pair）作为基础数据单元。关键字和值可以是简单的基本数据类型，如整数、浮点数、字符串等，也可以是复杂的数据结构，如列表、数组、自定义结构等。Map 阶段和 Reduce 阶段都将关键字 / 值作为输入和输出。MapReduce 的处理过程如图 4-1 所示。

提交一个 MapReduce 任务之后，其执行步骤如下。

1. Map 任务

1）读取输入文件内容，解析成 key-value 对。对输入文件的每一行，解析成 key-value 对，每一个 key-value 对调用一次 map 函数。

2）执行用户编写的 map 函数。对输入的 key-value 对，按照用户编写的处理逻辑对其进行处理，并转换成新的 key-value 对输出。

3）对 map 函数输出的 key-value 对进行分区。

4）对不同分区的数据，按照 key 进行排序、分组。相同 key 的 value 放到一个分组中。

5）对分组后的数据进行聚集并处理，这主要由 Reduce 阶段来完成。Reduce 是否需要取决于用户。

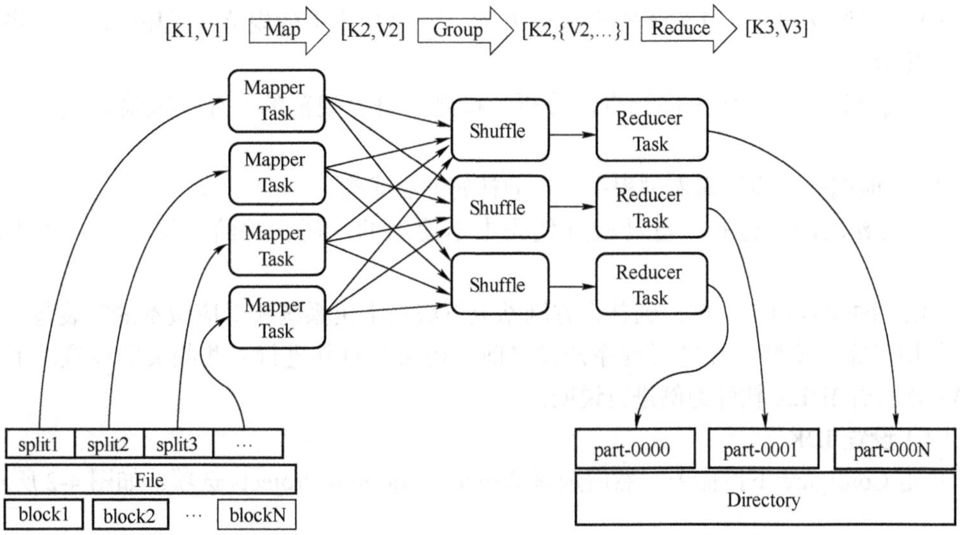

图 4-1　MapReduce 的处理过程

2. Reduce 任务

1）对多个 Map 任务的输出，按照不同的分区，通过网络传输到不同的 Reduce 节点。

2）对多个 Map 任务的输出进行合并、排序。

3）执行 reduce 函数。按照用户编写的 reduce 函数中的数据处理逻辑，对每一组数据进行处理，对输入的 key-value 对进行处理，转换成新的 key-value 对并输出。

4）把 reduce 的输出保存到文件中。

4.2　开发工具 IntelliJ IDEA

IntelliJ IDEA 是 Java 编程语言开发集成环境。IntelliJ 在业界被公认为是较好的 Java 开发工具之一，尤其在智能代码助手、代码自动提示、重构、J2EE 支持、各类版本工具（Git、SVN 等）、JUnit、CVS 整合、代码分析、创新的 GUI 设计等方面的功能可以说是超常的。IDEA 是 JetBrains 公司的产品，以严谨著称。它的旗舰版本还支持 HTML、CSS、PHP、MySQL、Python 等。其免费版只支持 Java 等少数语言。

IDEA 所提倡的是智能编码，是减少程序员的工作，IDEA 的特色功能有以下几个方面。

1）智能的选取。当想选取某个方法或某个循环，或者想从一个变量到整个类逐步选取，IDEA 提供了基于语法的选择可以支持上述的选择方式。在默认设置中按 <Ctrl+W> 组合键，可以实现选取范围的不断扩充。

2）丰富的导航模式。IDEA 提供了丰富的导航查看模式，例如，按 <Ctrl+E> 组合键显示最近打开过的文件，按 <Ctrl+N> 组合键显示类名查找框等。

3）历史记录功能。不用通过版本管理服务器，只通过 IDEA 就可以查看工程中文件的历史记录，在需要进行版本恢复时可以很容易地将其恢复。

4）灵活的排版功能。IDEA 支持排版模式的定制，可以根据不同的项目要求采用不同的排版方式。

5）动态语法检测。任何不符合 Java 规范、自己预定义的规范、无用代码等都将在页面中高亮显示。

6）代码检查。对代码进行自动分析，检测不符合规范的、存在风险的代码，并加亮显示。

7）智能编辑。代码输入过程中，自动补充方法或类。

8）无效代码的检查。自动检查代码中不使用的代码，并给出提示，从而使代码更高效。

IDEA 的安装相对简单，到其官方网站上下载与本机系统相对应版本的安装包，执行安装文件即可完成安装。在进行程序开发之前，还需要对其进行一些相关的设置。下面默认以第一次打开 IDEA 软件为例进行说明。

（1）设置 JDK

单击 Configure 下拉命令，然后选择 Structure for New Projects 选项，如图 4-2 所示。

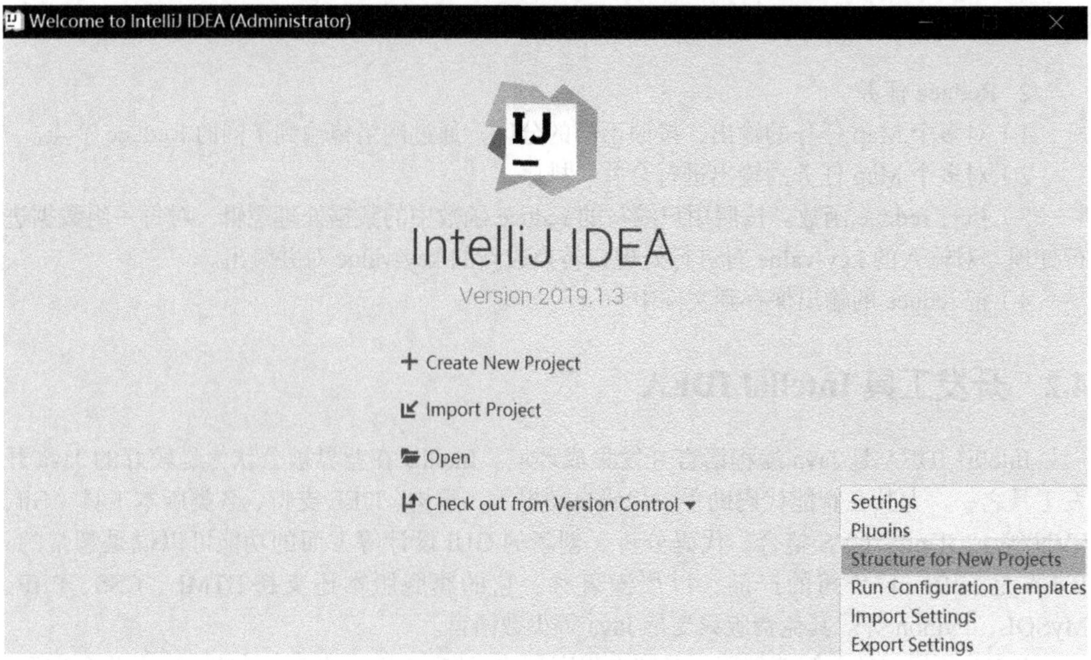

图 4-2　IDEA 配置页面

如图 4-3 所示，选择 SDKs 选项，单击 + 按钮，在列表中选择 JDK 选项。然后，选择本机安装的 JDK 路径，如图 4-4 所示。

（2）设置 Maven

在 IDEA 配置页面（见图 4-2），单击 Configure 下拉命令，选择 Settings 选项，打开设置窗口，如图 4-5 所示。选择 Build，Execution，Deployment → Build Tools → Maven 选项，设置图 4-5 中框内的参数，为 Maven 仓库设置本地目录。

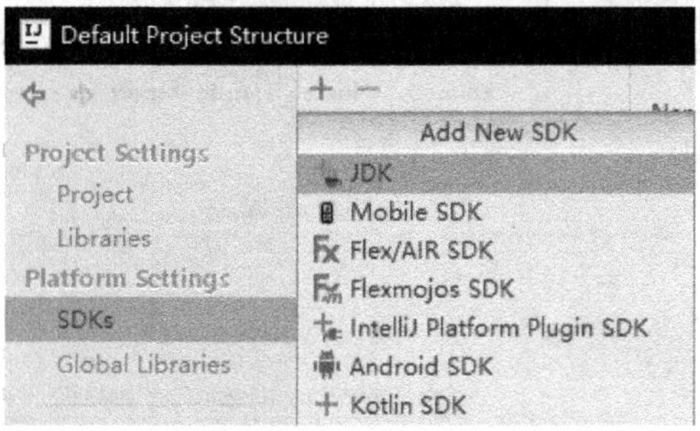

图 4-3　选择 SDKs

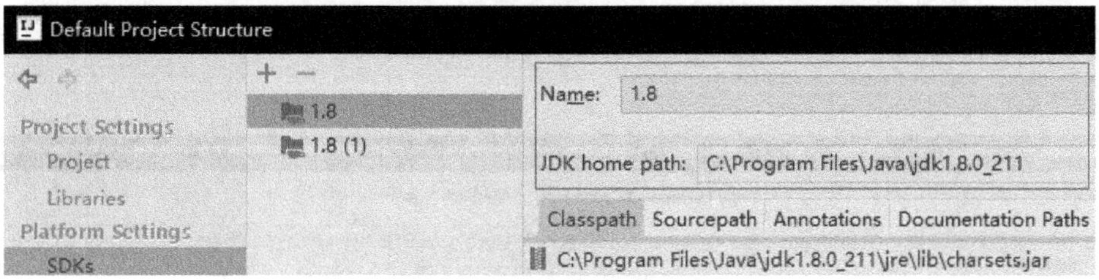

图 4-4　设置 JDK 路径

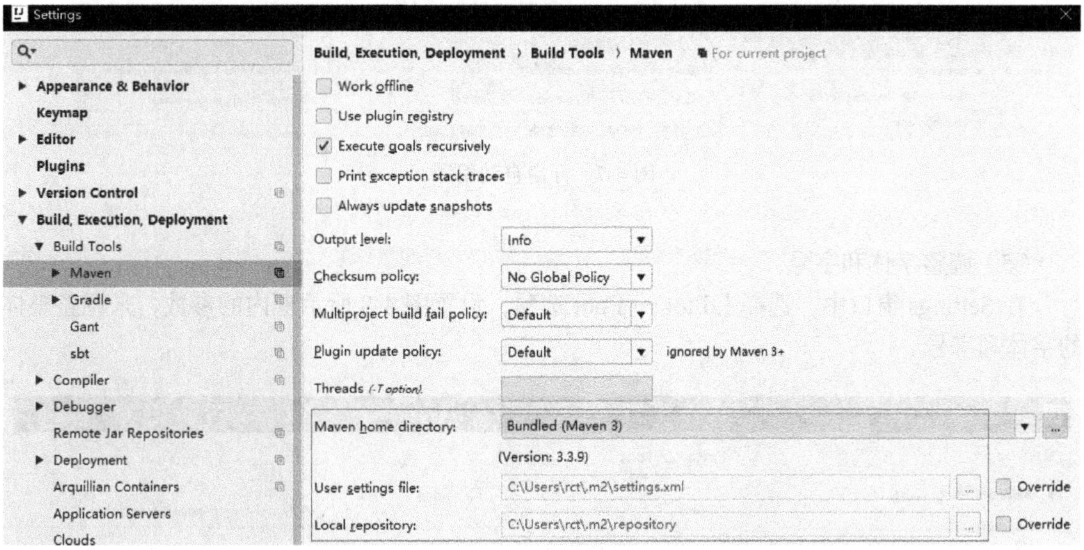

图 4-5　设置 Maven

（3）开启自动导包和智能移除

在 Settings 窗口中，选择 Editor → General → Auto Import 选项，选中图 4-6 所示框内的两个复选框。

（4）开启自动编译

在 Settings 窗口中，选择 Build，Execution，Deployment → Compiler 选项，在右侧窗格选中 Build Project automatically 复选框，如图 4-7 所示。

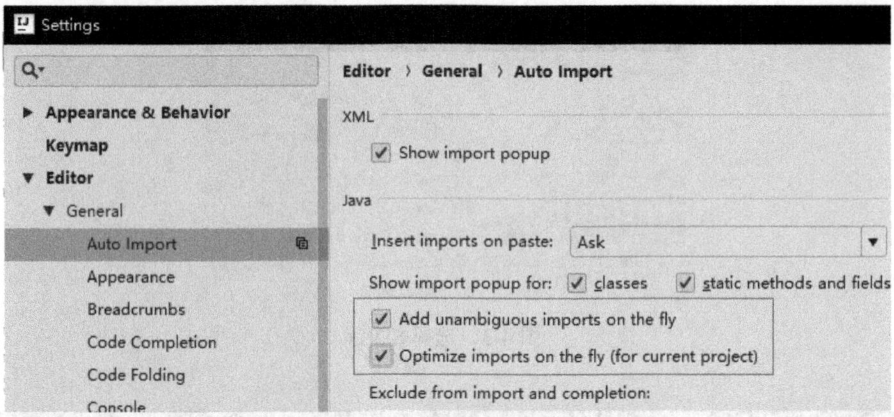

图 4-6 开启自动导包和智能移除

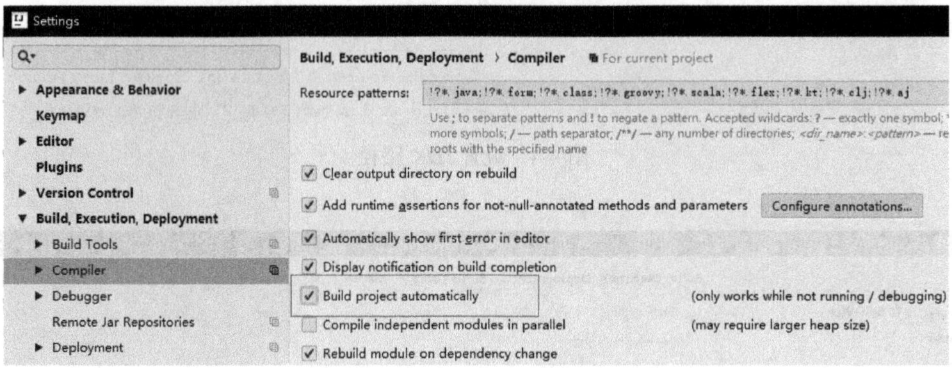

图 4-7 开启自动编译

（5）调整字体和字号

在 Settings 窗口中，选择 Editor→Font 选项，设置图 4-8 所示框内的参数，来调整整体的字体和字号。

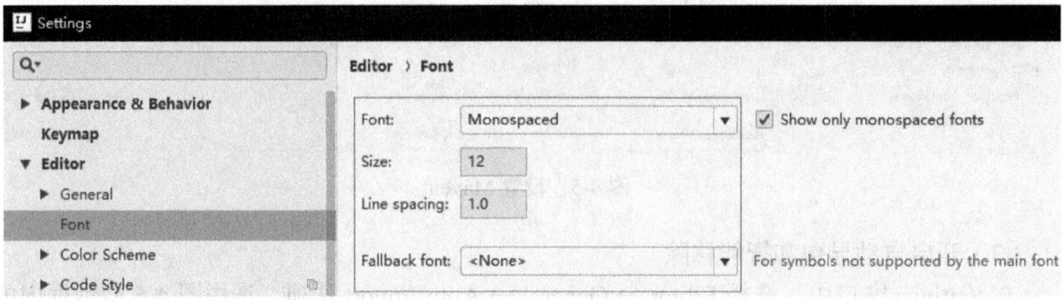

图 4-8 全局字体和字号的调整

在 Settings 窗口中，选中 Editor→Color Scheme→Color Scheme Font 选项，设置图 4-9 所示框内的参数，来调整代码的字体和字号。

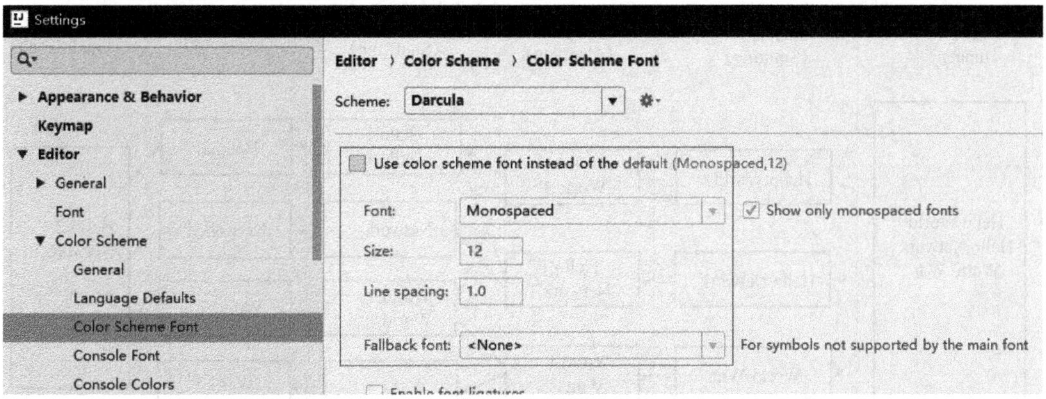

图 4-9　代码字体和字号的调整

在 Settings 窗口中，选择 Editor → Color Scheme → Console Font 选项，设置图 4-10 所示框内的参数，来调整控制台输出的字体和字号。

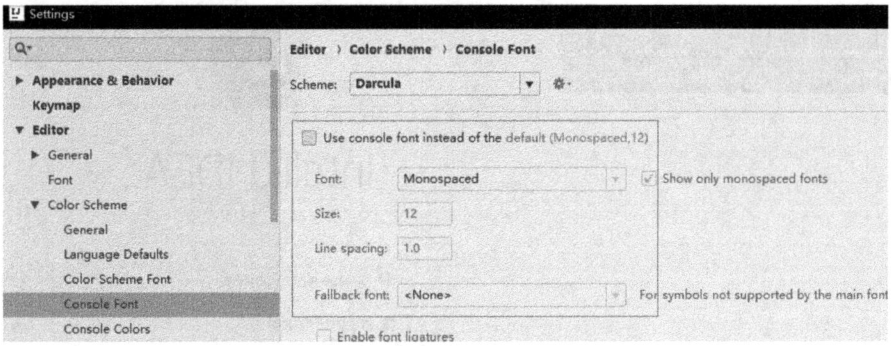

图 4-10　控制台输出字体和字号的调整

4.3　编程实例

4.3.1　MapReduce 经典入门程序——字数统计（WordCount）

对于 MapReduce 的初学者而言，一个经典的编程例子是 Hadoop 自带的 WordCount 程序。它可以帮助用户更好地理解 MapReduce 程序的工作原理。图 4-11 是 WordCount 程序的执行示意图。

下面讲解如何利用 Intellij IDEA 编程工具来进行 MapReduce 程序的开发、调试、执行和打包等任务。

1. 准备工作

（1）创建 IDEA 的 Java 项目

1）单击 Create New Project 文字链接，如图 4-12 所示。

2）在左侧窗格选中 Java 选项，然后在右侧窗格中的 Project SDK 文本框中选择本地安装的 JDK 所在的主目录，如图 4-13 所示。

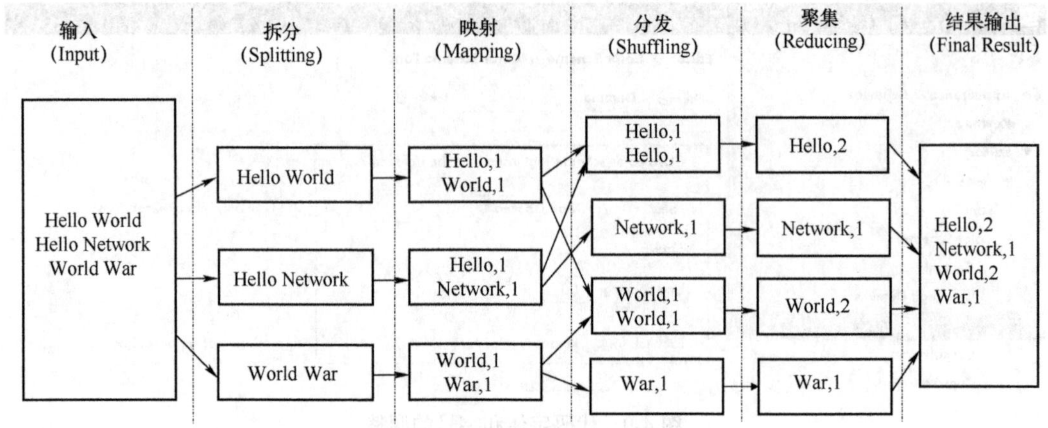

图 4-11　WordCount 程序的执行过程

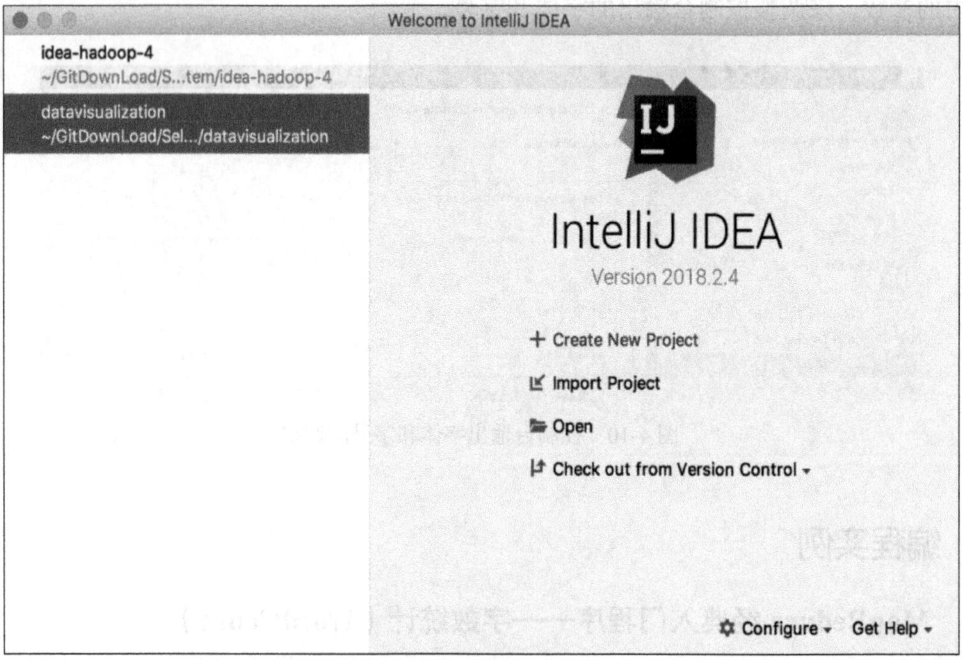

图 4-12　创建工程

3）单击 Next 按钮，直到出现 Project name 文本框。在其中输入工程的名称，如图 4-14 所示。

4）创建完成的 IDEA Java 项目如图 4-15 所示。

（2）配置编程环境

1）创建新的 Module，步骤如图 4-16 所示。

2）单击 Next 按钮，直到出现 Module name 文本框。在其中输入模块的名字，如图 4-17 所示。

3）对模块增加 Maven 框架支持，步骤如图 4-18 和图 4-19 所示。

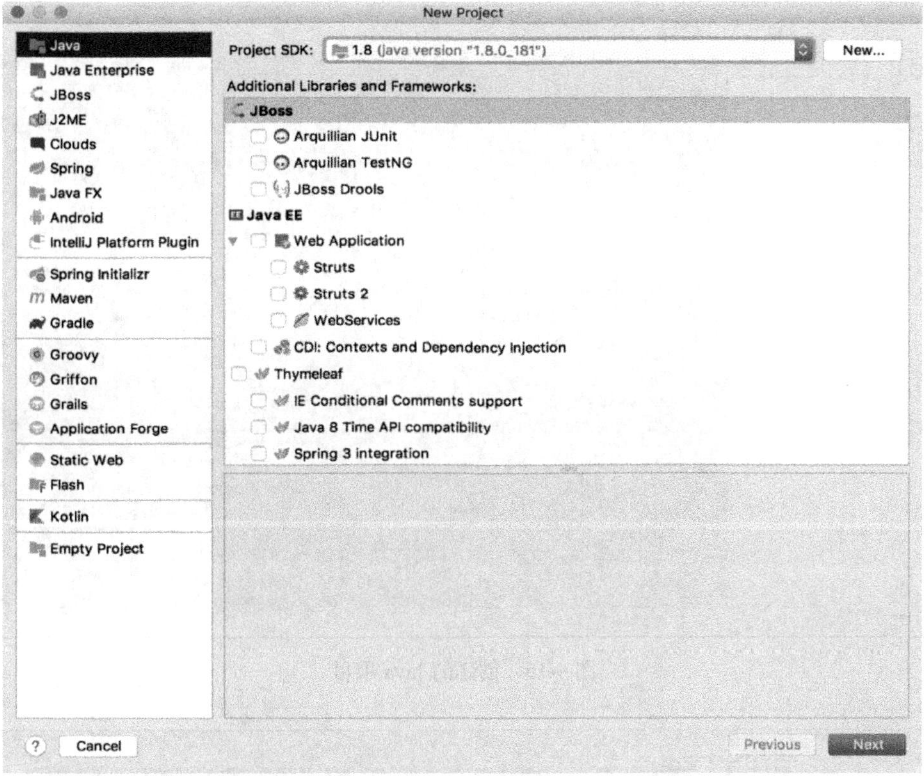

图 4-13　选择 JDK

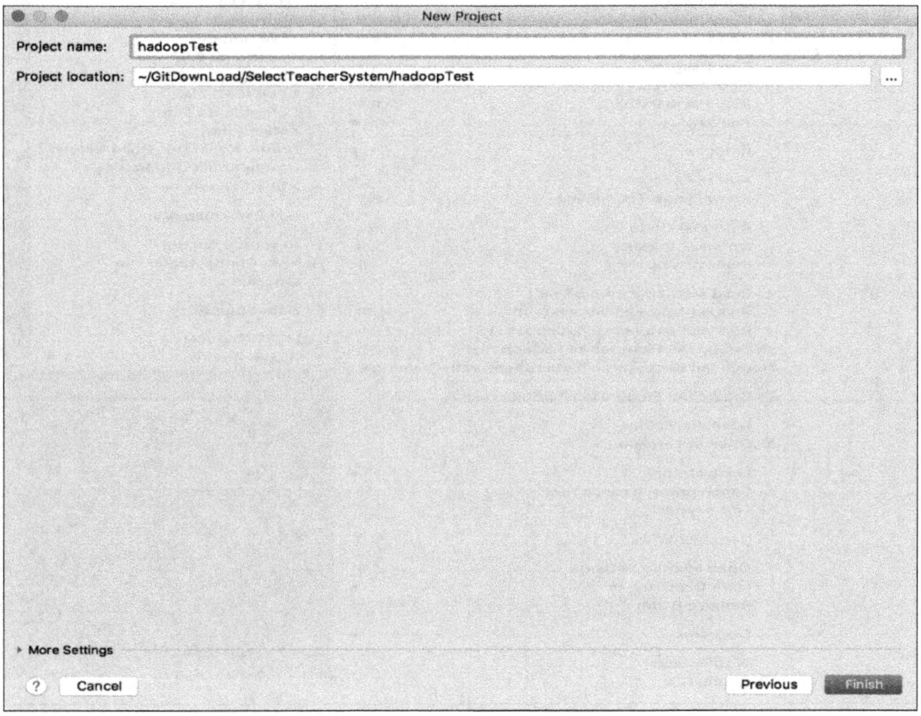

图 4-14　创建工程名称

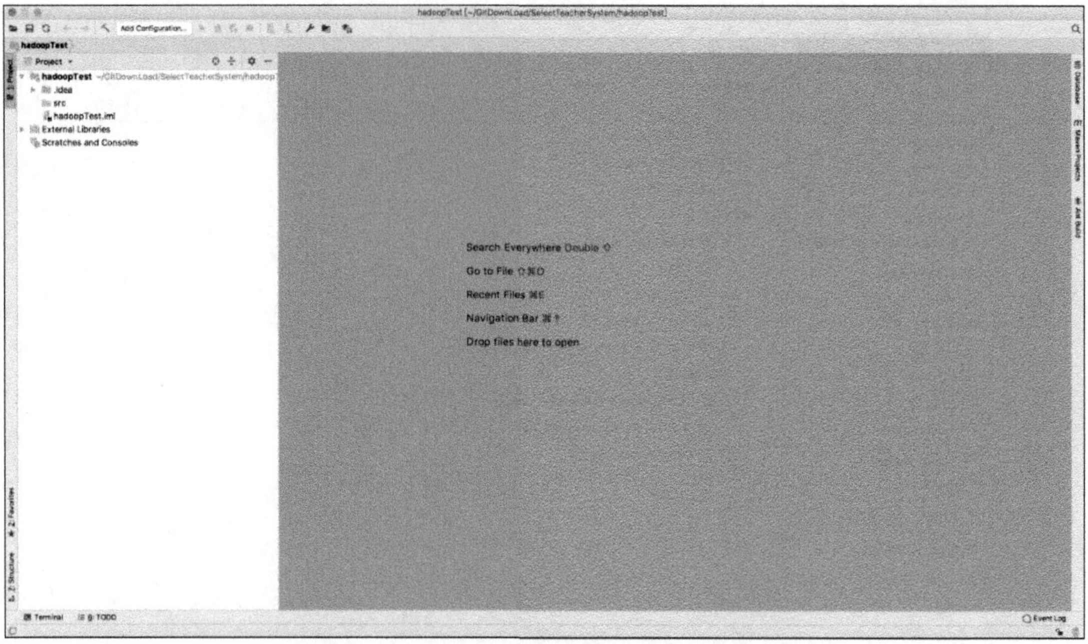

图 4-15　创建的 Java 项目

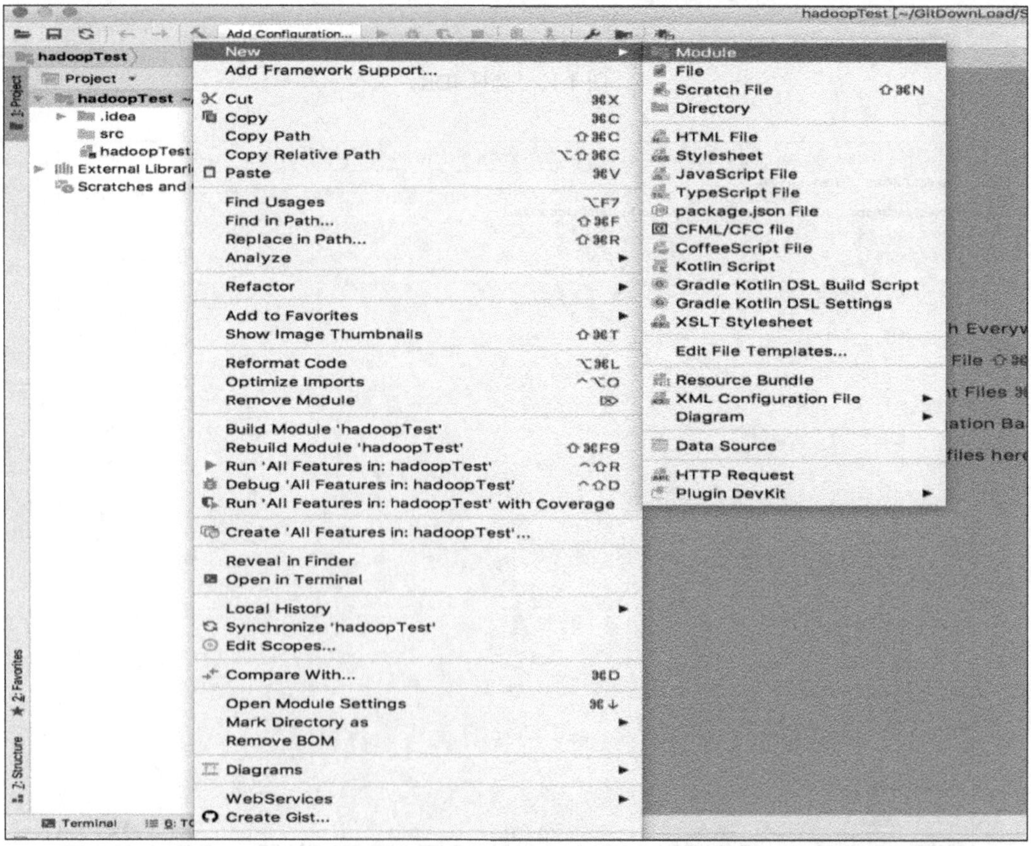

图 4-16　创建项目模块

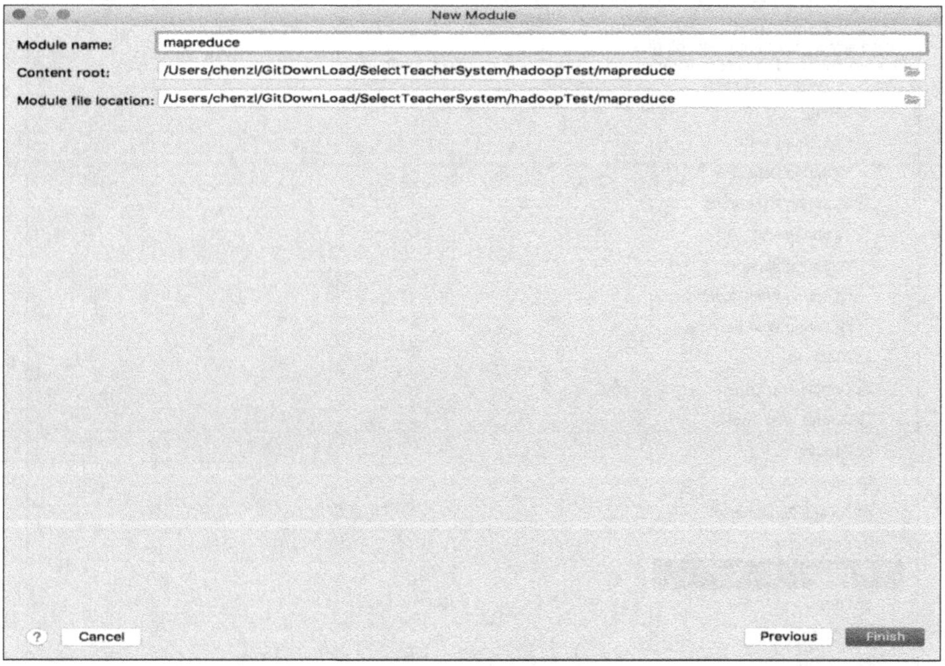

图 4-17　输入模块名称

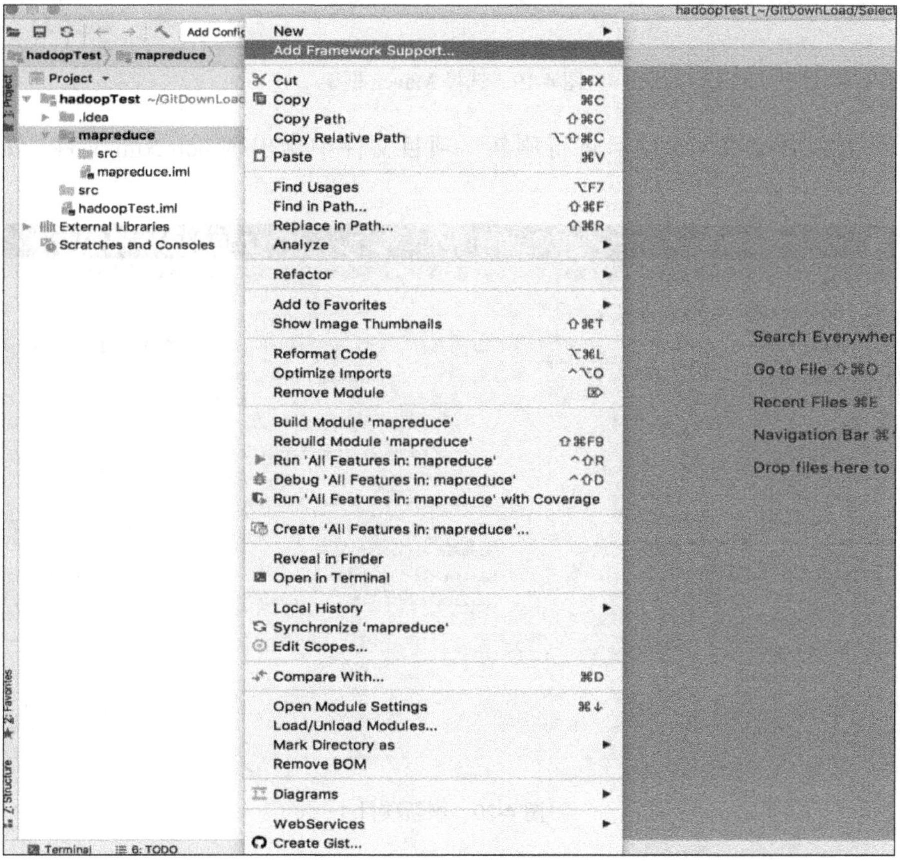

图 4-18　增加 Maven 框架支持

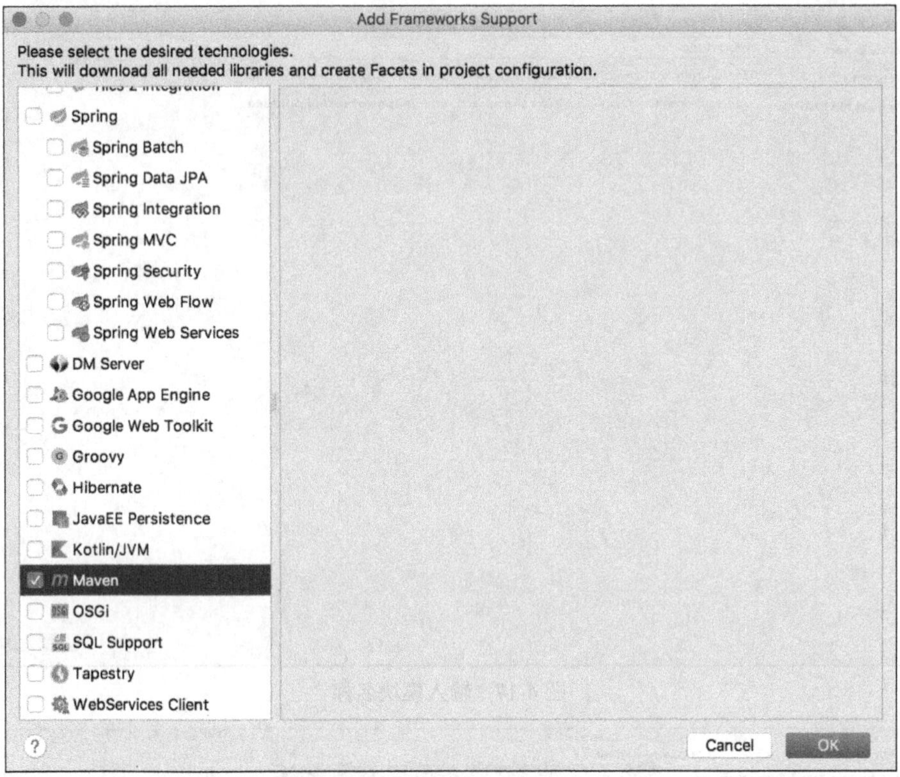

图 4-19　选择 Maven 框架

4）单击刷新按钮，对项目进行刷新，项目文件中会出现 pom.xml 文件，如图 4-20 所示。

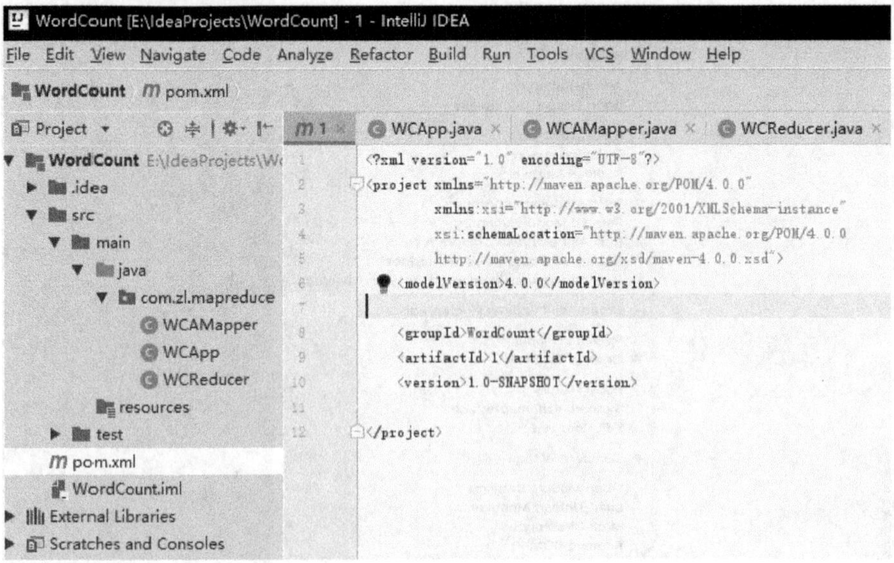

图 4-20　刷新项目

5）编辑 pom.xml 文件，给 Maven 配置文件添加 MapReduce 程序的依赖包，如图 4-21

所示。

```xml
<?xml version="1.0" encoding="UTF-8"?>
<project xmlns="http://maven.apache.org/POM/4.0.0"
         xmlns:xsi="http://www.w3.org/2001/XMLSchema-instance"
         xsi:schemaLocation="http://maven.apache.org/POM/4.0.0 http://maven.apache.org/xsd/maven-4.0.0.xsd">
    <modelVersion>4.0.0</modelVersion>

    <groupId>com.zl</groupId>
    <artifactId>mapreduce</artifactId>
    <version>1.0-SNAPSHOT</version>

    <dependencies>
        <dependency>
            <groupId>org.apache.hadoop</groupId>
            <artifactId>hadoop-hdfs</artifactId>
            <version>2.7.7</version>
        </dependency>
        <dependency>
            <groupId>org.apache.hadoop</groupId>
            <artifactId>hadoop-client</artifactId>
            <version>2.7.7</version>
        </dependency>
        <dependency>
            <groupId>org.junit.jupiter</groupId>
            <artifactId>junit-jupiter-api</artifactId>
            <version>RELEASE</version>
            <scope>test</scope>
        </dependency>

    </dependencies>
</project>
```

图 4-21 添加 Maven 项目依赖

2. MapReduce 程序编写

（1）编写 WordCount 程序

1）创建项目所需要的类。在 Java 根目录下创建一个包，在包下面创建三个类，分别是 WCApp、WCMapper 和 WCReducer，如图 4-22 所示。

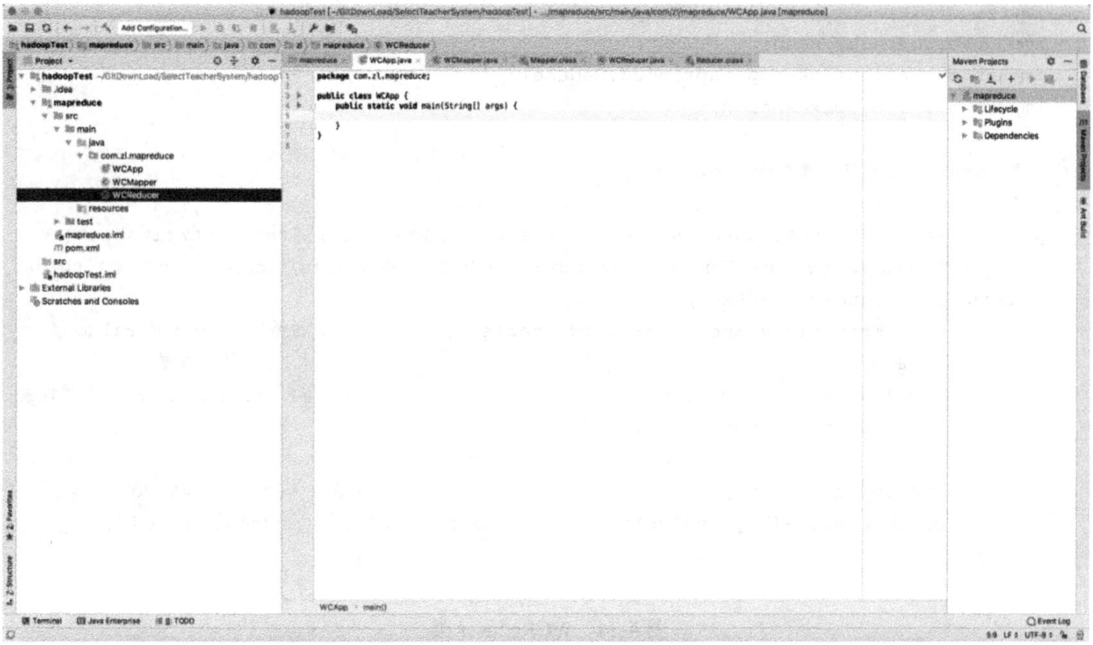

图 4-22 WordCount 程序类

2）编写 WCMapper 类，如图 4-23 所示。

```
package com.zl.mapreduce;
import org.apache.hadoop.io.IntWritable;
import org.apache.hadoop.io.LongWritable;
import org.apache.hadoop.io.Text;
import org.apache.hadoop.mapreduce.Mapper;
import java.io.IOException;
/*
* wordCount 单词计数的 mapper
 */
public class WCMapper extends Mapper<LongWritable, Text, Text, IntWritable> {
    protected void map(LongWritable key, Text value, Context context) throws IOException,
InterruptedException {
          Text keyOut = new Text();                    //需要输出的 key 值的初始化
         IntWritable valueOut = new IntWritable();          //需要输出的 value 值的初始化
         String str[] = value.toString().split(" ");    //用字符串数组存储 value 文本的单词
         for (String s : str) {
              keyOut.set(s);                          //给输出的 key 值赋值
             valueOut.set(1);                          //给输出的 value 值赋值
             context.write(keyOut, valueOut);    //写入（k, v）对
         }
    }
}
```

图 4-23 WCMapper 类

3）编写 WCReducer 类，如图 4-24 所示。

```
package com.zl.mapreduce;
import org.apache.hadoop.io.IntWritable;
import org.apache.hadoop.io.Text;
import org.apache.hadoop.mapreduce.Reducer;
import java.io.IOException;
/*
  * wordCount 单词计数的 mapper
  */
public class WCReducer extends Reducer <Text, IntWritable, Text, IntWritable>{
     protected void reduce(Text key, Iterable<IntWritable> values, Context context) throws
IOException, InterruptedException {
          IntWritable value = new IntWritable();           //初始化 reduce 的 value 值
         int count = 0;                                     //定义单词的计数器
         for(IntWritable wc : values){                      //计算出一个 map（k, v）对的单词数
              count = count + wc.get();
         }
         value.set(count);                                 //设置 reduce 的 value 值
        context.write(key, value);                         //写入 reduce 的（k, v）对
    }
}
```

图 4-24 WCReducer 类

4） 编写 WCApp 类，如图 4-25 所示。

```
package com.zl.mapreduce;
import org.apache.hadoop.conf.Configuration;
import org.apache.hadoop.fs.Path;
import org.apache.hadoop.io.IntWritable;
import org.apache.hadoop.io.Text;
import org.apache.hadoop.mapreduce.Job;
import org.apache.hadoop.mapreduce.lib.input.FileInputFormat;
import org.apache.hadoop.mapreduce.lib.input.TextInputFormat;
import org.apache.hadoop.mapreduce.lib.output.FileOutputFormat;
public class WCApp {
    public static void main(String[] args) throws Exception {
        Configuration conf = new Configuration();
        Job job = Job.getInstance(conf);
        job.setJobName("WCApp");                                  //设置作业的名称
        job.setJarByClass(WCApp.class);                          //设置作业的 jar 类
        job.setInputFormatClass(TextInputFormat.class);           //设置输入格式
        FileInputFormat.addInputPath(job, new Path(args[0]));//给出输入路径，相当于目录
        FileOutputFormat.setOutputPath(job, new Path(args[1]));     //给出输出路径
        //job.setPartitionerClass(Mypartitioner.class);
        job.setMapperClass(WCMapper.class);                       //设置 mapper 类
        job.setReducerClass(WCReducer.class);                    //设置 reduce 类
        job.setNumReduceTasks(1);                                  //设置 reduce 的个数
        job.setOutputKeyClass(Text.class);                      //设置 key 的输出格式
        job.setOutputValueClass(IntWritable.class);             //设置 value 的输出格式
        job.setMapOutputKeyClass(Text.class);                   //设置 map 的 key 的输出格式
        job.setMapOutputValueClass(IntWritable.class);           //设置 map 的 value
        job.waitForCompletion(true);
    }
}
```

图 4-25 WCApp 类

（2）运行 WordCount 程序

1）准备测试的数据。

Windows 用户可以在 D 盘下创建一个 mr 文件夹，在其下创建本地 TXT 文件，文件里面存放单词文本。此例使用的是 OS 系统，因此会有所不同，分别如图 4-26 和图 4-27 所示。

2）执行程序。

选择 Run → Edit Configurations 命令，添加 Application，如图 4-28 和图 4-29 所示。

3）设置程序运行需要输入的 args 参数。

在 Program arguments 文本框中输入 file：///url/mr file：///url/mr/out，即 args［0］为 file：///url/mr，args［1］为 file：///url/mr/out，其中 args［0］为文件的输入目录，args［1］为文件的输出目录，如图 4-30 所示。

4）运行单词统计程序，如图 4-31 所示。

5）查看运行结果。

进入 mr 目录查看是否有 out 目录生成，如图 4-32 所示。

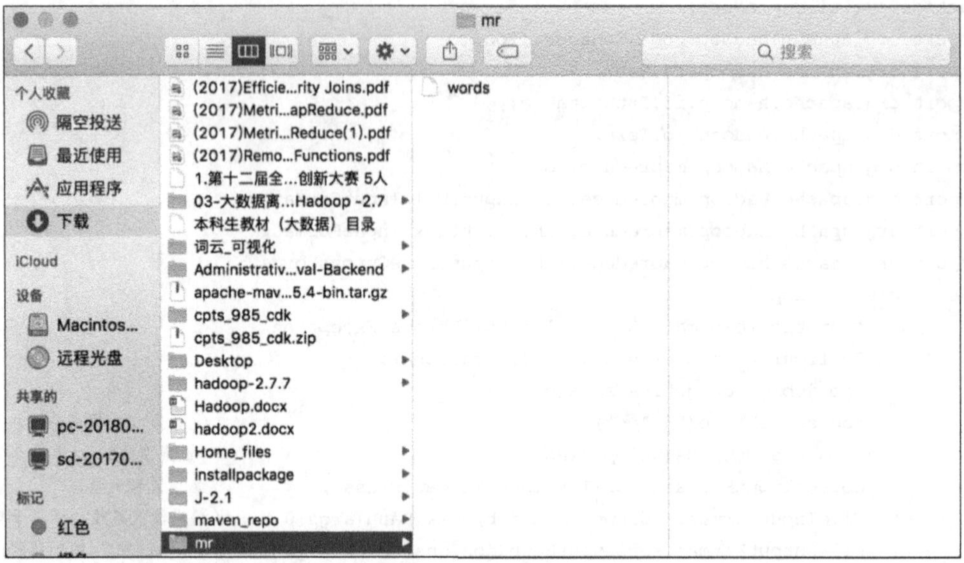

图 4-26 创建 mr 目录

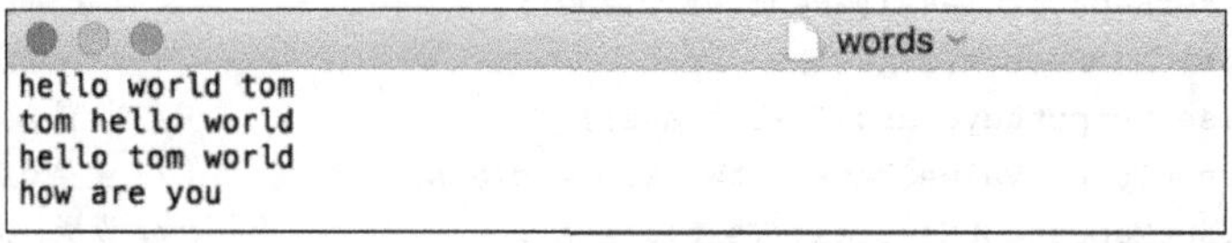

图 4-27 测试数据

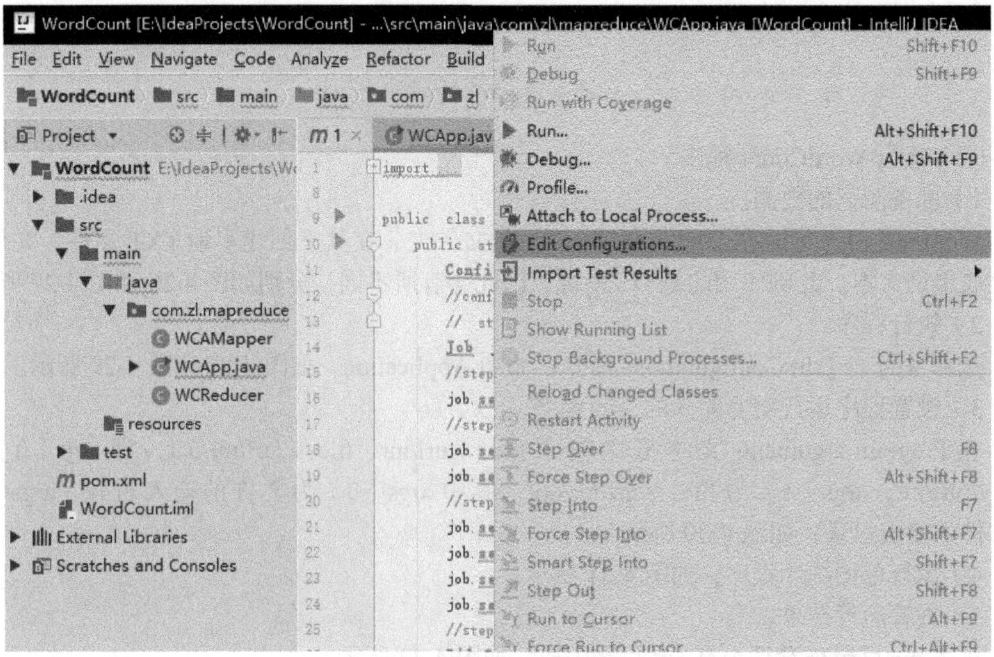

图 4-28 设置运行参数

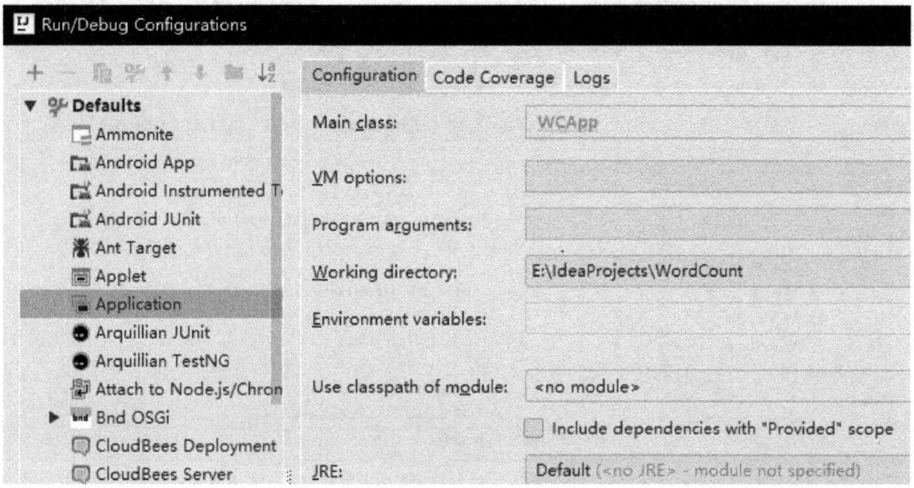

图 4-29 添加 Application 的类

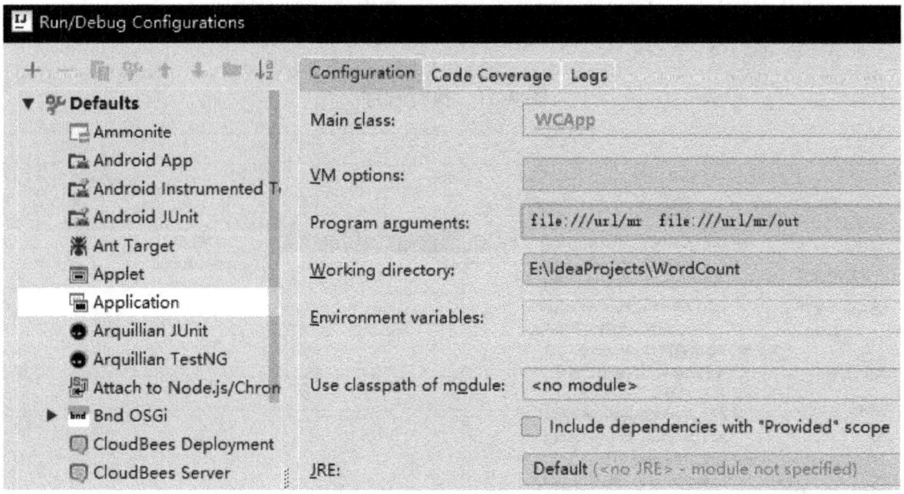

图 4-30 填写 args 参数

使用文本方式打开 part-r-00000，查看程序的输出结果，如图 4-33 所示。

出现上述情况就说明在本地编写的测试单词程序已经成功完成了。

4.3.2 MapReduce 经典进阶程序

经过编写上述 WordCount 程序，对 MapReduce 有了初步的了解，下面来介绍一个较为复杂的例子。在这个例子中，使用多个属性组成的组合关键字 key，然后按照其中某个属性进行分区、分组，并实现排序。下面开始编写 ComboKey 程序。

1. 创建项目所需要的类

首先需要创建相应的类，下面会对这些类做相应的解析。这里的类有自定义的 ComboKey 类、MaxTemMapper 类、MaxTemReducer 类、YearPartitioner 类、YearGroupComparator 类、ComboKeyComparator 类和 MaxTemApp 类，如图 4-34 所示。

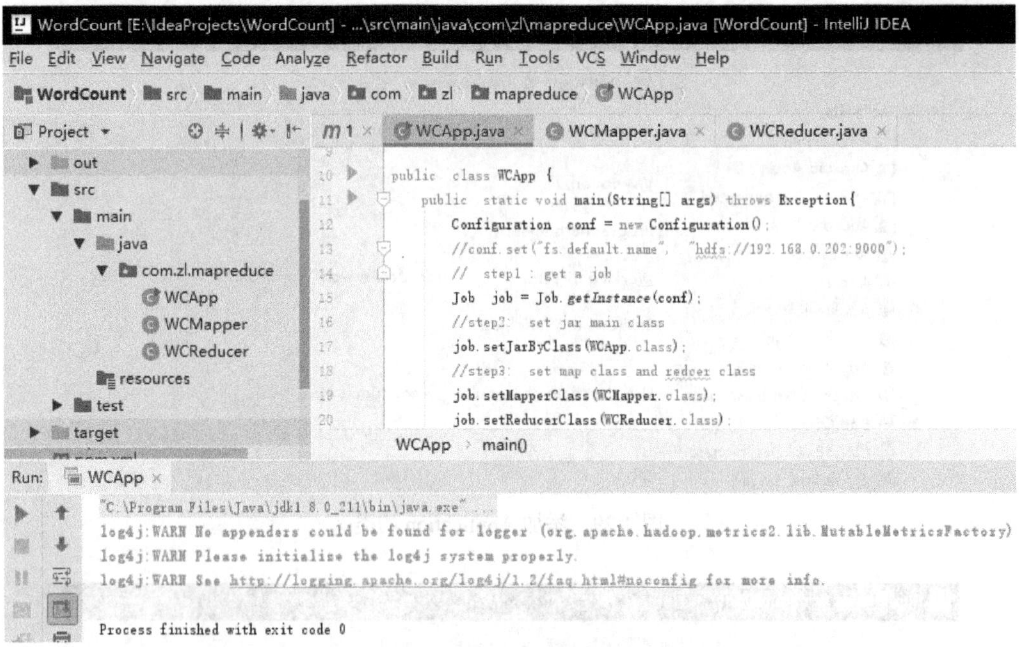

图 4-31 执行程序

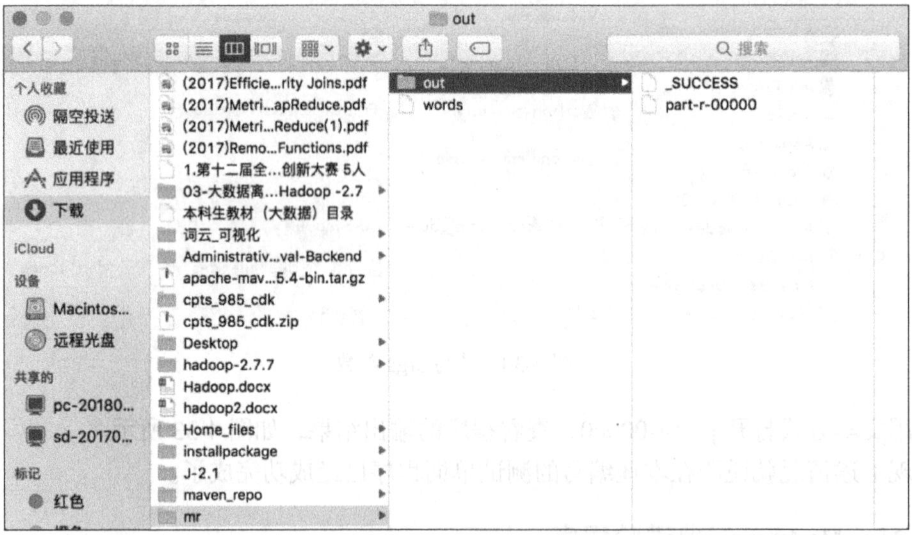

图 4-32 查看 out 目录

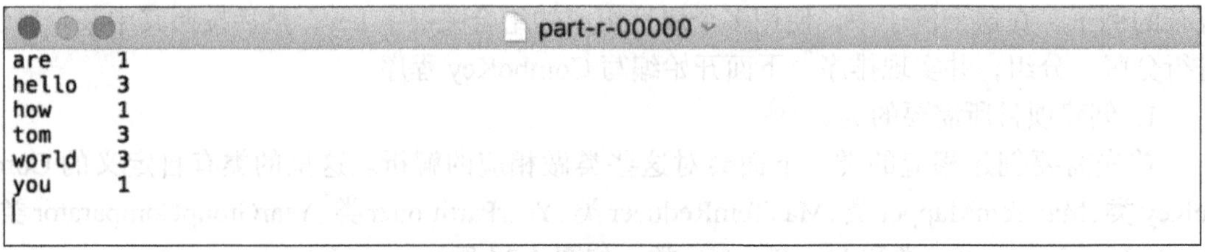

图 4-33 查看输出结果

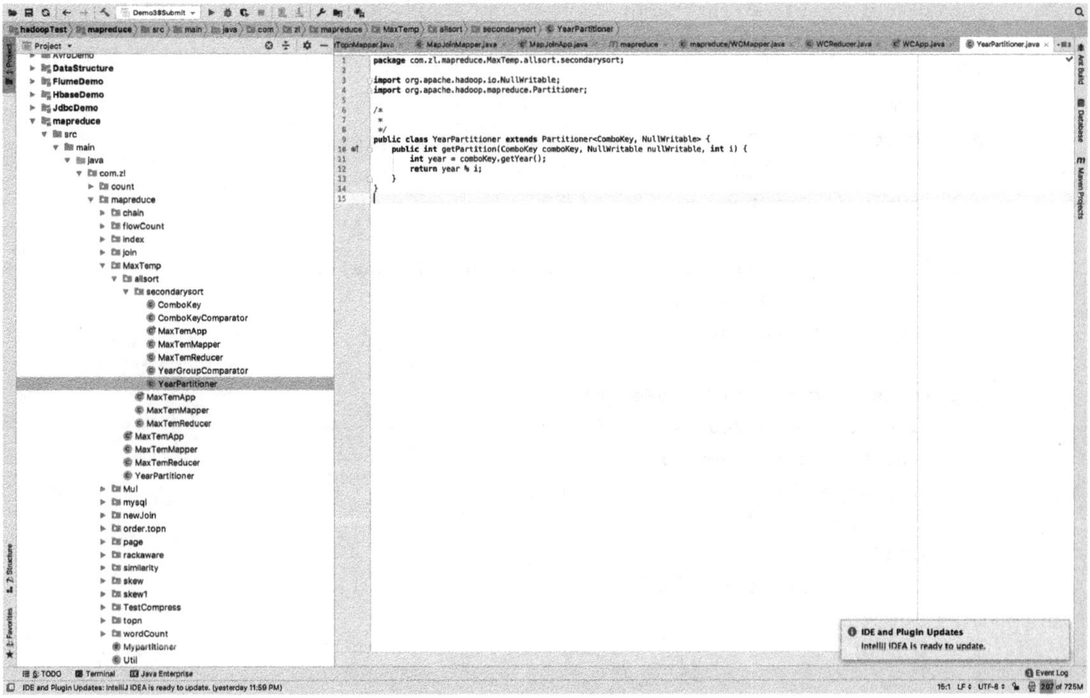

图 4-34　气温最大值程序的项目框架

2. 自定义 ComboKey 类

自定义 ComboKey 是为了把年份和气温的值组合成一个 key 值，然后对这个自定义的 key 值进行排序。这里需要对年份降序排列、气温升序排列，那么每次取第一条记录就能得到气温的最大值。而且 Hadoop 的数据类型需要串行化，所以需要自定义这个组合 key。编写 ComboKey 类如图 4-35 所示。

```
package com.zl.mapreduce.MaxTemp.allsort.secondarysort;
import org.apache.hadoop.io.WritableComparable;
import java.io.DataInput;
import java.io.DataOutput;
import java.io.IOException;
/* 自定义组合 key */
public class ComboKey implements WritableComparable<ComboKey> {
    private int year ;
    private int temp ;
    public int getYear() {
        return year;
    }
    public void setYear(int year) {
        this.year = year;
    }
    public int getTemp() {
        return temp;
    }
```

图 4-35　ComboKey 类

```
    public void setTemp(int temp) {
        this.temp = temp;
    }
    /* 串行化过程    */
    public void write(DataOutput out) throws IOException {
        out.writeInt(year);         //年份
        out.writeInt(temp);         //气温
    }
    public void readFields(DataInput in) throws IOException {
        year = in.readInt();
        temp = in.readInt();
    }
    public int compareTo(ComboKey o) {
        int y0 = o.getYear();
        int t0 = o.getTemp();
        if(year == y0){           //年份相同
            return -(temp - t0);
        }else{
            return year - y0;
        }
    }
}
```

图 4-35 ComboKey 类（续）

自定义的 ComboKey 类需要继承串行化接口，因为这个 key 必须是可以比较的。而且必须重写 compareTo 方法，实现对年份升序排列、气温降序排列。

3. 编写 MaxTemMapper 类

下面开始编写 MaxTemMapper 类。本程序测试的数据是以“年份　气温”为一行的文本格式，所以在写 Mapper 时可以进行切割，把年份和气温保存在 ComboKey 中，如图 4-36 所示。

```
package com.zl.mapreduce.MaxTemp.allsort.secondarysort;
import org.apache.hadoop.io.LongWritable;
import org.apache.hadoop.io.NullWritable;
import org.apache.hadoop.io.Text;
import org.apache.hadoop.mapreduce.Mapper;
import java.io.IOException;
public class MaxTemMapper extends Mapper<LongWritable, Text, ComboKey, NullWritable> {
    protected void map(LongWritable key, Text value, Context context) throws IOException,
InterruptedException {
            String line = value.toString();
            String arr[] = line.split(" ");
            ComboKey keyout = new ComboKey() ;
            keyout.setYear(Integer.parseInt(arr[0]));
            keyout.setTemp(Integer.parseInt(arr[1]));
            context.write(keyout , NullWritable.get());
    }
}
```

图 4-36 MaxTemMapper 类

MaxTemMapper 类的输入值是 LongWritable 和 Text，输出的就是自定义的 ComboKey 和 NullWritable。

4. 编写 YearPartitioner 类

这里写的自定义分区类很重要。当写出 ComboKey 时，相同的气温值应该进入同一个分区，然后被分向同一个 Reducer，如果不进行分区，那么可能会造成每个 Reducer 有同样的气温值，这样聚合就是不成功的。所以，应该把同样的年份分到同样的分区，因而得编写分区类。YearPartitioner 类的编写如图 4-37 所示。对取出来的年份求余，就能把相同的年份分进相同的分区了。

```
package com.zl.mapreduce.MaxTemp.allsort.secondarysort;
import org.apache.hadoop.io.NullWritable;
import org.apache.hadoop.mapreduce.Partitioner;
public class YearPartitioner extends Partitioner<ComboKey, NullWritable> {
    public int getPartition(ComboKey comboKey, NullWritable nullWritable, int i) {
        int year = comboKey.getYear();
        return year % i;
    }
}
```

图 4-37　YearPartitioner 类

5. 编写 YearGroupComparator 类

上一步编写了分区，能确保年份在同一个 Reducer 里，但是这样还不能满足取一行数据就把气温的最大值取出来的。因为通过 Reducer 聚合时，相同的气温在不同的分组，取出第一行时就有相当多的同样年份的值，从而不能满足要求。所以在 Reducer 聚合时需要设置分组，把相同年份的 key 放在同一个分组中，因此要编写 YearGroupComparator 类，如图 4-38 所示。

```
package com.zl.mapreduce.MaxTemp.allsort.secondarysort;
import org.apache.hadoop.io.WritableComparable;
import org.apache.hadoop.io.WritableComparator;
/* 按照年份进行分组对比器实现 */
public class YearGroupComparator extends WritableComparator {
    protected YearGroupComparator() {
        super(ComboKey.class, true);
    }
    public int compare(WritableComparable a, WritableComparable b) {
        ComboKey k1 = (ComboKey)a ;
        ComboKey k2 = (ComboKey)b ;
        return k1.getYear() - k2.getYear() ;
    }
}
```

图 4-38　YearGroupComparator 类

6. 编写 ComboKeyComparator 类

对年份进行分组后，还需要对其中的 value 进行排序，因此，需要自定义排序的方式。

在自定义 ComboKey 时，重写了其中的 compareTo 方法，因此写分组排序只需要调用这个方法即可。ComboKeyComparator 类的编写如图 4-39 所示。

```
package com.zl.mapreduce.MaxTemp.allsort.secondarysort;
import org.apache.hadoop.io.WritableComparable;
import org.apache.hadoop.io.WritableComparator;
public class ComboKeyComparator extends WritableComparator {
     protected ComboKeyComparator() {
          super(ComboKey.class, true);
     }
     public int compare(WritableComparable a, WritableComparable b) {
          ComboKey k1 = (ComboKey) a;
          ComboKey k2 = (ComboKey) b;
          return k1.compareTo(k2);
     }
}
```

图 4-39 ComboKeyComparator 类

其中的 compareTo 方法可以实现将组内数据进行年份升序排序、气温降序排序。当把数据划分好后将其放至 Reducer 上进行聚合。

7. 编写 MaxTempApp 类

在编写完 MapReduce 程序后，需要进行作业的设置，如图 4-40 所示。需注意的是，设置相应的输入 / 输出格式，还有设置分区分组类。

```
package com.zl.mapreduce.MaxTemp.allsort.secondarysort;
import org.apache.hadoop.conf.Configuration;
import org.apache.hadoop.fs.Path;
import org.apache.hadoop.io.IntWritable;
import org.apache.hadoop.io.NullWritable;
import org.apache.hadoop.mapreduce.Job;
import org.apache.hadoop.mapreduce.lib.input.FileInputFormat;
import org.apache.hadoop.mapreduce.lib.input.TextInputFormat;
import org.apache.hadoop.mapreduce.lib.output.FileOutputFormat;
public class MaxTemApp {
     public static void main(String[] args) throws Exception {
          Configuration conf = new Configuration();
          conf.set("fs.defaultFS", "file:///");
          Job job = Job.getInstance(conf);
          job.setJobName("SecondarySortApp");                    //设置作业的名称
          job.setJarByClass(MaxTemApp.class);                 //设置作业的 jar 类
          job.setInputFormatClass(TextInputFormat.class);      //设置输入格式
          job.setPartitionerClass(YearPartitioner.class);
          FileInputFormat.addInputPath(job, new Path(args[0])); //给出输入路径，相当于目录
          FileOutputFormat.setOutputPath(job, new Path(args[1]));   //给出输出路径
          job.setMapperClass(MaxTemMapper.class);                //设置 mapper 类
          job.setReducerClass(MaxTemReducer.class);              //设置 reduce 类
          job.setOutputKeyClass(IntWritable.class);               //设置 key 的输出格式
          job.setOutputValueClass(IntWritable.class);             //设置 value 的输出格式
```

图 4-40 MaxTempApp 类

```
        job.setMapOutputKeyClass(ComboKey.class);          //设置 map 的 key 的输出格式
        job.setMapOutputValueClass(NullWritable.class);   //设置 map 的 value 的输出格式
        job.setGroupingComparatorClass(YearGroupComparator.class);
         job.setCombinerKeyGroupingComparatorClass(ComboKeyComparator.class);
         job.setNumReduceTasks(3);                          //设置 reduce 的个数
        job.waitForCompletion(true);
    }
}
```

图 4-40　MaxTempApp 类（续）

编写完最后的作业类，气温最大值统计也就完成了。下面将进行测试数据的准备。

8. 编写测试数据生成类

测试程序时需要准备相应的数据，这里用 Java 生成测试数据，代码如图 4-41 所示。数据生成结果如图 4-42 所示。

```
package com.zl.seq;
import org.junit.jupiter.api.Test;
import java.io.FileWriter;
import java.util.Random;
public class PrePareTempData {
    @Test
    public void makeData() throws Exception{
        FileWriter fw = new FileWriter("/Users/chenzl/Downloads/mr/tem");
        for(int i = 0;i< 6000;i++){
            int year = 1970 + new Random().nextInt(100);
            int temp = -30 + new Random().nextInt(100);
          fw.write(""+year+" "+temp+"\r\n");
        }
        fw.close();
    }
}
```

图 4-41　测试数据生成类

9. 设置参数并运行程序

设置输入的文件以及输出的目录，如图 4-43 所示。

运行程序及结果如图 4-44 所示。

4.3.3　在集群上运行 MapReduce 程序

1. 将 WordCount 程序打包并上传至 Hadoop 集群

1）修改 pom.xml 文件。要把程序打包成 jar 包，必须修改 pom.xml 文件，在 pom.xml 中增加一行代码 <packaging>jar</packaging>，如图 4-45 所示。

2）打包成 jar 包。当找到 IDEA 右侧的 Maven Projects 选项卡，单击图标跳过 test，然后找到 Lifecycle 下的 package，双击该项即可打包成 jar 包。如图 4-46 所示。

若出现图 4-47 所示的信息，则说明打包成功。

图 4-42 数据生成结果

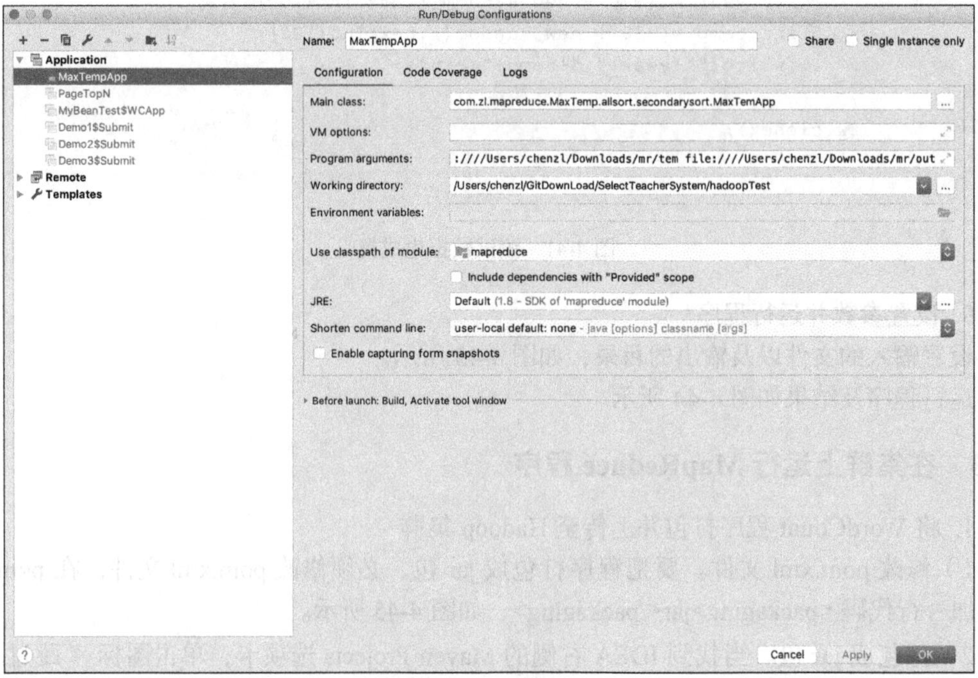

图 4-43 设置参数

```
part-r-00000
1971	68
1974	68
1977	69
1980	69
1983	69
1986	66
1989	66
1992	65
1995	69
1998	64
2001	68
2004	69
2007	67
2010	69
2013	67
2016	69
2019	68
2022	68
2025	66
2028	67
2031	64
2034	64
2037	69
2040	69
2043	69
2046	69
2049	68
2052	69
2055	69
2058	68
```

图 4-44　其中一个输出结果

```
mapreduce × | WCApp.java × | log4j.properties × | WCMapper.java × | WCReducer.java ×
<?xml version="1.0" encoding="UTF-8"?>
<project xmlns="http://maven.apache.org/POM/4.0.0"
         xmlns:xsi="http://www.w3.org/2001/XMLSchema-instance"
         xsi:schemaLocation="http://maven.apache.org/POM/4.0.0 http://maven.apache.org/xsd/maven-4.0.0.xsd">
    <modelVersion>4.0.0</modelVersion>

    <groupId>com.zl</groupId>
    <artifactId>mapreduce</artifactId>
    <version>1.0-SNAPSHOT</version>
    <packaging>jar</packaging>

    <dependencies>
        <dependency>
            <groupId>org.apache.hadoop</groupId>
            <artifactId>hadoop-hdfs</artifactId>
            <version>2.7.7</version>
        </dependency>
        <dependency>
            <groupId>org.apache.hadoop</groupId>
            <artifactId>hadoop-client</artifactId>
            <version>2.7.7</version>
        </dependency>
        <dependency>
            <groupId>org.junit.jupiter</groupId>
            <artifactId>junit-jupiter-api</artifactId>
            <version>RELEASE</version>
            <scope>test</scope>
        </dependency>

    </dependencies>
</project>
```

图 4-45　修改 Maven，设置为 jar 输出

3）上传至服务器。使用 SecurtCRT 登录集群，通过文件上传功能把刚刚在 target 文件夹下打包好的 jar 包上传至服务器，如图 4-48 所示。

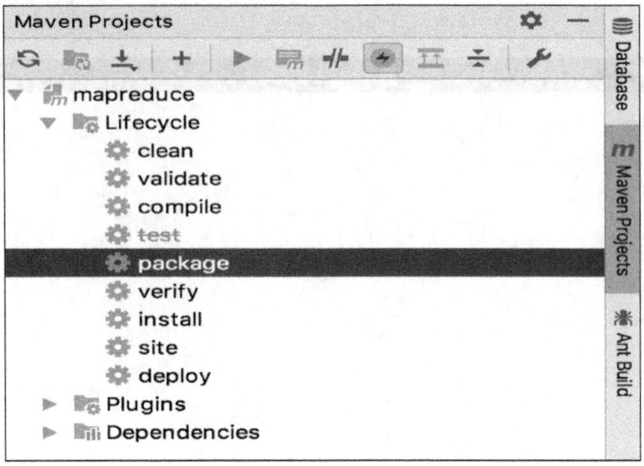

图 4-46　打包成 jar 包

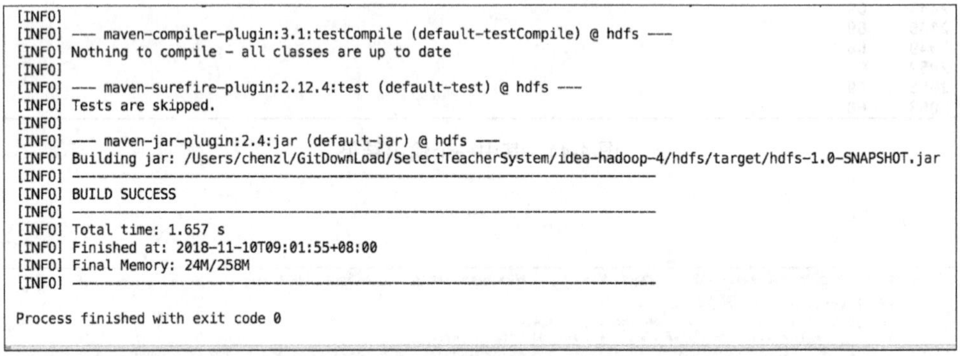
[INFO]
[INFO] --- maven-compiler-plugin:3.1:testCompile (default-testCompile) @ hdfs ---
[INFO] Nothing to compile - all classes are up to date
[INFO]
[INFO] --- maven-surefire-plugin:2.12.4:test (default-test) @ hdfs ---
[INFO] Tests are skipped.
[INFO]
[INFO] --- maven-jar-plugin:2.4:jar (default-jar) @ hdfs ---
[INFO] Building jar: /Users/chenzl/GitDownLoad/SelectTeacherSystem/idea-hadoop-4/hdfs/target/hdfs-1.0-SNAPSHOT.jar
[INFO] --
[INFO] BUILD SUCCESS
[INFO] --
[INFO] Total time: 1.657 s
[INFO] Finished at: 2018-11-10T09:01:55+08:00
[INFO] Final Memory: 24M/258M
[INFO] --
Process finished with exit code 0

图 4-47　打包成功信息显示

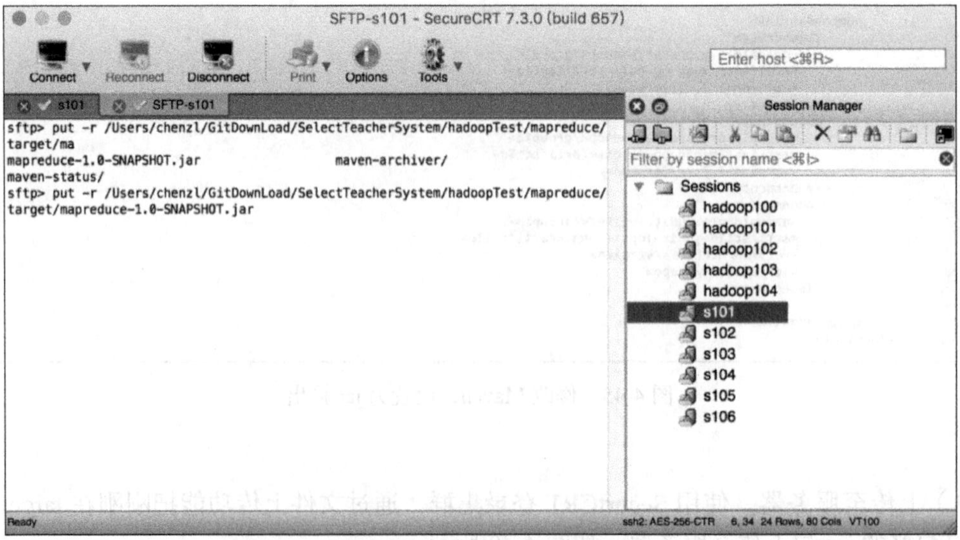

图 4-48　将 jar 包上传至服务器

2. 创建输入输出目录

1）创建 wc/data。在 HDFS 上创建一个 data 文件夹，用于存放数据以及文件的输出结果。如图 4-49 所示，用下面的命令行创建 data 文件夹。

```
$>hdfs dfs-mkdir-p wc/data
```

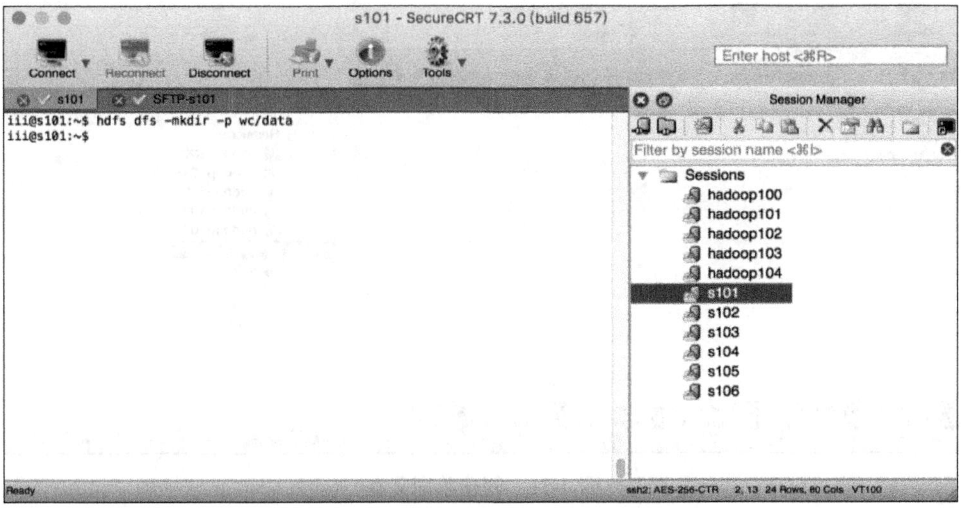

图 4-49　在 HDFS 上创建 data 文件夹

2）data 文件夹创建测试。使用下面的命令行查看是否创建成功。

```
$>hdfs dfs-lsr/
```

在图 4-50 所示的测试结果中可以看到，在递归目录下出现 /user/iii/wc/data，说明 data 文件夹创建成功。

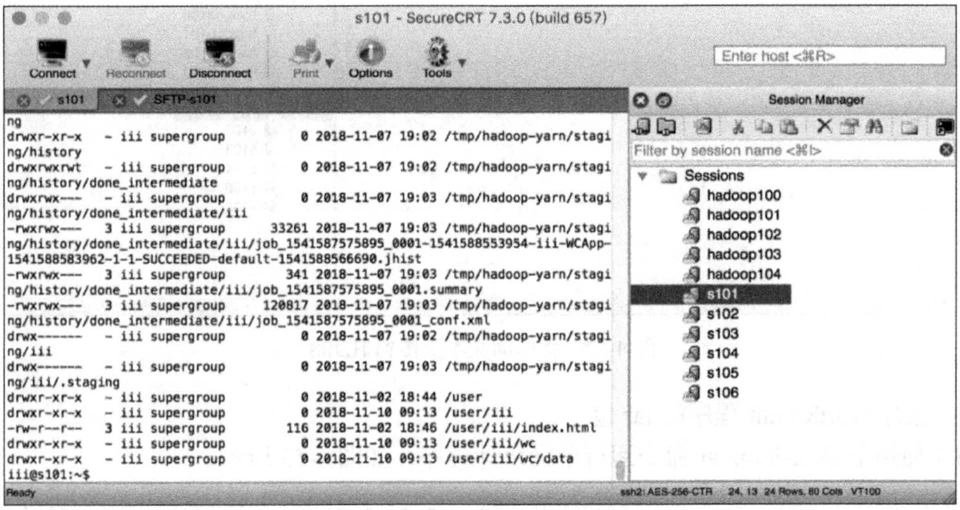

图 4-50　data 文件夹创建测试

3）使用下述创建图 4-51 所示的单词文本。

```
$>cd ~
$>touch 1.txt
$>nano 1.txt
```

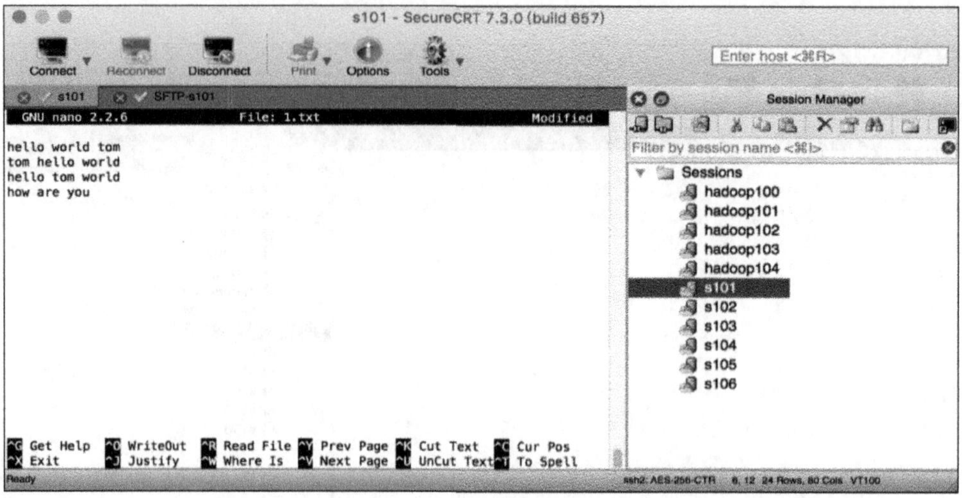

图 4-51 创建单词文本

4）保存文件并退出，使用下面的命令将文件上传到 HDFS，如图 4-52 所示。

```
$>hdfs dfs-put 1.txt/user/iii/wc/data
```

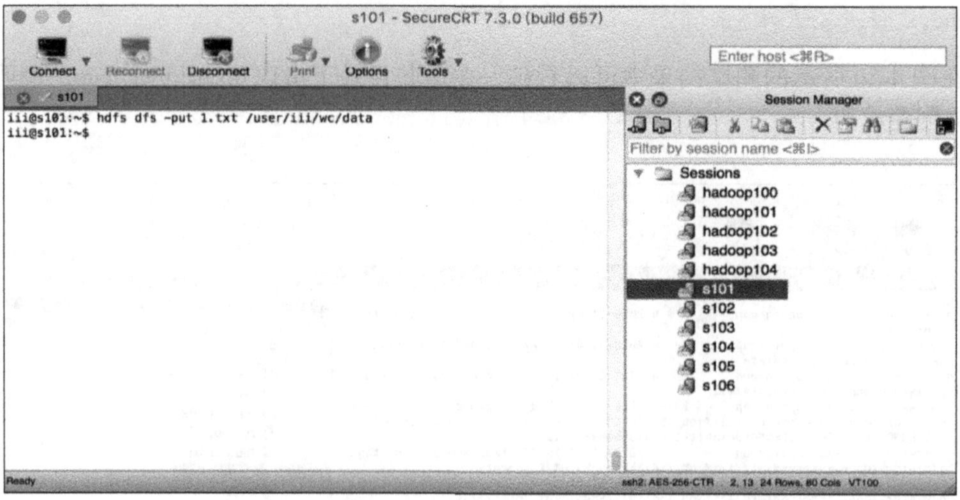

图 4-52 将单词文本上传到 HDFS

3. 运行 WordCount 程序的 jar 包

1）使用下述 hadoop jar 命令运行单词统计程序，如图 4-53 所示。

```
$>hadoop jar mapreduce-1.0-SNAPSHOT.jar com.zl.mapreduce.WCApp hdfs://s101/user/
iii/wc/data hdfs://s101/user/iii/wc/out
```

上述 hadoop jar 命令的格式为：hadoop jar [打包的 jar] [入口类] [args [0]] [args [1]]。

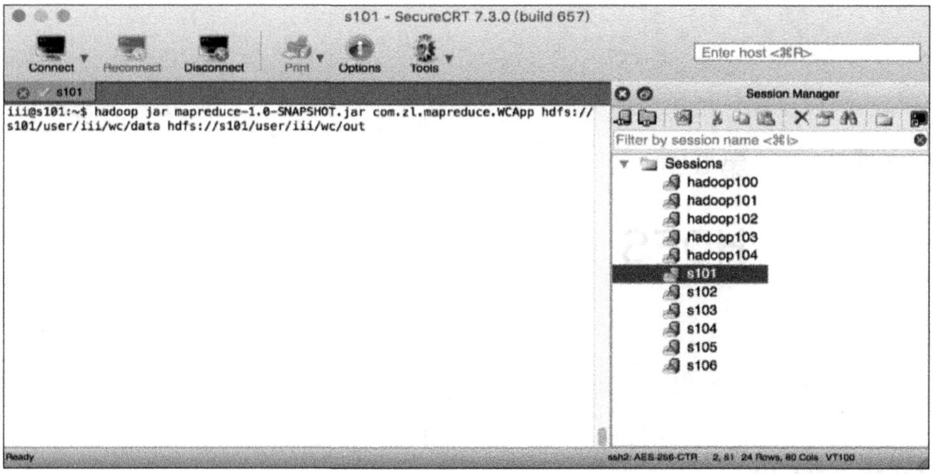

图 4-53 运行 jar 程序并计算单词

2）使用下述命令查看统计结果，单词统计结果如图 4-54 所示。

```
$>hdfs dfs-cat/user/iii/wc/out/part-r-00000
```

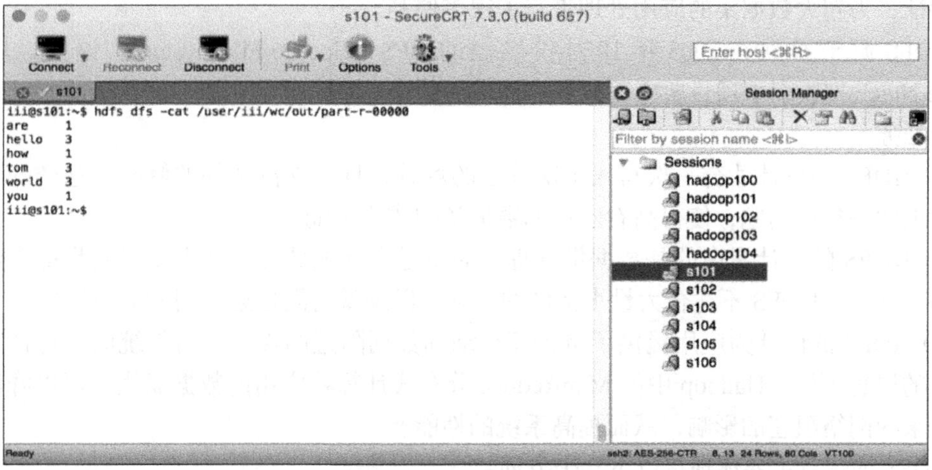

图 4-54 单词统计结果

习题

1. 简述 MapReduce 任务提交之后的执行过程。
2. 使用 IDEA 开发工具进行 MapReduce 程序开发，采用 Maven 框架支持添加依赖包时，需要怎么做？有什么需要注意的事项？
3. MapReduce 程序中，setup ( ) 和 clearup ( ) 函数的功能是什么？
4. MapReduce 编程中，如果使用了自定义的 key，需要实现哪些相应的方法？
5. MapReduce 编程中，使用自定义的 Value 类需要实现哪些相应的方法？

Chapter 5

第5章 HDFS

5.1 HDFS概述

HDFS（Hadoop Distributed File System）是Hadoop的核心子项目，是分布式计算中数据存储管理的基础，是基于流数据模式访问和处理超大文件的需求而开发的，可以运行于廉价的商用服务器上。它所具有的高容错性、高可靠性、高可扩展性、高可用性、高吞吐率等特征，为超大数据集的应用处理带来了很多便利。

HDFS源于谷歌在2003年10月份发表的GFS（Google File System）论文，后来被Apache Nutch搜索引擎项目所应用并开源而发展起来。它设计的初衷是适用于高吞吐量的数据分析任务。

1）HDFS的设计适合一次写入多次读出的场景，且不支持文件的修改。这样的限制简化了数据的一致性问题，使得高吞吐量的数据访问成为可能。

2）HDFS的设计考虑的是数据批处理，而不是交互式处理，其主要目的是提高数据访问的高吞吐量。HDFS不适合大量小文件的存储，以及低时间延迟访问的应用场景。

3）HDFS的设计为应用提供了将计算移动到数据附近的接口。与传统的并行计算中移动数据的思想不同，Hadoop中的MapReduce分布式计算将应用向数据靠拢，可以降低数据迁移带来的网络阻塞的影响，从而提高系统的性能。

HDFS的优点主要体现在以下几个方面：

1）高容错性。数据自动保存多个副本来提高容错性，当某一副本不可用时可以自动切换和恢复。

2）适合大数据处理。能够处理数据规模达到TB甚至PB级别的数据。

3）采用流式数据访问，能保证数据的一致性。

4）可部署在廉价机器上，通过多副本机制，提高可靠性。

HDFS的缺点主要体现在以下几个方面：

1）不适合低延时数据访问，如毫秒级存储数据是做不到的。

2）无法高效地对大量小文件进行存储。大量的小文件会导致占用NameNode的大量内存来保存元数据；另外，小文件的寻址时间会超过其读取时间，违反HDFS的设计目标。

3）不支持并发写入，不支持文件随机修改。

5.2　HDFS 的架构及特点

HDFS是传统的Master-Slave架构：一个集群由一个Master节点和若干个Slave节点组成。在 HDFS 中，Master 节点称为 NameNode，Slave 节点称为 DataNode。HDFS 的架构如图 5-1 所示。

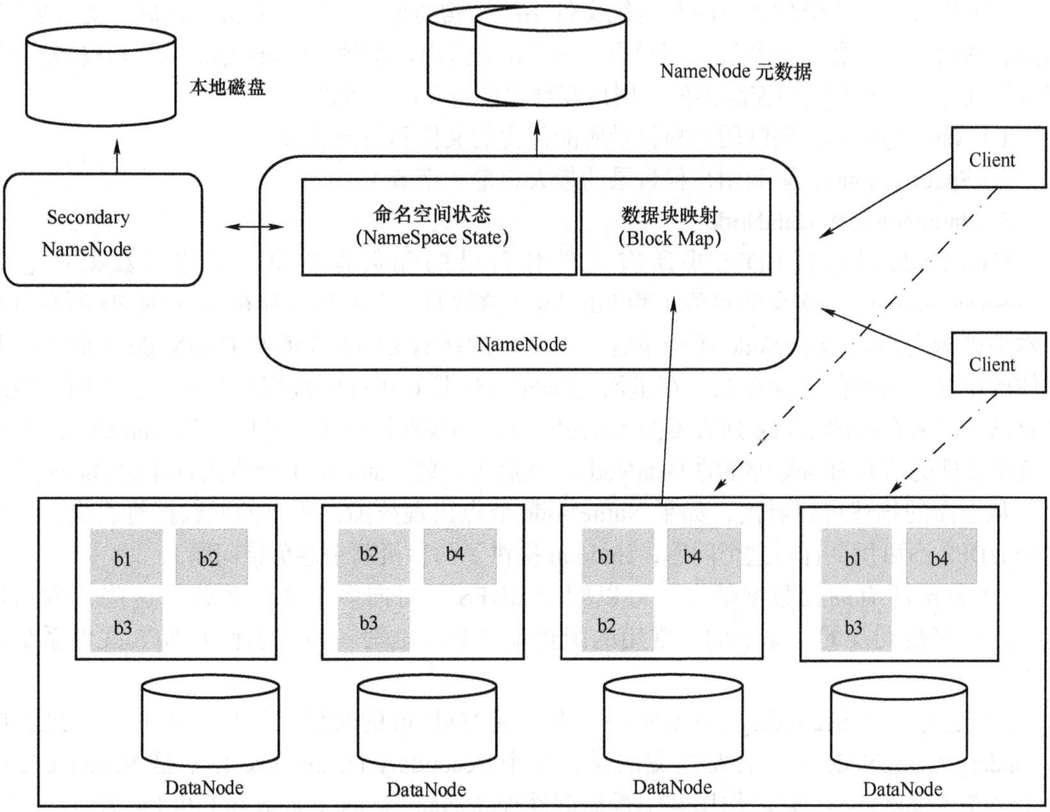

图 5-1　HDFS 架构图

下面介绍 HDFS 的几个重要概念。

1. 数据块

在普通的磁盘文件系统中有数据块（Block）的概念，它是读 / 写数据的最小单元，对用户来说一般是透明的。同样，在 HDFS 中也有 Block 的概念，但它和传统的文件系统中的 Block 有以下两个显著的区别：

1）块大小。普通的文件系统的块大小一般都是 KB 级别的，如 Linux 一般是 4KB；而 HDFS 的 Block 现在默认大小是 128MB，且实际中往往可能会设置得更大一些，设置比较大的主要原因是为了缩短寻址（Seek）的时间。如果 Block 足够大，那么从磁盘上传输数据所耗费的时间将远远大于寻找起始 Block 的时间。这样，传输一个由多个 Block 组成的数据所花费的时间基本就是由传输速率决定的。一个快速计算公式是，如果寻址时间是 10ms，数据传输速率是 100MB/s，那如果想让寻址时间是传输时间的 1%，Block 的大小就需要是 100MB。

2）在普通磁盘文件系统中，当一个文件不足一个 Block 大小的时候，它也会独占这个 Block，其他文件不可以再使用该 Block。但在 HDFS 中，一个比 Block 小的文件不会独占一个 Block，如一个 1MB 的文件只会占 1MB 的空间，而不是 128MB，其他文件还可以使用该 Block 的其他空间。

2. 文件系统的命名空间

HDFS 的文件系统命名空间与传统文件系统结构类似，由目录和文件组成，支持创建、删除、移动、重命名文件和目录等操作。HDFS 支持用户配额（Users Quotas）和权限控制。权限控制与 Linux 的权限控制类似。用户配额主要包含两个维度：

1）Name Quotas：限制用户根目录所能包含的文件和目录总数。

2）Space Quotas：限制用户根目录的最大容量（字节）。

3. NameNode 和 DataNode

NameNode 保存着 HDFS 中所有文件和目录的元数据信息，这些元数据信息以 Namespace image（命名空间镜像）和 Edit log（修改日志）的形式存在 NameNode 所在节点的本地硬盘上面。NameNode 还记录着一个文件的所有 Block 在哪些 DataNode 上面，以及具体的位置。这些信息保存在内存里面。DataNode 是真正存储数据的节点，它会周期性地将自己上面所存储的 Block 列表发给 NameNode。当要获取一个文件时，从 NameNode 处查到这个文件的所有 Block 所在的 DataNode，然后去这些 Dataode 上面查出具体的 Block。

从上面的描述可以看出，如果 NameNode 节点出现故障，所有的元数据将丢失，导致整个 HDFS 不可用。针对这个问题，Hadoop 提供了两种机制来避免该问题。

1）备份所有的元数据信息。可以配置 HDFS 同时向多个文件系统写这些元数据信息，这个写是同步的、原子的。常用的配置策略是本地写一份，远程的 NFS 文件系统写一份。

2）运行一个 Secondary NameNode。在安装 Hadoop 的时候，可以看到有一个进程叫 Secondary NameNode 了。需要注意的是，这个 Secondary NameNode 并不是 NameNode 的一个热备（Standby），它的作用其实是周期性地将 Namespace image 和 Edit log 合并，产生新的 image，防止 Edit log 变得非常大。同时，会保留一份合并后的 image 文件。这样，当 NameNode 出故障后，可以通过这个保留的 image 文件进行恢复。但 Secondary NameNode 的操作较 NameNode 还是有一定延迟的，所以这种方式还是会丢失一些数据。

当然，上面的两种机制都只能保证 NameNode 出现故障时数据不丢或者丢失得少，但无法保证服务继续可用。Hadoop 2 目前也提供了热备的方式来实现 HA，当一个 NameNode 故障后，另外一个热备的 NameNode 马上会接替故障的 NameNode 对外提供服务。当然，要实现这种热备需要做一些配置，需要的读者可以去参考官方网页，这里就不赘述了。

5.3 文件格式及其访问方法

Hadoop 的 HDFS 和 MapReduce 框架主要是针对大数据文件来设计的，在小文件的处理上不但效率低下，而且十分消耗内存资源（每一个小文件占用一个 Block，每一个 Block 的元数据都存储在 NameNode 的内存里）。解决办法通常是，选择一个容器，将这些小文件组织起来统一存储。HDFS 提供了多种类型的容器，分别是 SequenceFile、MapFile、RCFile 和 ORCFile。从文件存储的格式上来看，HDFS 中的文件分为面向行和面向列两类。

面向行的文件格式有 TextFile、SequenceFile 和 MapFile。此种类型的文件，同一行的数据存储在一起，即连续存储。如果只需要访问行的一小部分数据，仍需要将整行读入内存。推迟序列化在一定程度上可以缓解这个问题，但是从磁盘读取整行数据的开销却无法避免。面向行的存储适合于整行数据需要同时处理的情况。

面向列的文件格式有 RCFile 和 ORCFile。此种类型的文件，整个文件被切割为若干列数据，每一列数据一起存储。面向列的格式使得读取数据时，可以跳过不需要的列，适合于只处理行中一小部分字段的情况。但是这种格式的读 / 写需要更多的内存空间，因为需要缓存行在内存中（为了获取多行中的某一列）。同时，该类型文件不适合流式写入，因为一旦写入失败，当前文件无法恢复；而面向行的数据在写入失败时可以重新同步到最后一个同步点。HDFS 支持的文件格式见表 5-1。

表 5-1 HDFS 支持的文件格式

类型名称	面向行 / 列	优点
TextFile（.txt）	面向行	查看方便，编辑简单
SequenceFile（.seq）	面向行	原生支持、二进制 kv 存储、支持行和块压缩
MapFile	面向行	排序后的 SequenceFile
RCFile（.rc）	面向列	数据加载快、查询快、空间利用率高、具有高负载能力
ORCFile（.orc）	面向列	兼具了 RCFile 的优点，进一步提高了读取和存储效率，支持新数据类型

在读 / 写操作方面，HDFS 遵循一次写入多次读取模式，所以，不能编辑已经在 HDFS 系统中存储的文件。在新的 HDFS 版本中支持可以重新打开文件，进行追加数据的操作。

5.3.1 TextFile

TextFile 是 HDFS 的默认存储格式，存储方式为行式存储。这里默认对 HDFS 的访问即是对此种类型文件的访问。下面给出的是 Java 读 / 写 HDFS 的例子。

1. 创建获取文件对象的方法

构造 Configuration 类的对象 configuration。创建一个 Configuration 对象时，其构造方法会默认加载 Hadoop 的两个配置文件，分别是 hdfs-site.xml 以及 core-site.xml，这两个文件中会有访问 HDFS 所需的参数值，指定 HDFS 的地址，通过这个地址客户端就可以访问 HDFS 了。通过 FileSystem 的 get 方法获取 configuration 中的 FileSystem 实例。

```
private FileSystem getFiledSystem()throws IOException{
        Configuration configuration = new Configuration();
        FileSystem fileSystem = FileSystem.get(configuration);
        return fileSystem;
    }
```

2. 读操作

```
private void readHDFSFile(String filePath){
        FSDataInputStream fsDataInputStream = null;
        try{
            Path path = new Path(filePath);
            fsDataInputStream = this.getFiledSystem().open(path);
            IOUtils.copyBytes(fsDataInputStream, System.out, 4096, false);
        }catch(IOException e){
            e.printStackTrace();
        }finally{
            if(fsDataInputStream! = null){
                   IOUtils.closeStream(fsDataInputStream);
            }
        }
    }
```

3. 写操作

```
private void writeHDFS(String localPath, String hdfsPath){
         FSDataOutputStream outputStream = null;
         FileInputStream fileInputStream = null;
         try{
             Path path = new Path(hdfsPath);
             outputStream = this.getFiledSystem().create(path);
             fileInputStream = new FileInputStream(new File(localPath));
             //输入流、输出流、缓冲区大小、是否关闭数据流
             IOUtils.copyBytes(fileInputStream, outputStream, 4096, false);
         }catch(IOException e){
             e.printStackTrace();
         }finally{
             if(fileInputStream! = null){
                 IOUtils.closeStream(fileInputStream);
             }
             if(outputStream! = null){
                 IOUtils.closeStream(outputStream);
             }
         }
    }
```

4. 在主方法中调用

```
public static void main(String[ ] args){
        HdfsApplication hdfsApp = new HdfsApplication();
        String filePath ="hdfs: //master: 9000/input/test1.txt";
        hdfsApp.readHDFSFile(filePath);
        String localPath="C: \\local_directory\\abc.txt";
        String hdfsPath ="hdfs: //master: 9000/input/test2.txt";
        hdfsApp.writeHDFS(localPath, hdfsPath);
    }
```

5.3.2 SequenceFile

对于日志文件，其中每一行文本代表一条日志记录。纯文本不适合记录二进制类型的数据。在这种情况下，Hadoop 的 SequenceFile 文件类型非常合适，为二进制的键值对提供了一个持久化数据结构。将它作为日志文件的存储格式时，可以自己选择键（如 LongWritable 类型所表示的时间戳）以及值（可以是 Writable 类型，用于表示日志记录的数量）。

SequenceFiles 也可以作为小文件的容器。HDFS 和 MapReduce 是针对大文件优化的，所以通过 SequenceFile 将小文件包装起来，可以获得更高效率的存储和处理。我们可以将若干个小文件打包成一个 SequenceFile，将整个文件作为一条记录处理。

1. SequenceFile 的写操作

通过 createWriter () 静态方法可以创建 SequenceFile 对象，并返回 SequenceFile.Writer 实例。该静态方法有多个重载版本，但都需要指定待写入的数据流（FSDataOutputStream 或 FileSystem 对象和 Path 对象）、Configuration 对象，以及键和值类型。另外，可选参数包括压缩类型以及相应的 codec、Progressable 回调函数用于通知写入的进度，以及在 SequenceFile 头文件中存储的 Metadata 实例。

存储在 SequenceFile 中的键和值并不一定需要是 Writable 类型的。只要能被 Serialization 序列化和反序列化，任何类型都可以。

一旦拥有 SequenceFile.Writer 实例，就可以通过 append () 方法在文件末尾附加键值对。写完后可以调用 close () 方法（SequenceFile.Writer 实现 java.io.closeable 接口）。

下面在本地创建一个 SequenceFile 并写入相应的信息。利用 IntelliJ IDEA 来生成和写入 SequenceFile 文件。代码如图 5-2 所示。

```
/*写操作，写入1.seq*/
@Test
public  void save ()throws Exception{
     Configuration conf = new Configuration ();
     conf.set ("fs.defaultFS","file:///");
     FileSystem fs = FileSystem.newInstance (conf);
     Path p = new Path ("/Users/chenzl/Downloads/mr/1.seq");
     SequenceFile.Writer writer = SequenceFile.createWriter (fs,conf,p, IntWritable.
class,IntWritable.class);
     for (int i = 0;i < 6000;i++){
          int year = 1970 + new Random ().nextInt (100);
          int temp =-30 + new Random ().nextInt (100);
          writer.append (new IntWritable (year),new IntWritable (temp));
          //添加一个同步点
          writer.sync ();
     }
     writer.close ();
}
```

图 5-2 SequenceFile 的写操作代码

执行上面的代码可以在 /User/chenzl/Downloads/mr/ 路径下生成一个 1.seq 文件，如图 5-3 所示。

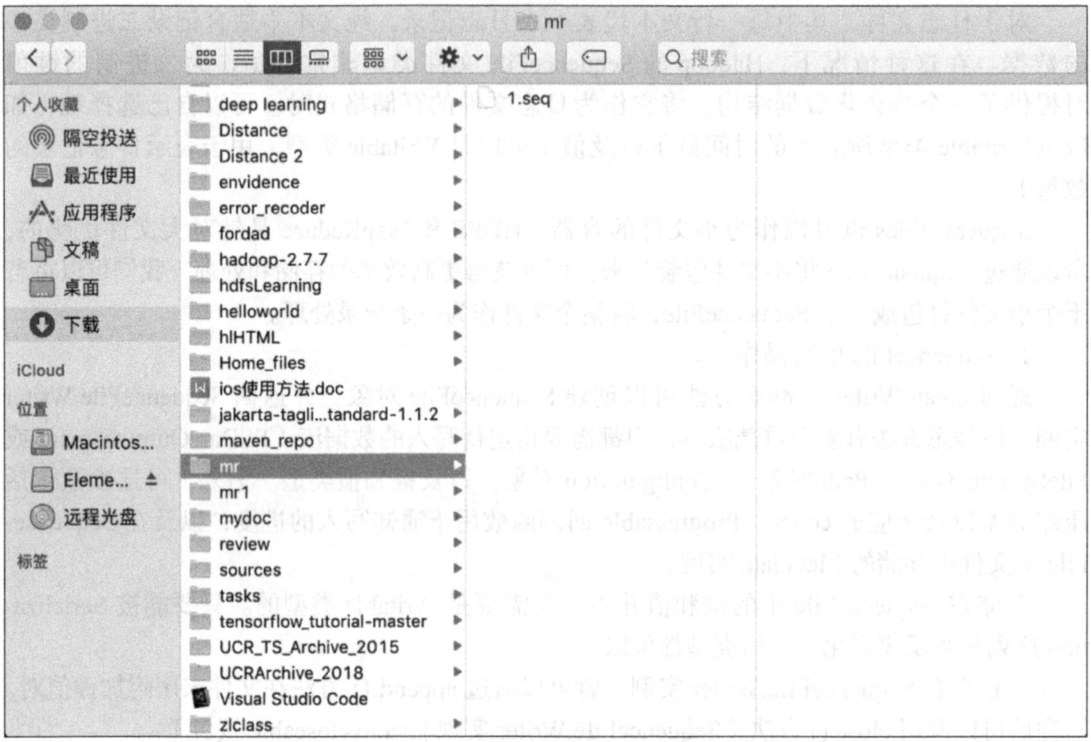

图 5-3　SequenceFile 的生成结果

要想查看 1.seq，直接打开是看不见文件内容的，因为 SequenceFile 是二进制文件。此时，可以通过本机的终端查看，但必须在本机安装 Hadoop（如果还没有在 Windows 安装 Hadoop 的，请在网上搜索安装 Hadoop，本文用的是 OS 系统）。下面利用终端查看 1.seq 文件。

进入 mr 目录，通过 cmd 命令打开终端，输入命令 $>hdfs dfs-text 1.seq。查看 1.seq 文件的结果如图 5-4 所示。

2. SequenceFile 的读操作

从头到尾读取文件不外乎创建 Sequence.Reader 实例化后反复调用 next () 方法迭代读取记录。读取的是哪条记录与使用的序列化框架相关。

如果使用的是 Writable 类型，那么通过键和值作为参数的 next () 方法可以将数据流中的下一个键值对读入变量中。语句如下：

```
public boolean next(Writable key, Writable val);
```

如果键值对被成功读取，则返回 true，如果已读到文件末尾，则返回 false。

对于其他非 Writable 类型的序列化框架（如 Apache Thrift），则应该使用下面两个方法：

public Object next（Object key）throws IOException

public Object getCurrentValue（Object val）throws IOException

如果 next () 返回的是非 null 对象，则可以从数据流中读取键值对，并且可以通过 get-

CurrentValue () 方法读取该值。反之，如果 next () 返回 null，则表示已经读到文件的末尾。

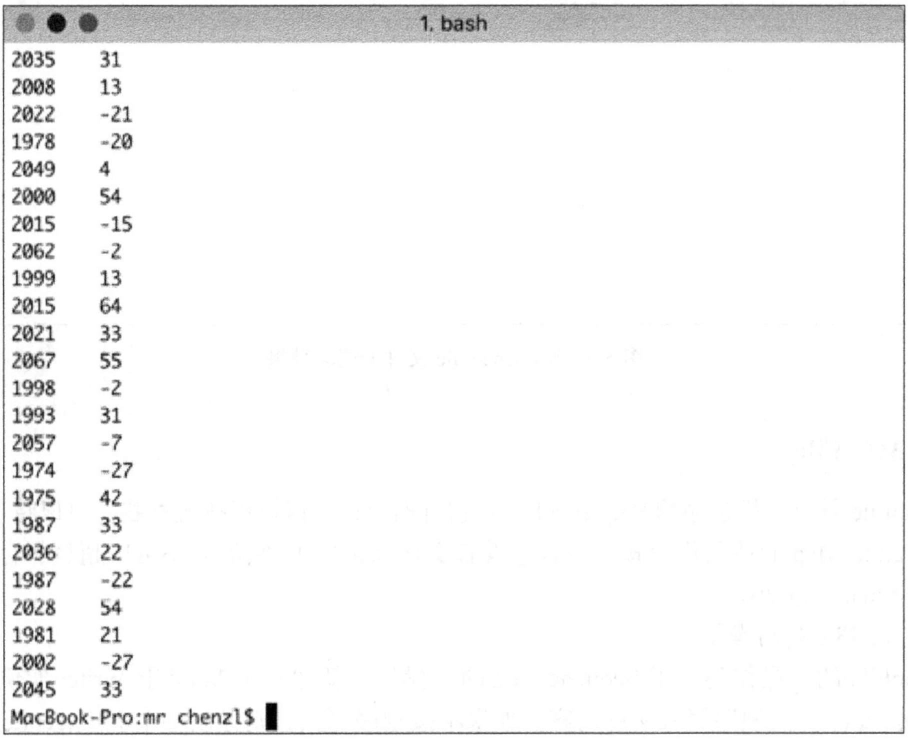

图 5-4　SequenceFile 的输出结果

下面列出的程序显示了如何读取包含 Writable 类型键值对的顺序文件。值得注意的是，在读取 1.seq 这个 SequenceFile 时，调用 getKey () 方法和 getValue () 方法的对象的类型要与该文件写入时 key 和 value 的类型保持一致，即 key 和 value 的类型都是 IntWritable，因此在读取时 next () 方法的参数类型也需要保证正确。

图 5-5 所示是读取分布式文件系统中 1.seq 文件的程序，图 5-6 所示是程序的运行结果。

```
/** 读操作，读取 key-value*/
@Test
public void read()throws Exception{
        Configuration conf = new Configuration();
        conf.set ("fs.defaultFS","file:///");
        FileSystem fs = FileSystem.newInstance (conf);
        Path p = new Path ("/Users/chenzl/Downloads/mr/1.seq");
        SequenceFile.Reader reader = new SequenceFile.Reader (fs,p,conf);
        IntWritable key = new IntWritable();
        IntWritable val = new IntWritable();
        while (reader.next (key,val)){
            System.out.println (key.get()+"value is:"+ val.get());
        }
        reader.close();
}
```

图 5-5　SequenceFile 的读操作

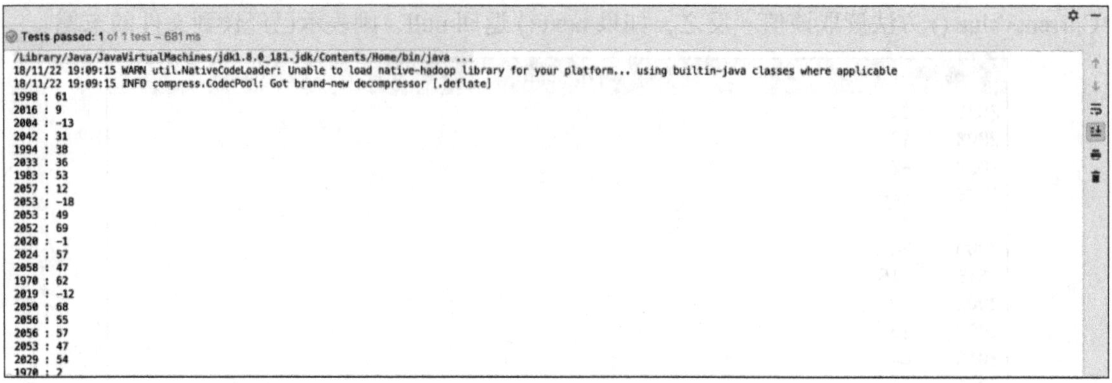

图 5-6 SequenceFile 文件的读取结果

5.3.3 MapFile

MapFile 是已经排过序的 SequenceFile，它有索引，所以可以按键查找。可以将 MapFile 视为 java.util.Map 的持久化形式（尽管它没有实现该接口）。它的大小可以超过保存在内存中的一个 map 的大小。

1. MapFile 的写操作

MapFile 的写操作类似于 SequenceFile 的写操作。新建一个 MapFile.Writer 实例，然后调用 append () 方法顺序写入文件内容。如果不按顺序写入，则抛出一个 IOException 异常。键必须是 WritableComparable 类型的实例，值必须是 Writable 类型的实例，这与 SequenceFile 正好相反，后者可以为其条目使用任意序列化框架。

图 5-7 所示为一个 MapFile 写操作的程序，可见，与前述的 SequenceFile 写操作十分相似。

```
/*MapFile 的写入操作 */
@Test
public void save ()throws Exception{
     Configuration conf = new Configuration ();
     conf.set ("fs.defaultFS","file:///");
     FileSystem fs = FileSystem.newInstance (conf);
     MapFile.Writer writer = new MapFile.Writer (conf,fs,"/Users/chenzl/Downloads/mr/
myMap",IntWritable.class,Text.class);
     for (int i = 0;i < 10000;i++){
          writer.append (new IntWritable (i),new Text ("Tom"+ i));
     }
     writer.close ();
}
```

图 5-7 MapFile 的写操作

通过上述的 MapFile 的写操作可见，MapFile.Writer 对象的新建需要传入相应的参数，这里必须要设置一些属性。设置 Configuration 对象为本地，还要设置文件系统 FileSystem 对象，设置文本的输出格式为 Intwritable.class,Text.class。然后通过 for 循环写入数据，最后关闭 Writer 流。

运行程序后，可以发现在 mr 目录下生成了 map 文件，如图 5-8 所示。

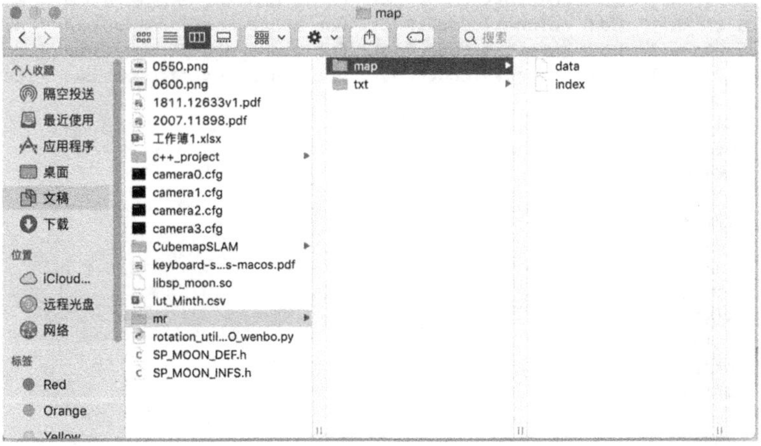

图 5-8　MapFile 对应的文档

查看这个 MapFile，会发现它实际上是一个包含 data 和 index 这两个文件的文件夹。分别查看这两个生成的文件，如图 5-9 和图 5-10 所示。

```
2. bash
8976    Tom8976
8977    Tom8977
8978    Tom8978
8979    Tom8979
8980    Tom8980
8981    Tom8981
8982    Tom8982
8983    Tom8983
8984    Tom8984
8985    Tom8985
8986    Tom8986
8987    Tom8987
8988    Tom8988
8989    Tom8989
8990    Tom8990
8991    Tom8991
8992    Tom8992
8993    Tom8993
8994    Tom8994
8995    Tom8995
8996    Tom8996
8997    Tom8997
8998    Tom8998
8999    Tom8999
9000    Tom9000
```

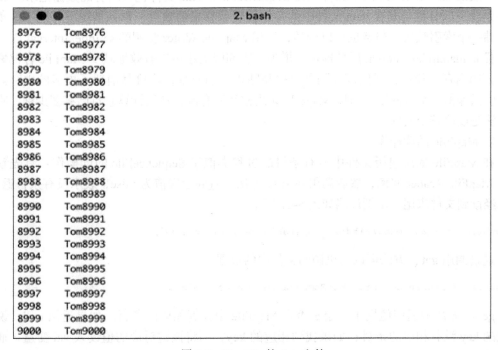

图 5-9　MapFile 的 data 文件

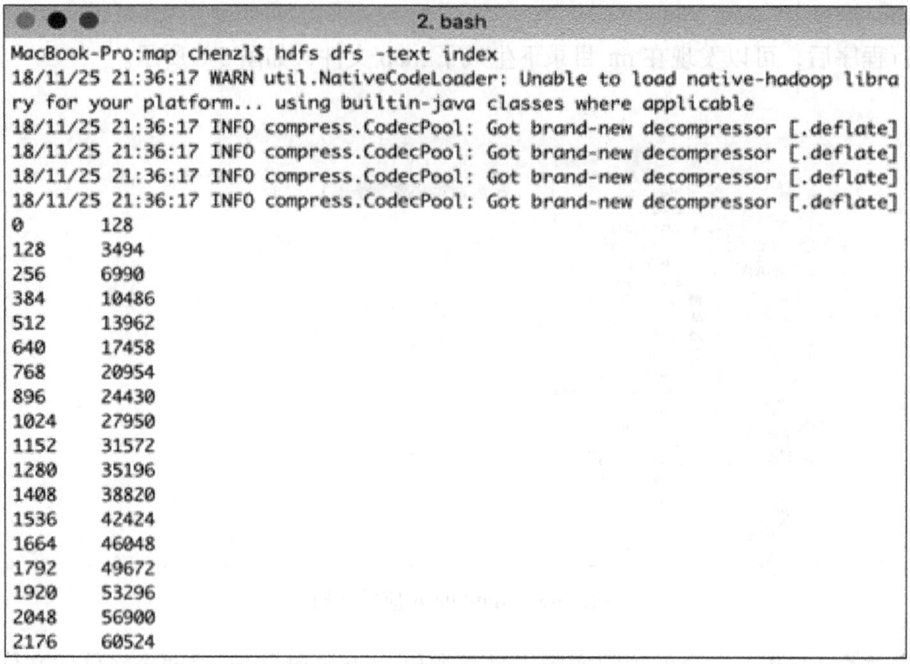

```
MacBook-Pro:map chenzl$ hdfs dfs -text index
18/11/25 21:36:17 WARN util.NativeCodeLoader: Unable to load native-hadoop libra
ry for your platform... using builtin-java classes where applicable
18/11/25 21:36:17 INFO compress.CodecPool: Got brand-new decompressor [.deflate]
18/11/25 21:36:17 INFO compress.CodecPool: Got brand-new decompressor [.deflate]
18/11/25 21:36:17 INFO compress.CodecPool: Got brand-new decompressor [.deflate]
18/11/25 21:36:17 INFO compress.CodecPool: Got brand-new decompressor [.deflate]
0       128
128     3494
256     6990
384     10486
512     13962
640     17458
768     20954
896     24430
1024    27950
1152    31572
1280    35196
1408    38820
1536    42424
1664    46048
1792    49672
1920    53296
2048    56900
2176    60524
```

图 5-10 MapFile 的 index 文件

生成的 data 和 index 两个文件都是 SequenceFile。data 文件包含所有的数据记录。index 文件包含一部分键与其在 data 文件中的存储位置偏移量的映射，默认情况下每隔 128 条记录存储一个索引映射。当然也可以调整，调用 MapFile.Writer 实例的 setIndexInterval () 方法来设置 io.map.index.interval 属性即可。增加索引间隔大小可以有效地减少 MapFile 存储索引所需要的内存。相反，降低该间隔可以提高随机访问效率，代价是消耗了更多的内存。因为索引只保留一部分的键，所以 MapFile 无法枚举所有键，甚至计算它自己有多少键，唯一的办法是读取整个文件。

2. MapFile 的读操作

在 MapFile 依次遍历文件中所有条目的过程类似于 SequenceFile 的读操作：首先新建一个 MapFile.Reader 实例，然后调用 next () 方法，直到返回值为 false，表示没有条目返回，即已经读到文件末尾。示例代码如图 5-11 所示。

```
public boolean next(WritableComparable key,Writable val)
```

通过调用 get () 方法可以随机访问文件中的数据。

```
public Writable get(WritableComparable key,Writable val)
```

get () 方法的返回值用于确定是否在 MapFile 中找到相应的条目。如果返回 null，说明指定的 key 没有相应的条目；如果找到相应的 key，则将该键对应的值读入 val 变量，通过方法调用返回。

读取 MapFile 文件时，要创建 Reader 对象，这里需要设置一些参数，如 Configuration、FileSystem 对象，还要指定 MapFile 的存放路径，最后通过 next () 方法顺序访问文件。图 5-12 所示为顺序读取 MapFile 文件的结果。

还可以将 next () 和 get () 方法结合起来实现 MapFile 的随机访问，如图 5-13 所示。

```
@Test
public void read ()throws Exception{
     Configuration conf = new Configuration ();
     conf.set ("fs.defaultFS","file:///");
     FileSystem fs = FileSystem.newInstance (conf);
     MapFile.Reader reader = new MapFile.Reader (fs,"/Users/Downloads/mr/myMap",conf);
     IntWritable key = new IntWritable ();
     Text val = new Text ();
     while (reader.next (key,val)){
         System.out.println ("key is:"+ key.get ()+"val is:"+ val.toString ());
     }
     reader.close ();
}
```

图 5-11　顺序读取 MapFile 文件

```
/Library/Java/JavaVirtualMachines/jdk1.8.0_181.jdk/Contents/Home/bin/java ...
18/11/26 09:12:52 WARN util.NativeCodeLoader: Unable to load native-hadoop library for your platform... using builtin-java classes where applicable
18/11/26 09:12:52 INFO compress.CodecPool: Got brand-new decompressor [.deflate]
18/11/26 09:12:52 INFO compress.CodecPool: Got brand-new decompressor [.deflate]
18/11/26 09:12:52 INFO compress.CodecPool: Got brand-new decompressor [.deflate]
18/11/26 09:12:52 INFO compress.CodecPool: Got brand-new decompressor [.deflate]
18/11/26 09:12:52 INFO compress.CodecPool: Got brand-new decompressor [.deflate]
key is : 0 val is : Tom0
key is : 1 val is : Tom1
key is : 2 val is : Tom2
key is : 3 val is : Tom3
key is : 4 val is : Tom4
key is : 5 val is : Tom5
key is : 6 val is : Tom6
key is : 7 val is : Tom7
key is : 8 val is : Tom8
key is : 9 val is : Tom9
key is : 10 val is : Tom10
key is : 11 val is : Tom11
key is : 12 val is : Tom12
key is : 13 val is : Tom13
key is : 14 val is : Tom14
```

图 5-12　顺序读取 MapFile 文件的结果

```
@Test
public void read()throws Exception{
     Configuration conf = new Configuration();
     conf.set("fs.defaultFS", "file: ///");
     FileSystem fs = FileSystem.newInstance(conf);
     MapFile.Reader reader = new MapFile.Reader(fs, "/Users/Downloads/mr/myMap", conf);
     IntWritable key = new IntWritable();
     Text val = new Text();
     reader.get(new IntWritable(496), val);                    //定位到 496 的偏移量
     while(reader.next(key, val)){
        System.out.println("key is: "+ key.get()+"val is: "+ val.toString());
     }
     reader.close();
}
```

图 5-13　随机读取 MapFile 文件

程序和顺序读取是一样的，只是在 next () 方法读取之前加入一个 get () 方法，该方法能定位到 MapFile 中索引键为 496 的位置，然后从 496 的位置一直往下读取。图 5-14 所示是随机读取 MapFile 文件的结果。

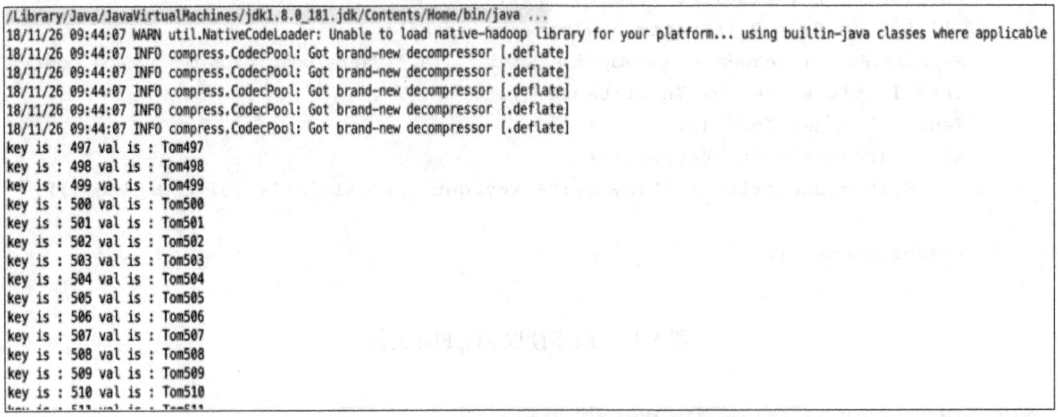

```
/Library/Java/JavaVirtualMachines/jdk1.8.0_181.jdk/Contents/Home/bin/java ...
18/11/26 09:44:07 WARN util.NativeCodeLoader: Unable to load native-hadoop library for your platform... using builtin-java classes where applicable
18/11/26 09:44:07 INFO compress.CodecPool: Got brand-new decompressor [.deflate]
18/11/26 09:44:07 INFO compress.CodecPool: Got brand-new decompressor [.deflate]
18/11/26 09:44:07 INFO compress.CodecPool: Got brand-new decompressor [.deflate]
18/11/26 09:44:07 INFO compress.CodecPool: Got brand-new decompressor [.deflate]
18/11/26 09:44:07 INFO compress.CodecPool: Got brand-new decompressor [.deflate]
key is : 497 val is : Tom497
key is : 498 val is : Tom498
key is : 499 val is : Tom499
key is : 500 val is : Tom500
key is : 501 val is : Tom501
key is : 502 val is : Tom502
key is : 503 val is : Tom503
key is : 504 val is : Tom504
key is : 505 val is : Tom505
key is : 506 val is : Tom506
key is : 507 val is : Tom507
key is : 508 val is : Tom508
key is : 509 val is : Tom509
key is : 510 val is : Tom510
```

图 5-14　随机读取 MapFile 文件的结果

由图 5-14 可以看出，与顺序读取方式不同的是随机读取方式按照程序指定的位置开始顺序读取，而顺序读取方式必须从文件的第一个位置开始读取。

5.3.4　RCFile

前面学习了基于行存储结构的 TextFile 和 SequenceFile 文件格式，后面还会学习 HBase 的面向列存储的文件格式。独立使用基于行的存储和基于列的存储，对于面向分析型任务的数据仓库来说，还有一些缺陷。在基于 Hadoop 系统的数据仓库中，数据存储格式是影响数据仓库性能的一个重要因素。于是，Facebook 提出了集行存储和列存储的优点于一身的 RCFile 文件存储格式。此类型的文件存储格式具有以下四个方面的优势：①数据加载快；②数据查询效率高；③数据存储空间利用率高；④动态负载模式的适应性强。

RCFile 是基于 Hadoop HDFS 的存储结构，该结构的组成如图 5-15 所示，它的特点如下：

1）RCFile 存储的表是水平划分的，分为多个行组，每个行组再被垂直划分，以便每列单独存储。

2）RCFile 在每个行组中对其中的每个列使用 Gzip 压缩算法进行压缩，并提供一种 Lazy 解压技术来避免在查询执行时不必要的列解压。

3）RCFile 支持弹性的行组大小，行组的大小需要权衡数据压缩性能和查询性能两方面。

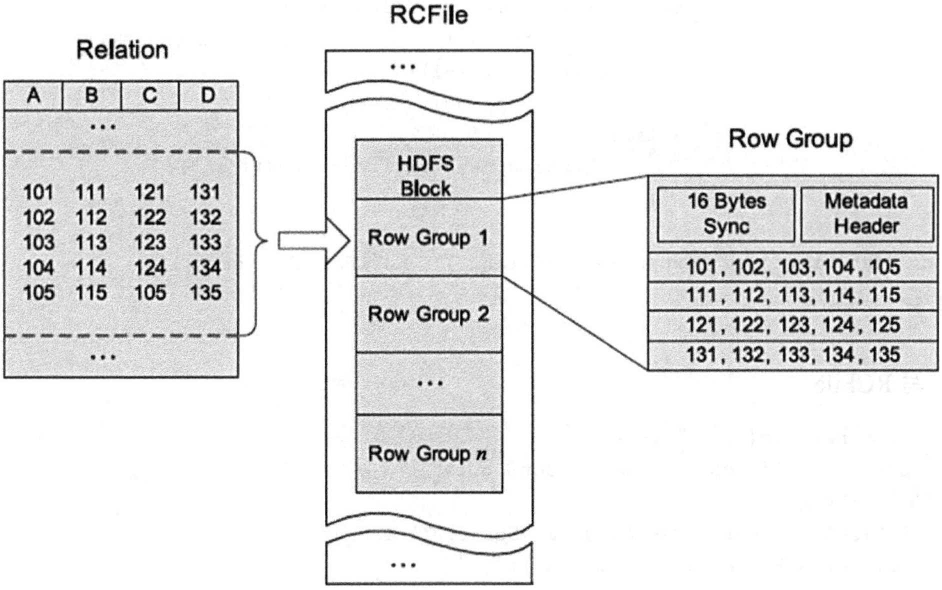

图 5-15 RCFile 存储示意图

下面给出对 RCFile 进行读 / 写操作的程序示例，并注有详细的注释。

1. 读取 RCFile

```
    Job job = new Job();
    job.setJarByClass(MyTest.class);
    // 设定输入文件为 RCFile 格式
    job.setInputFormatClass(RCFileInputFormat.class);
    // 设定输出为 Text
    job.setOutputFormatClass(TextOutputFormat.class);
    // 设置输入路径
    RCFileInputFormat.addInputPath(job, new Path(srcpath));
    // 设置输出路径
    TextOutputFormat.setOutputPath(job, new Path(respath));
    // 输出 key 格式
    job.setOutputKeyClass(Text.class);
    // 输出 value 格式
    job.setOutputValueClass(NullWritable.class);
    // 设置 mapper 类
    job.setMapperClass(ReadTestMapper.class);
    //mapper 类
    public class ReadTestMapper extends
                 Mapper<LongWritable, BytesRefArrayWritable, Text, NullWritable>{
            @Override
            protected void map(LongWritable key, BytesRefArrayWritable value,
Context context)throws IOException, InterruptedException{
                 Text txt = new Text();
// 因为 RCFile 行列混合存储，每次进来的一行数据，其 value 是个列簇，要进行遍历并输出
                 StringBuffer buffer = new StringBuffer();
                 for(int i = 0;i < value.size();i++){
```

```
                    BytesRefWritable v = value.get(i);
                    txt.set(v.getData(), v.getStart(), .getLength());
                    if(i==value.size()-1){
                            buffer.append(txt.toString());
                    }else{
                            buffer.append(txt.toString()+"\t");
                      }
                  }
    context.write(new Text(buffer.toString()), NullWritable.get());
          }
}
```

2. 写 RCFile

```
Job job = new Job();
     Configuration conf = job.getConfiguration();
//设置每行的列簇数
     RCFileOutputFormat.setColumnNumber(conf, 4);
     job.setJarByClass(MyTest.class);
     FileInputFormat.setInputPaths(job, new Path(srcpath));
     RCFileOutputFormat.setOutputPath(job, new Path(respath));
     job.setInputFormatClass(TextInputFormat.class);
     job.setOutputFormatClass(RCFileOutputFormat.class);
     job.setMapOutputKeyClass(LongWritable.class);
     job.setMapOutputValueClass(BytesRefArrayWritable.class);
     job.setMapperClass(OutPutTestMapper.class);
      conf.set("date", line.getOptionValue(DATE));
//设置压缩参数
   conf.setBoolean("mapred.output.compress", true);
   conf.set("mapred.output.compression.codec", "org.apache.hadoop.io.compress.GzipCodec");
public class OutPutTestMapper
              extends Mapper<LongWritable, Text, LongWritable, BytesRefArrayWritable>{
@Override
public void map(LongWritable key, Text value, Context context)
        throws IOException, InterruptedException{
     String line = value.toString();
     String day = context.getConfiguration().get("date");
     if(!line.equals("")){
            String[] lines = line.split("", -1);
            if(lines.length > 3){
                  String time_temp = lines[1];
                  String times = timeStampDate(time_temp);
                  String d = times.substring(0, 10);
                  if(day.equals(d)){
                       byte[][] record ={lines[0].getBytes("UTF-8"),
                                        lines[1].getBytes("UTF-8"),
                                        lines[2].getBytes("UTF-8"),
                                        lines[3].getBytes("UTF-8")};
                       }
                       BytesRefArrayWritable bytes = new BytesRefArrayWritable(record.
length);
```

```
                for(int i = 0;i < record.length;i++){
                        BytesRefWritable cu = new BytesRefWritable(record[i],
0, record[i].length);
                        bytes.set(i, cu);
                    }
                    context.write(key, bytes);
                }
            }
        }
    }
```

5.4 分布式缓存

在执行 MapReduce 任务时，可能 Mapper 之间需要共享一些信息，如果信息量不大，可以将其从 HDFS 加载到内存中，这就是 Hadoop 分布式缓存机制。分布式缓存应用的场景主要有：分发第三方库（jar、so 等），分发算法需要的词典文件，分发程序运行需要的配置，多表数据连接时分发小表数据等。

Hadoop 的分布式缓存机制会将需要缓存的文件分发到各个执行任务的子节点的机器中，各个节点可以自行读取本地文件系统上的数据进行处理。

DistributedCache 是 Hadoop 框架提供的一种分布式缓存机制，在任务执行前将任务指定的文件分发到执行任务的机器上，并提供相关的机制对 Cache 文件进行管理。DistributedCache 可以分发简单的只读数据或文本文件，也可以分发复杂类型的文件，如归档文件和 .jar 文件。DistributedCache 根据缓存文档修改的时间戳进行追踪。在作业执行期间，当前应用程序或者外部程序不能修改缓存文件。

下面讲述一个分布式缓存的应用实例。

在开始编写分布式缓存前先介绍应用场景，它的一个应用场景是连接。这里给定两个表：一个是客户信息表，一个是客户订单表。其中客户订单表的 cid 是客户信息表的 cid，可以通过 cid 进行连接。下面将使用分布式缓存将客户信息表保存到 HashMap 中去，然后通过 setup () 函数初始化客户信息。

1. 编写 setup () 函数

在写 Mapper 时，先要理解程序所要完成的功能。已知有两张信息表：一张是客户信息表，一张是客户订单表。因此，需要先把客户信息保存下来。一个 Mapper 里面有三个方法，分别是 setup () 、map () 和 cleanup () 。一般的 setup () 函数通常是用于初始化的，进行一些数据的准备。在本程序中，需要使用 setup () 函数读取分布式缓存的客户信息表，然后保存至一个 HashMap 中，然后通过 map () 函数读取这个小文件。图 5-16 所示为 setup () 函数的代码。

在上述程序中，创建了一个 HashMap，然后通过 HDFS 文件系统的 API 读取到本地的 customers.txt 客户订单表，再提取 cid，并把文件保存到 HashMap 中去，完成了客户信息的初始化。

```
/*启动初始化客户信息*/
protected void setup (Context context)throws IOException,InterruptedException{
      try{
          Configuration configuration = context.getConfiguration ();
          FileSystem fileSystem = FileSystem.get (configuration);
          FSDataInputStream fis = fileSystem.open (new
Path ("file:////Users/chenzl/Downloads/mr/join/customers.txt"));
          //得到缓冲区阅读器
          BufferedReader br = new BufferedReader (new InputStreamReader (fis));
          String line = null;
          while ( (line = br.readLine ()) ! = null){
                  //得到cid
                  String cid = line.substring (0,line.indexOf (","));
                  allCustomers.put (cid,line);
          }
      }catch (Exception e){
          e.printStackTrace ();
      }
}
```

图 5-16 setup () 函数

2. 编写 map () 函数

前面已经把客户信息保存到HashMap中了，其中key是客户的cid,value是用户的信息。通过map () 函数，读入客户订单表，对客户订单表进行切分。当cid与HashMap的cid相同，就把取出来的数据进行合并，然后通过context.write写出，完成了两个表的合并。代码如图 5-17 所示。

```
protected void map (LongWritable key,Text value,Context context)throws IOException,
InterruptedException{
    //一行订单信息
    String line = value.toString ();
    //取出最后逗号的信息
    String cid = line.substring (line.lastIndexOf (",")+ 1);
    //取出除了cid前面的字符串
    String orderInfo = line.substring (0,line.lastIndexOf (","));
    //连接order +","+ customer
    String customerInfo = allCustomers.get (cid);
    context.write (new Text (customerInfo +","+ orderInfo),NullWritable.get ());
}
```

图 5-17 map () 函数

3. 编写 App 类

提交作业时，需要对作业进行设置。这个程序，不需要任务，只需要执行Map任务就能验证程序的功能，但是要设置输入路径、输出的key和输出的value。代码如图 5-18 所示。

```
public class MapJoinApp{
    public static void main (String[]args)throws Exception{
         Configuration conf = new Configuration ();
         conf.set ("fs.defaultFS","file:///");
         Job job = Job.getInstance (conf);
         job.setJobName ("MapJoinApp");                                    //设置作业的名称
         job.setJarByClass (MapJoinApp.class);                             //设置作业的 jar 类
         FileInputFormat.addInput Path (job,new
Path ("/Users/chenzl/Downloads/mr/join/orders.txt"));
         //给出输入路径，相当于目录
         FileOutputFormat.setOutputPath (job,new Path ("/Users/chenzl/Downloads/mr/out"));
         job.setNumReduceTasks (0);
         job.setMapperClass (MapJoinMapper.class);                  //设置 mapper 类
         job.setOutputKeyClass (Text.class);                     //设置 key 的输出格式
         job.setOutputValueClass (NullWritable.class);   //设置 value 的输出格式
         job.waitForCompletion (true);
    }
}
```

图 5-18 App 类

本程序用到的两张表分别是客户表和订单表，这是两个 .txt 文件，一个保存的是客户的基本信息，一个保存的是客户的订单信息。客户信息表 customers.txt 如图 5-19 所示。订单表 orders.txt 如图 5-20 所示。

```
customers.txt
1,tom,12
2,tommas,13
3,tommaa,14
4,tomss,15
```

图 5-19 客户信息表

```
orders.txt
1,no001,12.23,1
2,no002,12.23,1
3,no003,12.23,2
4,no004,12.23,2
5,no005,12.23,2
6,no006,12.23,4
7,no007,12.23,3
8,no008,12.23,3
9,no009,12.23,3
```

图 5-20 客户订单信息表

连接测试结果如图 5-21 所示。

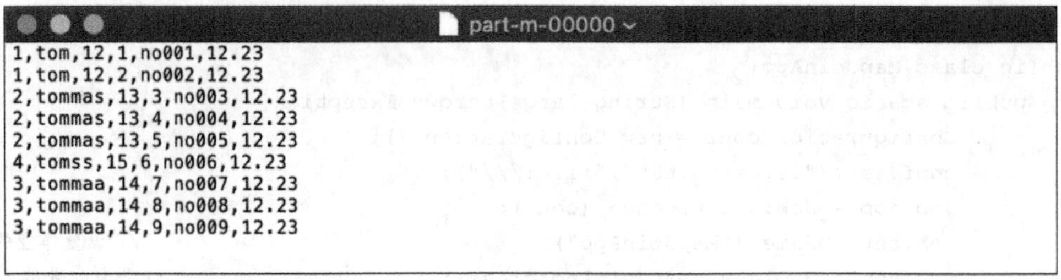

图 5-21　连接操作的结果显示

5.5　HDFS Shell 命令

下面介绍几个比较常用的 HDFS 命令。这些命令跟 Linux 的命令十分相似，若能熟悉 Linux 的命令对掌握 HDFS 命令有极大的帮助。

1. cat

使用方法：hadoop fs-cat URI［URI…］。

功能：将路径指定文件的内容输出到 stdout。

示例如图 5-22 所示。

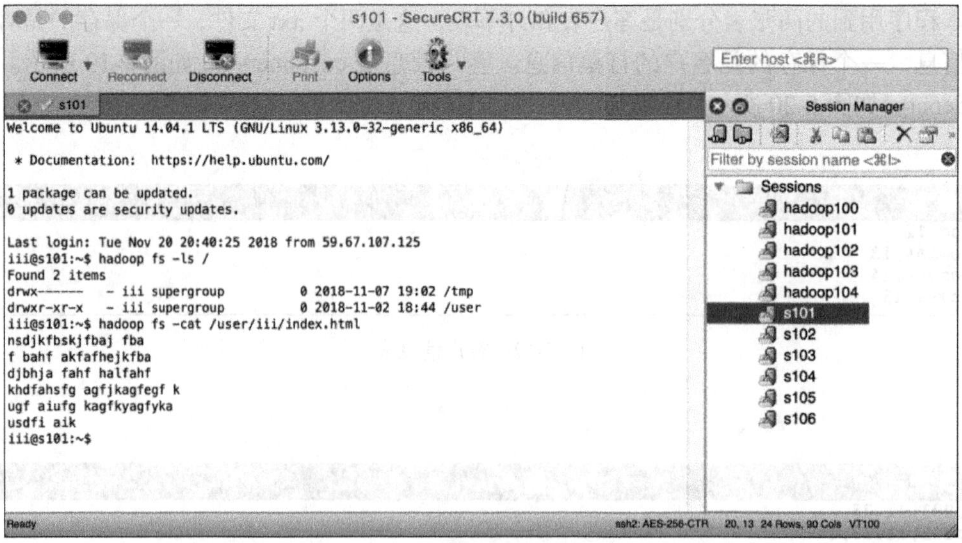

图 5-22　cat 命令示例

2. ls

使用方法：hadoop fs-ls <args>。

功能：如果是文件，则按照如下格式返回信息：

文件名 < 副本数 > 文件大小修改日期修改时间权限用户 ID 组 ID

如果是目录，则返回其直接子文件的一个列表，就像在 UNIX 中一样。目录返回列表的信息如下：

目录名 <dir> 修改日期修改时间权限用户 ID 组 ID

示例如图 5-23 所示。

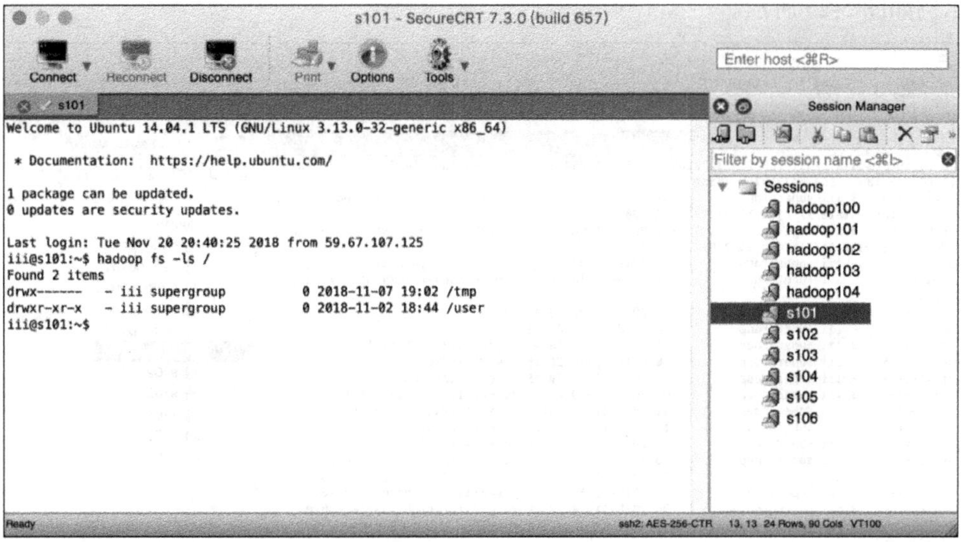

图 5-23 ls 命令示例

3. lsr

使用方法：hadoop fs-lsr <args>。

功能：它是 ls 命令的递归版本，类似于 UNIX 中的 ls-R。

示例如图 5-24 所示。

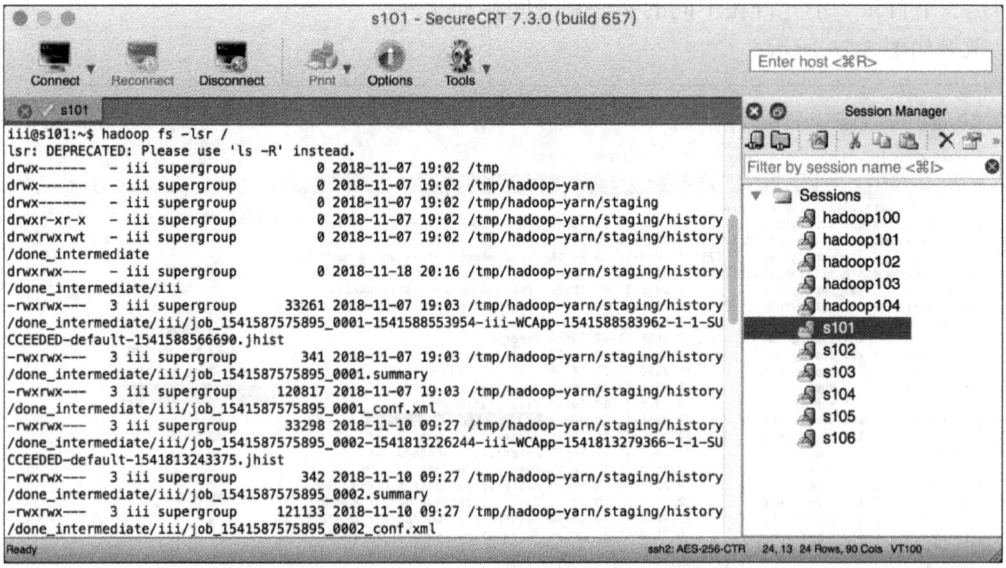

图 5-24 lsr 命令示例

4. mkdir

使用方法：hadoop fs-mkdir <paths>。

功能：接受路径指定的 uri 作为参数，创建这些目录。其行为类似于 UNIX 的 mkdir-p，它会创建路径中的各级父目录。

示例如图 5-25 所示。

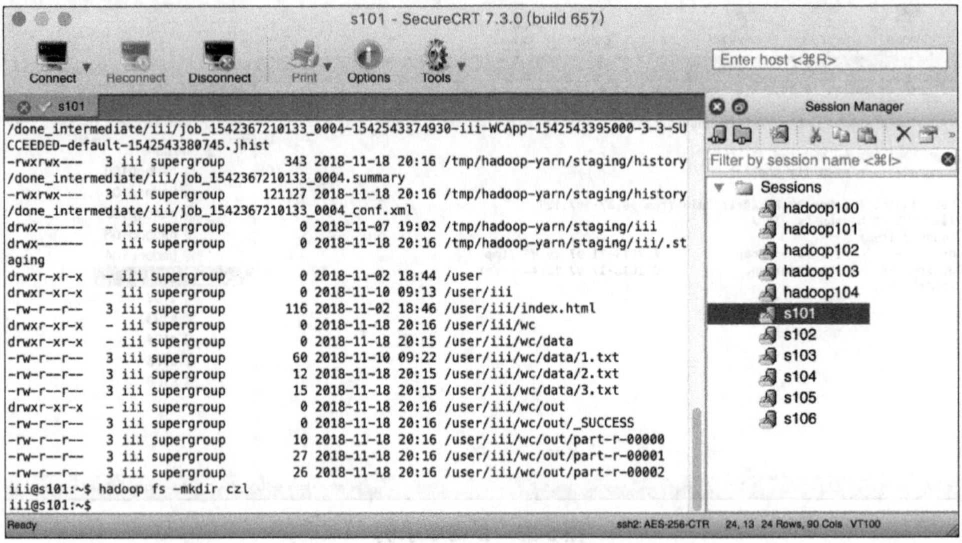

图 5-25　mkdir 命令示例

5. mv

使用方法：hadoop fs-mv URI［URI…］<dest>。

功能：将文件从源路径移动到目标路径。这个命令允许有多个源路径，此时目标路径必须是一个目录。不允许在不同的文件系统间移动文件。

示例如图 5-26 所示。

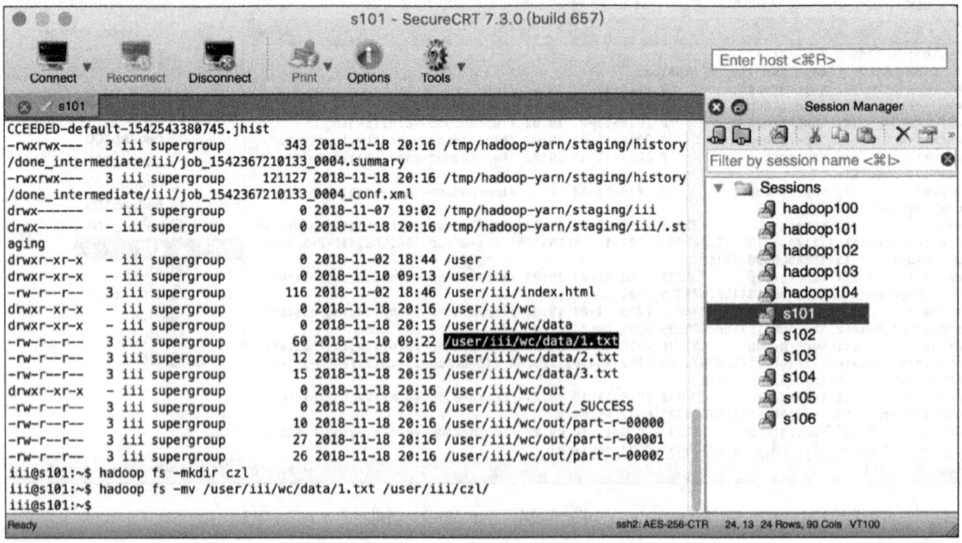

图 5-26　mv 命令示例

6. put

使用方法：hadoop fs-put <localsrc>…<dst>。

功能：从本地文件系统中复制单个或多个源路径到目标文件系统。也支持从标准输入中读取输入写入目标文件系统。

示例如图 5-27 所示。

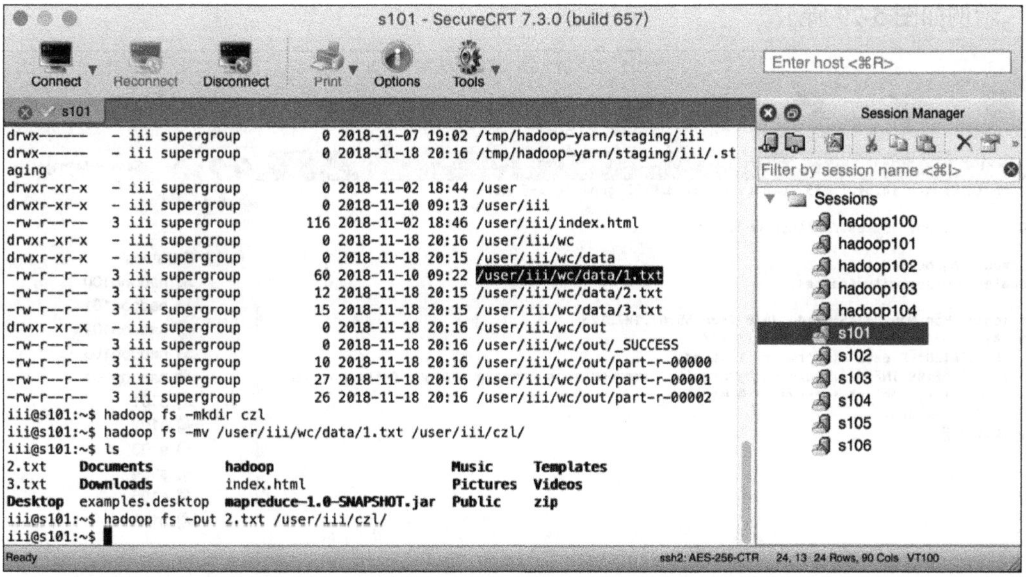

图 5-27　put 命令示例

7. rm

使用方法：hadoop fs-rm URI［URI…］。

功能：删除指定的文件。只删除非空目录和文件。请参考 rmr 命令了解递归删除。

示例如图 5-28 所示。

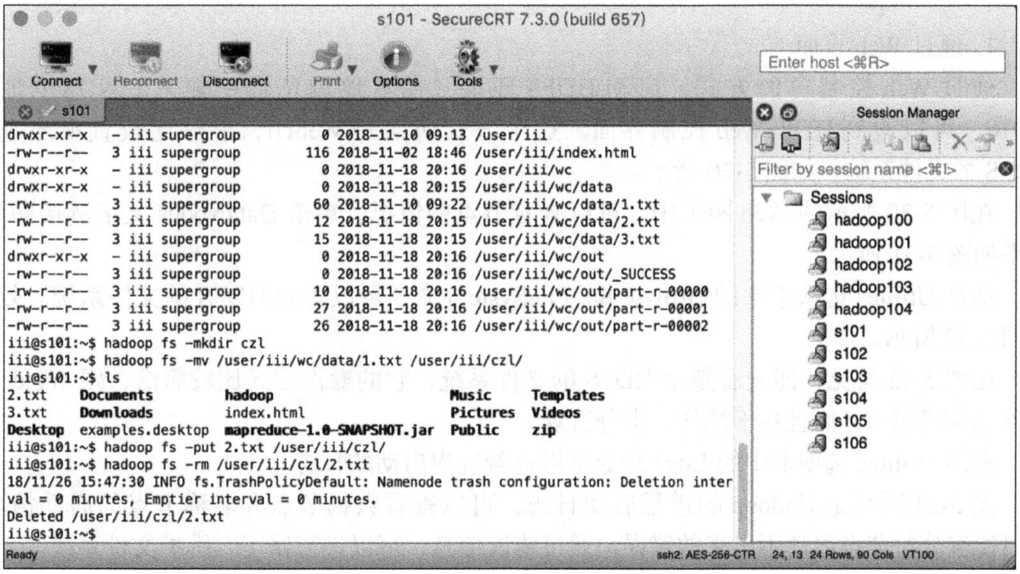

图 5-28　rm 命令示例

8. rmr

使用方法：hadoop fs-rmr URI［URI…］。

功能：delete 的递归版本。

示例如图 5-29 所示。

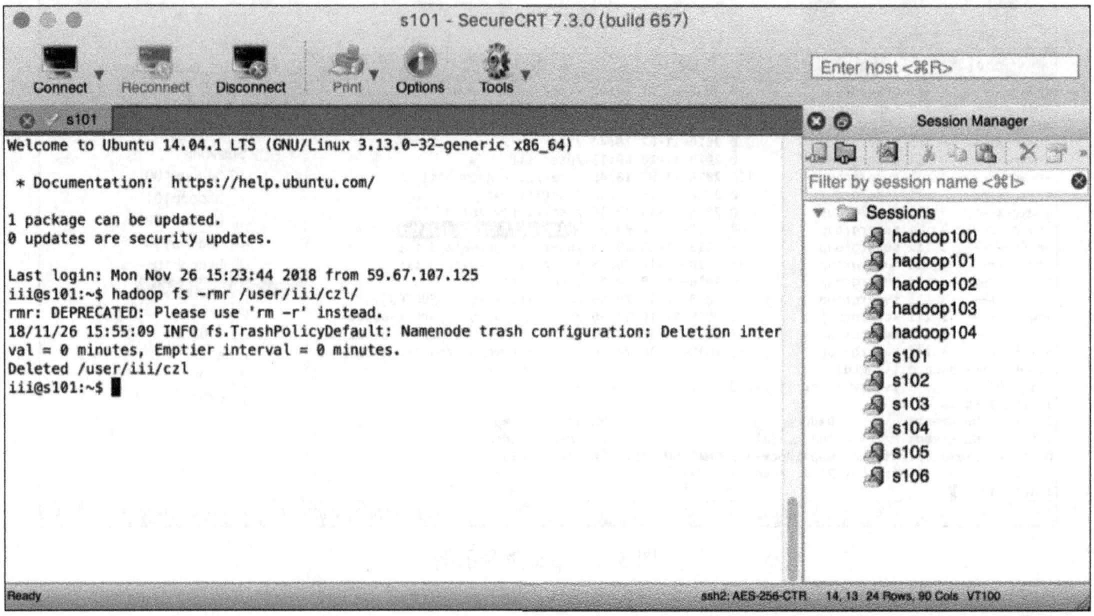

图 5-29　rmr 命令示例

5.6　HDFS 的其他访问方式

1. 通过 Web 页面

通过 Web 控制台的方式，启动 HDFS 环境，在本地浏览器中输入 LINUXIP 地址 50070，可以看到 HDFSWeb 控制界面。这个方式访问是 WebUI，能够比较直观地查看 HDFS 的文件系统。如图 5-30 所示。

在图 5-30 所示的 Web 网页中，可以查看节点的情况，单击 DataNodes 文字链接即可。效果如图 5-31 所示。

通过 Utilites 选项卡中的 Browse the FileSystem 命令可以查看 HDFS 的文件系统。效果如图 5-32 所示。

由图 5-32 可见，能查看整个 HDFS 的文件系统，它的操作方式比较简洁，跟 Windows 文件系统很相似，而且易于操作，十分直观。

利用 Utilites 选项卡中的 Logs 命令可以查看进程启动的日志。

图 5-33 所示是 Hadoop 的进程启动日志，可以查看数据节点和名称节点的启动情况，同时能够分析节点启动不出来的错误，通过错误信息，可以进行修正，维护文件系统。

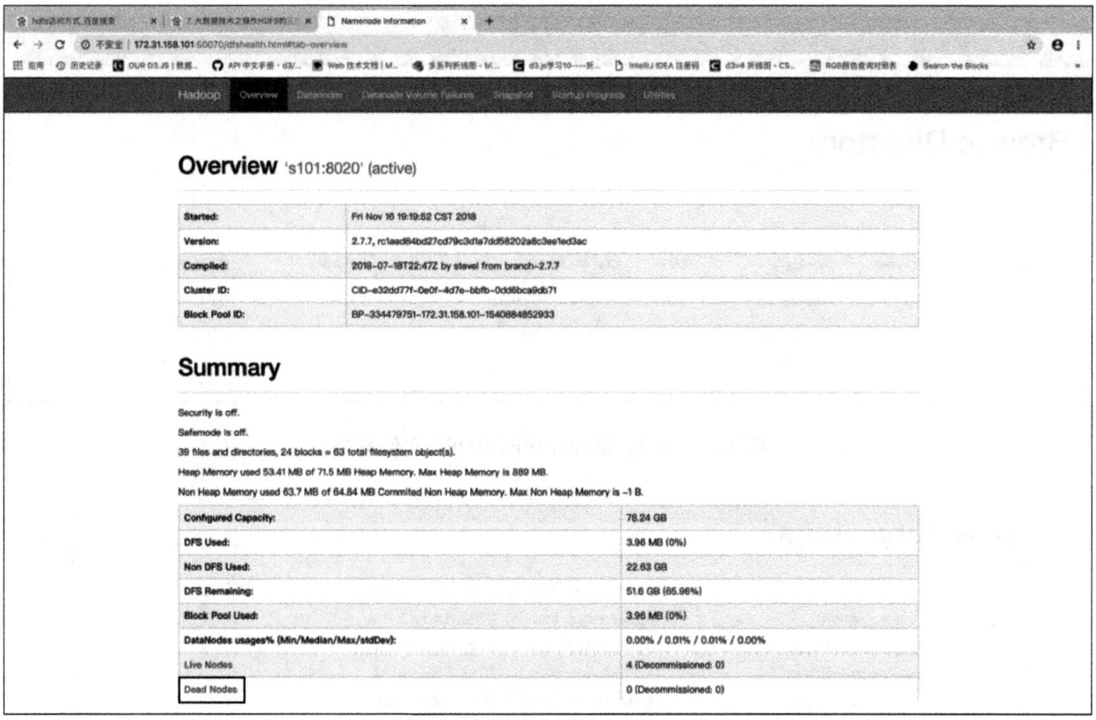

图 5-30　通过 WebUI 访问 HDFS

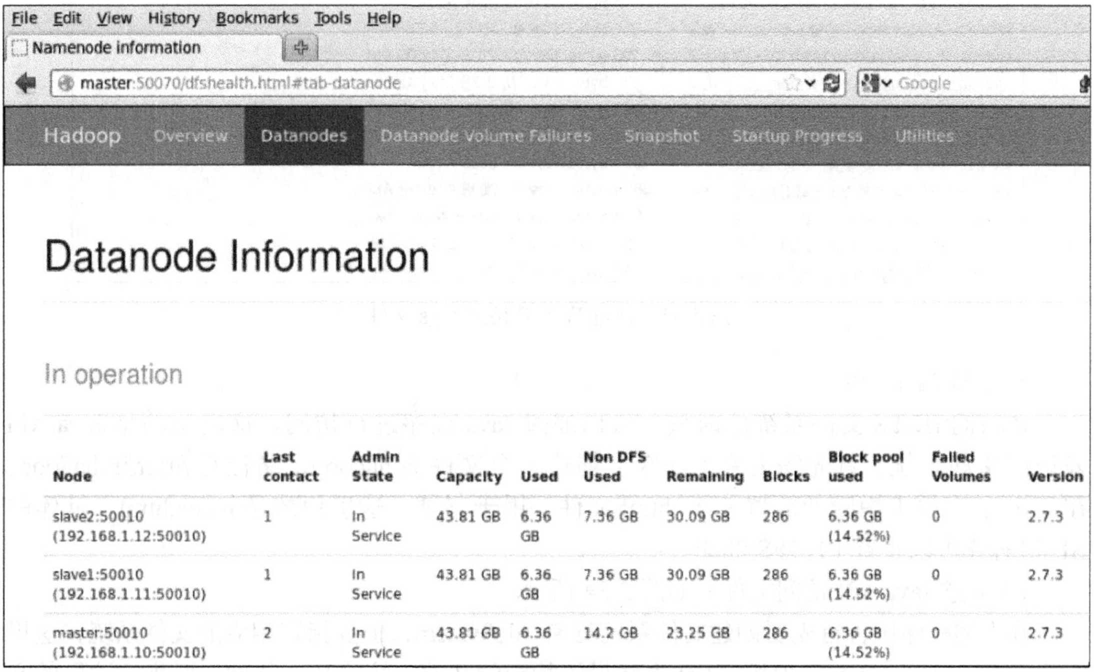

图 5-31　通过 WebUI 访问 HDFS 的 DataNodes

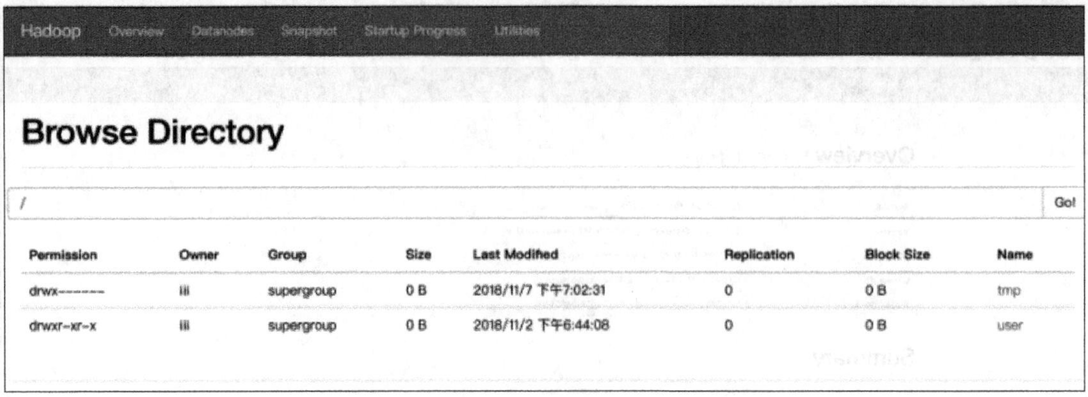

图 5-32　通过 WebUI 访问 HDFS 文件系统

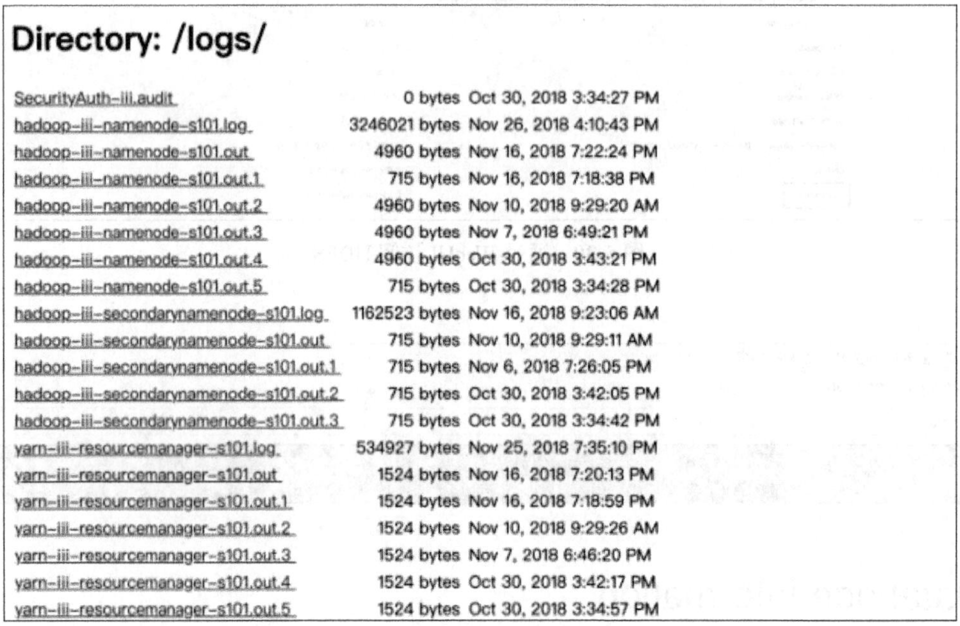

图 5-33　通过 WebUI 访问 logs 文件

2. 通过 Java API

在访问 HDFS 文件系统的时候，可以通过 Java 程序进行访问。这里用的是 Java API 来访问文件系统。首先需要在 HDFS 上创建一个文件夹 hadoop，路径是 /user/iii/hadoop，在 hadoop 文件夹中随便放置一个 .html 文件，用于测试，这里用的是 index.html。具体的 HDFS 操作可以查看（HDFS Shell）。

1）通过 Java API 访问文件，如图 5-34 所示。

在上述程序中，首先要创建文件系统对象 FileSystem，但要指定相应的文件系统，这里需要设置 Configuration，使用 set () 方法设置特定的文件系统路径；其次，要指定读取的文件的路径，因此需要设置 Path 对象；接下来，通过文件流的方式把数据读入流中，然后复制成字节数组输出。读取的结果如图 5-35 所示。

```
@Test
public void readFileByAPI2 ()throws Exception{
        Configuration conf = new Configuration ();
        conf.set ("fs.defaultFS","hdfs://172.31.158.101:8020/");
        FileSystem fs = FileSystem.get (conf);
        Path p = new Path ("hdfs://72.31.158.101:8020/user/iii/hadoop/index.html");
        FSDataInputStream fis = fs.open (p);
        ByteArrayOutputStream baos = new ByteArrayOutPutStream ();
        IOUtils.copyBytes (fis,baos,1024);
        fis.close ()
        baos.close ()
        System.out.println (new String (baos.toByteArray ())
        }
```

图 5-34 通过 Java API 访问 HDFS 上的文件

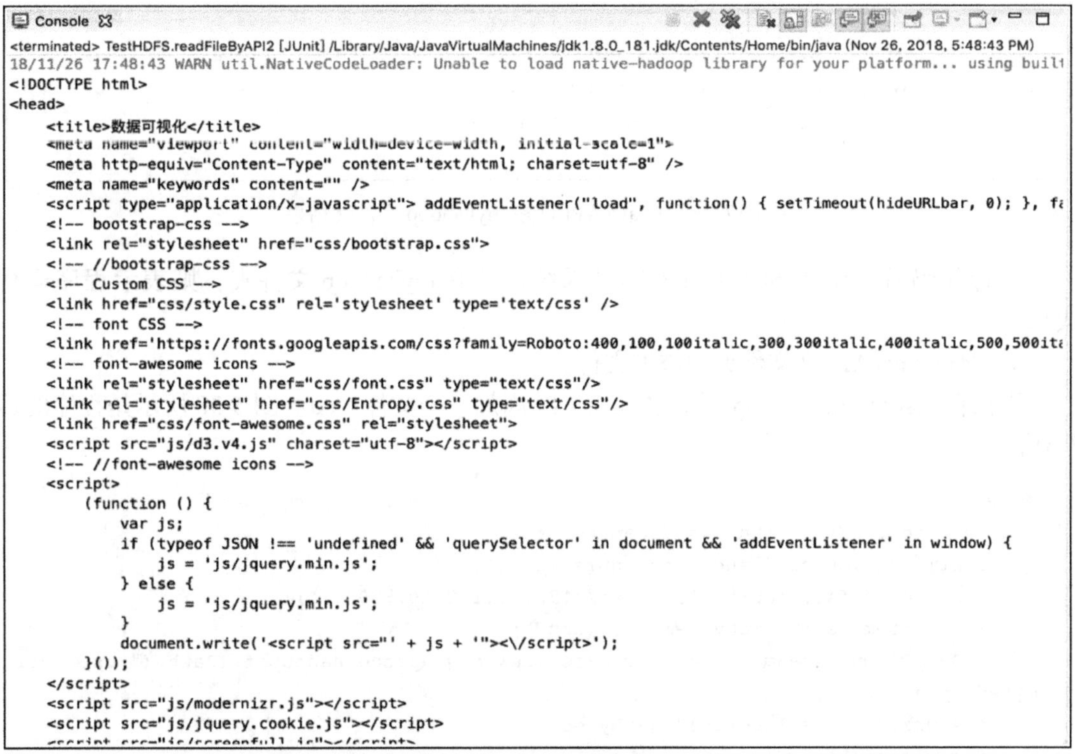

```
Console
<terminated> TestHDFS.readFileByAPI2 [JUnit] /Library/Java/JavaVirtualMachines/jdk1.8.0_181.jdk/Contents/Home/bin/java (Nov 26, 2018, 5:48:43 PM)
18/11/26 17:48:43 WARN util.NativeCodeLoader: Unable to load native-hadoop library for your platform... using buil
<!DOCTYPE html>
<head>
    <title>数据可视化</title>
    <meta name="viewport" content="width=device-width, initial-scale=1">
    <meta http-equiv="Content-Type" content="text/html; charset=utf-8" />
    <meta name="keywords" content="" />
    <script type="application/x-javascript"> addEventListener("load", function() { setTimeout(hideURLbar, 0); }, fa
    <!-- bootstrap-css -->
    <link rel="stylesheet" href="css/bootstrap.css">
    <!-- //bootstrap-css -->
    <!-- Custom CSS -->
    <link href="css/style.css" rel='stylesheet' type='text/css' />
    <!-- font CSS -->
    <link href='https://fonts.googleapis.com/css?family=Roboto:400,100,100italic,300,300italic,400italic,500,500ita
    <!-- font-awesome icons -->
    <link rel="stylesheet" href="css/font.css" type="text/css"/>
    <link rel="stylesheet" href="css/Entropy.css" type="text/css"/>
    <link href="css/font-awesome.css" rel="stylesheet">
    <script src="js/d3.v4.js" charset="utf-8"></script>
    <!-- //font-awesome icons -->
    <script>
        (function () {
            var js;
            if (typeof JSON !== 'undefined' && 'querySelector' in document && 'addEventListener' in window) {
                js = 'js/jquery.min.js';
            } else {
                js = 'js/jquery.min.js';
            }
            document.write('<script src="' + js + '"><\/script>');
        }());
    </script>
    <script src="js/modernizr.js"></script>
    <script src="js/jquery.cookie.js"></script>
```

图 5-35 文件内容结果

2）通过 Java API 创建文件夹。

下面在 /user/iii/ 下通过 Java API 创建一个 myhadoop 文件夹。图 5-36 所示是程序的运行代码。

在创建目录文件夹时要指定 HDFS 文件系统的路径，创建 Configuration 对象并进行设置，然后创建文件系统对象 FileSystem，通过方法 mkdir () 创建 myhadoop 文件夹。但在创建文件夹时需要在 Linux 下执行命令，增加 /user/iii 的权限，命令为 $>hdfs dfs-chmod o+w/user/iii。

```
@Test
public void mkdir () throws Exception {
     Configuration conf =new Configuration ();
     conf.set ("fs.defaultFS","hdfs://172.31.158.181:8020/");
     FileSystem fs = FileSystem.get (conf);
     fs.mkdirs (new org.apache.hadoop.fs.Path ("/user/iii/myhadoop"));
}
```

图 5-36　通过 Java API 创建 myhadoop 文件夹

创建的结果如图 5-37 所示。

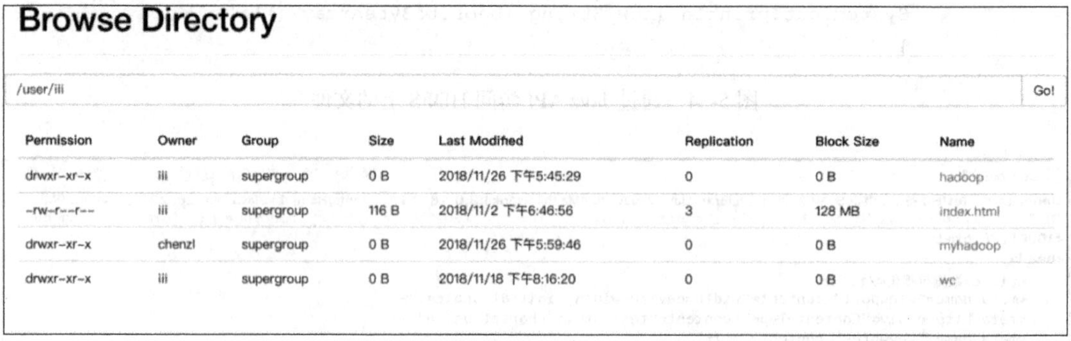

Permission	Owner	Group	Size	Last Modified	Replication	Block Size	Name
drwxr-xr-x	iii	supergroup	0 B	2018/11/26 下午5:45:29	0	0 B	hadoop
-rw-r--r--	iii	supergroup	116 B	2018/11/2 下午6:46:56	3	128 MB	index.html
drwxr-xr-x	chenzl	supergroup	0 B	2018/11/26 下午5:59:46	0	0 B	myhadoop
drwxr-xr-x	iii	supergroup	0 B	2018/11/18 下午8:16:20	0	0 B	wc

图 5-37　通过 Java API 创建 myhadoop 文件夹结果

执行代码后，在 WebUI 下查看文件系统，若有 myhadoop 文件夹，则表示程序运行成功。

3）通过 Java API 在文件夹中添加文件。

下面在 /user/iii/myhadoop 下通过 Java API 添加一个文件 a.txt。图 5-38 所示是程序的运行代码。

```
@Test
public void putFile ()throws Exception {
    Configuration conf =new Configuration ();
    conf.set ("fs.defaultFS","hdfs://172.31.158.101:8020/");
    FileSystem fs = FileSystem.get (conf);
    FSDataOutputstream fos = fs.create (new org.apache.hadoop.fs.Path ("/user/iii/
myhadoop/a.txt"));
    fos.write (" helloworld!".getBytes ());
    fos.close ();
}
```

图 5-38　通过 Java API 上传文件

在添加文件时要指定 HDFS 文件系统的路径，创建 Configuration 对象并进行设置，然后创建文件系统对象 FileSystem，通过方法 create () 添加 a.txt 文件到 /user/iii/myhadoop 下。

添加的结果如图 5-39 所示。

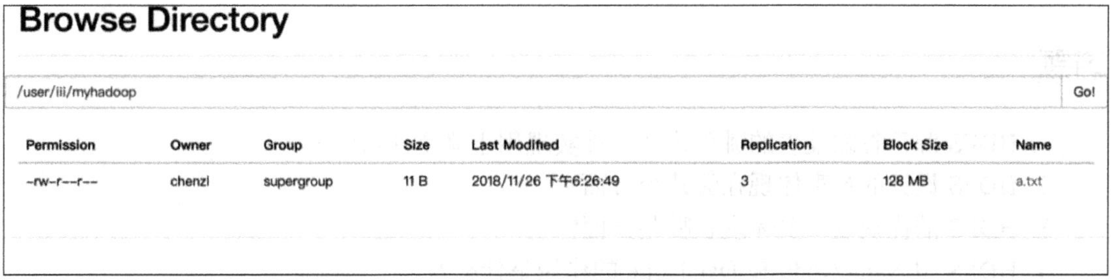

Browse Directory

/user/iii/myhadoop　Go!

Permission	Owner	Group	Size	Last Modified	Replication	Block Size	Name
-rw-r--r--	chenzl	supergroup	11 B	2018/11/26 下午6:26:49	3	128 MB	a.txt

图 5-39　通过 API 上传文件的结果

执行代码后，通过 WebUI 看见了 a.txt 文件，表示程序运行成功。

4）通过 Java API 删除文件。

下面通过 Java API 递归删除 /user/iii/myhadoop 文件夹及其文件。图 5-40 所示是程序的运行代码。

```
@Test
Public void removeFile () throw Exception{
     Configuration conf = new Configuration ();
     conf.set ("fs.defaultFS","hdfs://172.31.158.181:8020/");
     FileSystem fs = FileSystem.get (conf);
     Org.apache.hadoop.fs.Path p = new org.apache.hadoop.fs.Path ("/user/iii/myhadoop");
     fs.delete (p,true);
     }
```

图 5-40　通过 Java API 删除 myhadoop 文件夹

在删除文件夹时同样要指定 HDFS 文件系统的路径，创建 Configuration 对象并进行设置，然后创建文件系统对象 FileSystem，通过方法 delete () 递归删除文件夹。当 delete 方法中的第二个参数为 true 时代表递归删除。

代码执行结果如图 5-41 所示。

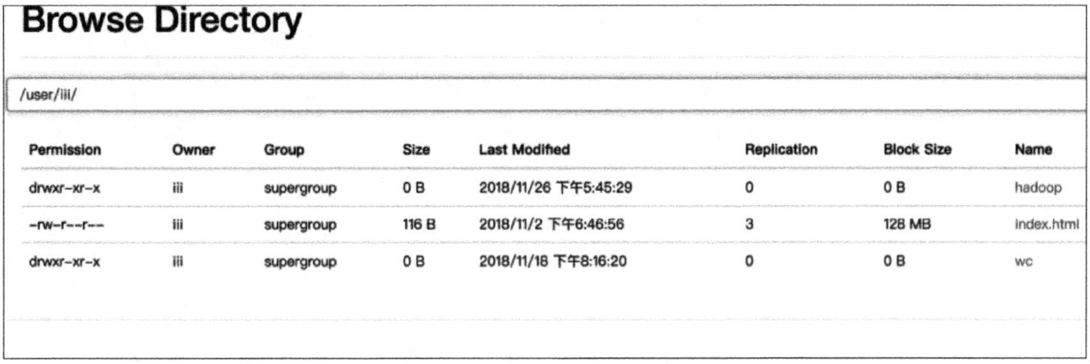

Browse Directory

/user/iii/

Permission	Owner	Group	Size	Last Modified	Replication	Block Size	Name
drwxr-xr-x	iii	supergroup	0 B	2018/11/26 下午5:45:29	0	0 B	hadoop
-rw-r--r--	iii	supergroup	116 B	2018/11/2 下午6:46:56	3	128 MB	index.html
drwxr-xr-x	iii	supergroup	0 B	2018/11/18 下午8:16:20	0	0 B	wc

图 5-41　通过 Java API 删除 myhadoop 文件夹的结果

执行代码后，通过 WebUI 查看文件夹，发现 myhadoop 文件夹被删除了，表示程序运行成功。

习题

1. HDFS 源于谷歌发表的哪篇论文？被实现用于哪个项目？
2. HDFS 设计的初衷体现在哪几个方面？
3. HDFS 的优缺点主要体现在哪些方面？
4. HDFS 中 NameNode 和 DataNode 的作用是什么？
5. HDFS 为了提高小文件处理的效率，提出了哪些文件存储类型？
6. HDFS 中支持的文件类型中哪些是面向行的？哪些是面向列的？
7. Hadoop 的分布式缓存机制主要应用的场景有哪些？

第6章 Chapter 6

HBase

HBase 是目前非常热门的一款分布式 KV（KeyValue，键值）数据库系统，无论是互联网行业还是其他传统 IT 行业都在大量使用。尤其是近几年，随着国内大数据理念的普及，HBase 凭借其高可靠、易扩展、高性能以及成熟的社区支持，受到越来越多企业的青睐。许多大数据系统都将 HBase 用于底层数据存储服务，如 Kylin、OpenTSDB 等。本章将从 HBase 的历史发展、数据模型、体系结构、系统特性等几个方面进行讲解。

6.1 HBase 概述

要说清楚 HBase 的来龙去脉，还得从谷歌当年风靡一时的三篇论文——GFS、MapReduce 和 BigTable 说起。2003 年，谷歌在 SOSP 会议上发表了大数据历史上第一篇公认的革命性论文——“GFS：The Google File System”。之所以称其具有“革命性”是有多方面原因的：首先，谷歌在该论文中第一次揭示了如何在大量廉价机器基础上存储海量数据，这让人们第一次意识到海量数据可以在不需要任何高端设备的前提下实现存储，换句话说，任何一家公司都有技术实力存储海量数据，这为之后流行的海量数据处理奠定了坚实的基础。其次，GFS 体现了非常超前的设计思想，以至于十几年之后的今天依然指导着大量的分布式系统设计，可以说，任何从事分布式系统开发的人都有必要反复阅读这篇经典论文。

2004 年，谷歌又发表了另一篇非常重要的论文——“MapReduce：Simplified Data Processing on Large Clusters”。这篇论文论述了两个方面的内容，其中之一是 MapReduce 的编程模型，在后来的很多讨论中，人们对该模型褒贬不一，该编程模型在之后的技术发展中经过了大量的架构性改进，演变成了很多其他的编程模型，如 DAG 模型等。当然，MapReduce 模型本身作为一种基础模型得到了保留并依然运行在很多特定领域（例如，Hive 依然依赖 MapReduce 处理长时间的 ETL 业务）。MapReduce 在 GFS 的基础上再一次将大数据往前推进了一步，论文论述了如何在大量廉价机器的基础上稳定地实现超大规模的并行数据处理，这无疑是非常重要的进步。这篇论文无论在学术界还是在工业界都得到了极度狂热的追捧。原因无非是分布式计算系统可以套用于大量真实的业务场景，几乎任何一套单机计算系统都可以用 MapReduce 去改良。

2006 年，谷歌发布了第三篇重要论文——“BigTable：A Distributed Storage System for

Structured Data”，用于解决谷歌内部海量结构化数据的存储以及高效读 / 写的问题。与前两篇论文相比，这篇论文更难理解一些。这是因为严格意义上来讲，BigTable 属于分布式数据库领域，需要读者具备一定的数据库基础，而且论文中提到的数据模型（多维稀疏排序映射模型）对于习惯了关系型数据库的工程师来说确实不易理解。但从系统架构来看，BigTable 还是有很多 GFS 的影子，包括 Master-Slave 模式、数据分片等。

这三篇论文在大数据历史上，甚至整个 IT 界的发展历史上都具有革命性意义。但真正让大数据“飞入寻常百姓家”，是另一个科技巨头——雅虎。谷歌的三篇论文论证了在大量廉价机器上存储、处理海量数据（结构化数据、非结构化数据）是可行的，然而并没有给出开源方案。2004 年，Doug Cutting 和 Mike Cafarella 在为他们的搜索引擎爬虫（Nutch）实现分布式架构的时候看到了谷歌的 GFS 论文以及 MapReduce 论文。他们在之后的几个月里按照论文实现出一个简易版的 HDFS 和 MapReduce，这也就是 Hadoop 的最早起源。最初这个简易系统确实可以稳定地运行在几十台机器上，但是没有经过大规模使用的系统谈不上完美。所幸他们收到了雅虎的橄榄枝。在雅虎，Doug 领导的团队不断地对系统进行改进，促成了 Hadoop 从几十台到几百台再到几千台机器规模的演变，直到这个时候，大数据才真正在普通公司实现落地。

至于 BigTable，没有在雅虎内得到实现，原因不明。一家叫作 Powerset 的公司，为了高效处理自然语言搜索产生的海量数据实现了 BigTable 的开源版本——HBase，并在发展了 2 年之后被 Apache 收录为顶级项目，正式入驻 Hadoop 生态系统。HBase 成为 Apache 顶级项目之后发展非常迅速，各大公司纷纷开始使用 HBase，HBase 社区的高度活跃性让 HBase 这个系统发展得更有活力。有意思的是，谷歌在将 BigTable 作为云服务对外开放的时候，决定提供兼容 HBase 的 API。可见在业界，HBase 已经在一定程度上得到了广泛的认可和使用。HBase 版本的变迁如图 6-1 所示。

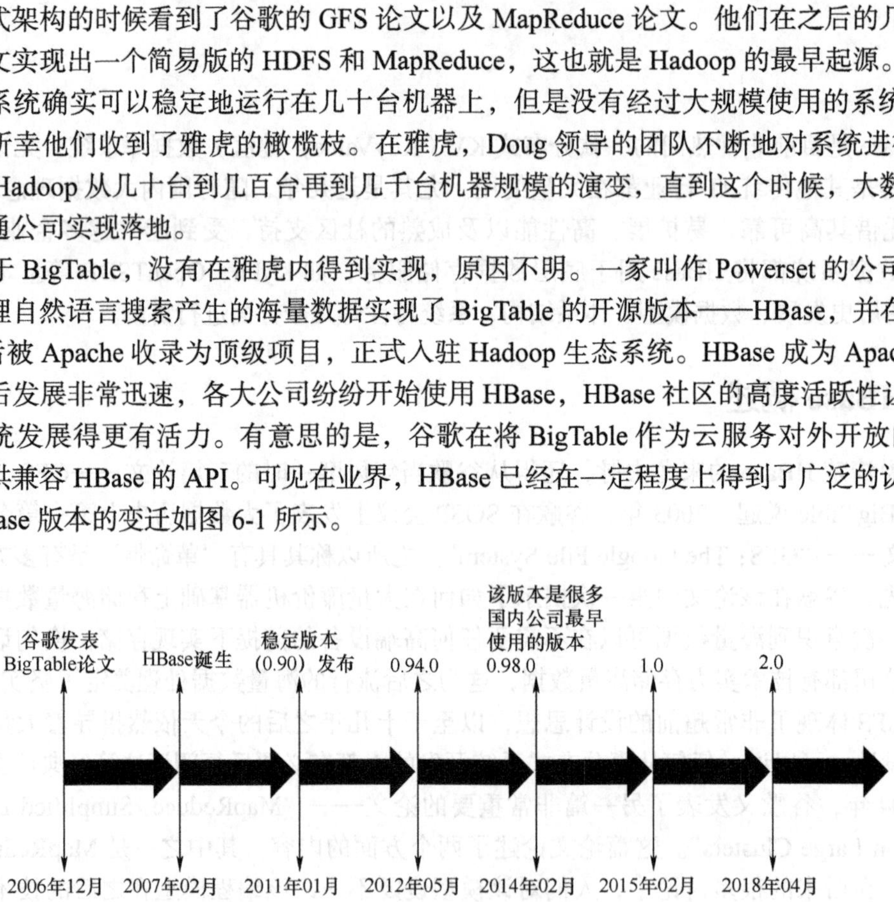

图 6-1 HBase 的发展历程

6.2 HBase 的数据模型

（1）NameSpace

命名空间，类似于关系型数据库的 DatabBase 概念。每个命名空间下有多个表。HBase 有两个自带的命名空间，分别是 HBase 和 default，HBase 中存放的是 HBase 内置的表，

default 表是用户默认使用的命名空间。

（2）Region

类似于关系型数据库的表的概念。不同的是，HBase 定义表时只需要声明列族即可，不需要声明具体的列。这意味着，往 HBase 写入数据时，字段可以动态、按需指定。因此，和关系型数据库相比，HBase 能够轻松应对字段变更的场景。

（3）Column

HBase 中的每个列都由 Column Family（列族）和 Column Qualifier（列限定符）进行限定，如 info：name、info：age。建表时，只需指明列族，而列限定符无需预先定义。

（4）Row

HBase 表中的每行数据都由一个 RowKey（行键）和多个 Column（列）组成，数据是按照 RowKey 的字典顺序存储的，并且查询数据时只能根据 RowKey 进行检索，所以 RowKey 的设计十分重要。

（5）TimeStamp

TimeStamp 是指数据写入时指定的时间戳，用于标识数据的不同版本（Version）。如果数据写入时不指定 TimeStamp，系统会自动为其加上该字段，其值为写入 HBase 的时间。

（6）Cell

由 {RowKey，Column Family：Column Qualifier，Time Stamp} 唯一确定的单元。Cell 中的数据是没有类型的，全部是以字节码形式存储。

6.3　HBase 的逻辑结构

HBase 是一种分布式、可扩展、支持海量数据存储的 NoSQL 数据库。逻辑上，HBase 的数据模型同关系型数据库很类似，数据存储在一张表中，有行有列。但从 HBase 的底层物理存储结构（K-V）来看，HBase 更像是一个多维映射表，如图 6-2 所示。

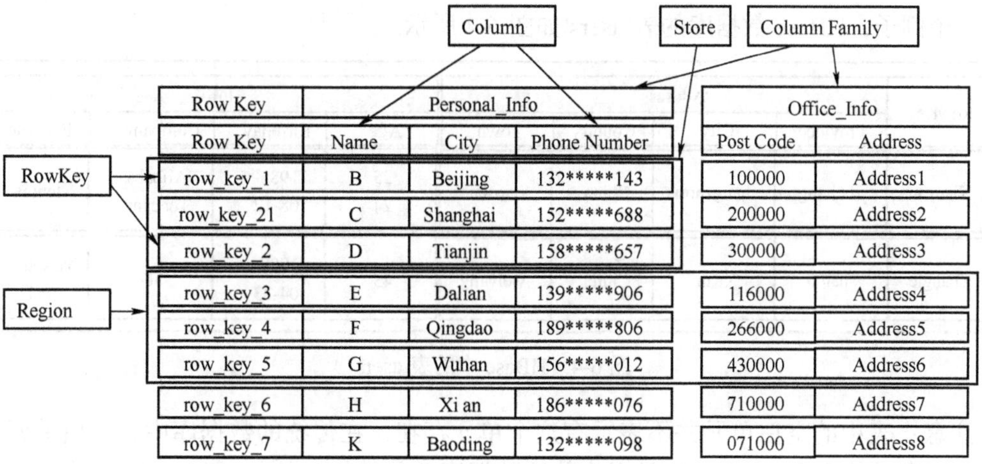

图 6-2　HBase 的逻辑结构

6.4 HBase 的架构及特点

HBase 全称为 Hadoop Database，即 HBase 是 Hadoop 的数据库，是一个分布式的存储系统。HBase 利用 Hadoop 的 HDFS 作为其文件存储系统，利用 Hadoop 的 MapReduce 来处理 HBase 中的海量数据。利用 Zookeeper 作为其协调工具。

HBase 的体系结构是一个主从式的结构，如图 6-3 所示。主节点 HMaster 在整个集群当中只有一个在运行，从节点 HRegionServer 有很多个在运行。主节点 HMaster 与从节点 HRegionServer 实际上指的是不同的物理机器，即有一个机器上面运行的进程是 HMaster，很多机器上面运行的进程是 HRegionServer。HMaster 没有单点问题，HBase 集群当中可以启动多个 HMaster，但是通过 ZooKeeper 的事件处理机制保证整个集群当中只有一个 HMaster 在运行。

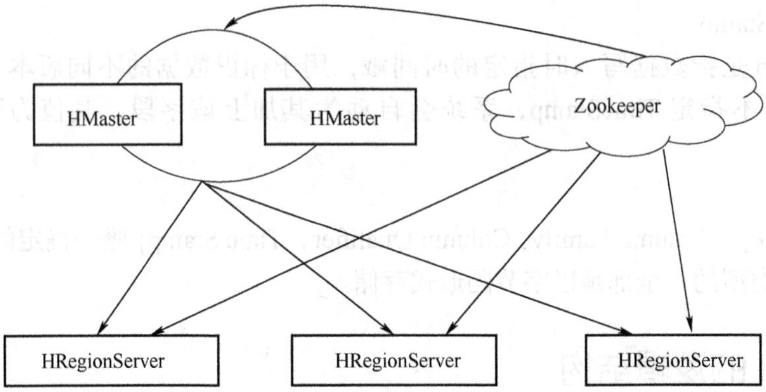

图 6-3 HBase 架构介绍

既然 HBase 是数据库，那么数据库从根本上来说就是存储表的。但必须注意的是，HBase 并非是传统的关系型数据库（如 MySQL、Oracle），而是非关系型数据库，因为 HBase 是一个面向列的分布式存储系统。下面有必要介绍一下 HBase 中表的数据模型。先来看一个例子，HBase 数据库的表 users 如图 6-4 所示。

RowKey	Address				Info			
	Province	City	Country	Town	Age	Birthday	Company	Favorite
Xiaoyan	zhejiang	hangzhou	China	xiaoshan	25 24	1981-08-12	Alibaba Tencent	tennis
Zhangle	shanxi	Xi'an	China	weiyang	45	1989-04-23	JD	basketball

图 6-4 HBase 中的表 users

注意：表中的空白单元并不表示有这个单元存在，在传统的数据库中，空白单元表示该单元存在其值为空（null，这是因为传统数据库总是结构化的）。但在 HBase 中，画成二维表只是在逻辑上便于理解，其本质完全是非结构化的。

图 6-4 所示的表 users 就是一个典型的 HBase 表，与传统的关系型数据库具有很大的差别。下面详细介绍有关表的相关概念。

RowKey（行键）：表的主键，表中的记录默认按照 RowKey 升序排序。

列族（Column Family）：即表中的 Address、Info。表在水平方向上有一个或者多个 Column Family 组成，一个 Column Family 中可以由任意多个 Column（如 Address 中的 Province、City、Country、Town）组成，即列族支持动态扩展，无须预先定义 Column 的数量以及类型，所有 Column 均以二进制格式进行存储，用户需要自行进行类型转换。

TimeStamp（时间戳）：每次用户对数据进行操作对应的时间，可以看作是数据的 Version number。例如，在表 users 中，Xiaoyan 所对应的 Company 有两个数据信息（Alibaba、Tencent），而这两个单元格信息实际上是对应操作时间的，如图 6-5 所示。

既然 HBase 可以将表中的数据进行分布式存储，那么它到底是以怎样的形式进行分布式存储的呢？联想到 HDFS 这个分布式文件管理系统是将海量数据切分成若干个块（Block）进行存储的，同理，HBase 也采取了类似的存储机制，将一个表（Table）切分成若干个分区（Region）进行存储。下面就来介绍 Region 的相关概念。

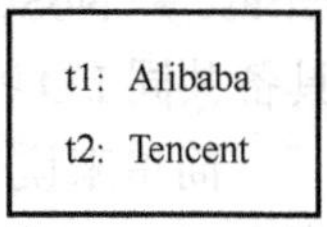

图 6-5 users 表中 Company 的信息

当 Table 随着记录数不断增加而变大后，Table 在行的方向上会被切分成多个 Region，一个 Region 由（startkey，endkey）表示，每个 Region 会被 Master 分散到不同的 HRegionServer 上面进行存储，类似于 Block 块会被分散到不同的 DataNode 节点上面进行存储。图 6-6 所示是 HBase 表中的数据与 HRegionServer 的分布关系。

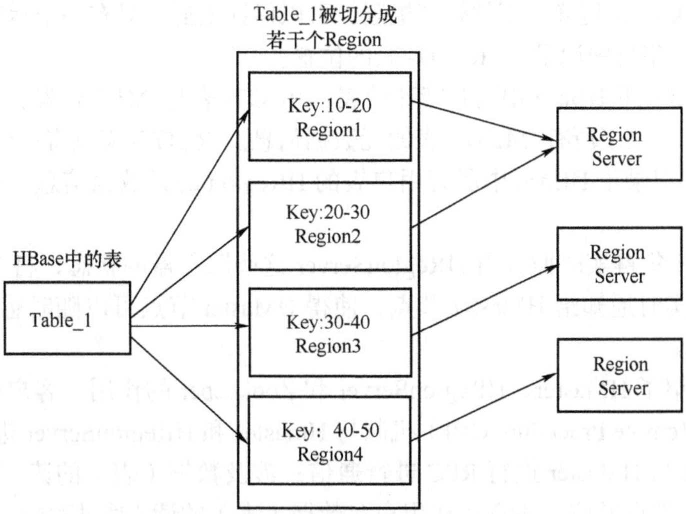

图 6-6 users 表中的数据与 HRegionServer 的分布关系

根据图 6-3 所示的 HBase 体系结构，接下来介绍 HMaster、HRegionServer 和 Zookeeper 这三个组件的作用。

1. HMaster 节点的作用

1）不负责存储表数据，负责管理 RegionServer 的负载均衡（即防止某些 RegionServer 存储数据量大，有些 RegionServer 存储数据量小），调整 RegionServer 上面 Region 的分布。

2）管理 RegionServer 的状态。例如，在 HRegionServer 宕机后，负责失效 HRegion-Server 上 Regions 的迁移。

3）在划分 Region 后，负责新 Region 的分配。

2. HRegionServer 节点的作用

HRegionServer 主要负责响应用户的 I/O 请求，即负责响应用户向表中的读 / 写操作，是 HBase 体系结构中最核心的模块。HRegionServer 内部存储了很多的 HRegion，就像 DataNode 节点中存储了很多的 Block 块一样。从 HBase 完整的体系结构中可以看到，HRegion 实际上是由很多个 HStore 组成的。所谓 HStore 就是表中的一个 Column Family。可以看出，每个 Column Family 其实就是一个集中的存储单元，这恰恰也帮助我们理解了为什么 HBase 是 NoSql 系列的数据库，为什么是面向列的数据库。在 HBase 的表设计中，最好将具备共同 I/O 特性的 Column 放在同一个 Column Family 中，这样读 / 写才最高效。

简单来说，就是 HRegionServer 服务器中存储了很多的 HRegion，每个 HRegion 是由很多个 HStore 组成的，每个 Column Family 就是一个 HSore。

在此还要简单介绍一下 Hlog 与 MemStore 这两个角色的作用。

Hlog：Hlog 中存储了用户对表数据的最新的一些操作日志记录。

MemSore：HRegion 会将大量的热数据、访问频次最高的数据存储到 MemStore 中，这样在读 / 写数据的时候不需要从磁盘中进行操作，直接在内存中即可读取到数据。正因为 MemStore 这个重要角色的存在，HBase 才能支持随机、高速读取的功能。

3. Zookeeper 集群的作用

1）通过 Zookeeper 集群的事件处理机制，可以保证集群中只有一个运行的 Hmaster。

2）Zookeeper 集群中记录了 -ROOT- 表的位置。

这里需要介绍一下 HBase 中两张特殊的表：-ROOT- 表与 .META. 表。

-ROOT- 表：记录了所有 .META. 表的元数据信息。-ROOT- 表只有一个 Region。

.META. 表：记录了 HBase 中所有用户表的 HRegion 的元数据信息。.META. 表可以有多个 Region。

3）Zookeeper 集群实时监控着 HRegionServer 这些服务器的状态，将 HRegionServer 的上线和下线信息实时通知给 HMaster 节点，使得 HMaster 节点可以随时感知各个 HRegion-Server 的健康状态。

上面依次介绍了 HMaster、HRegionServer 和 Zookeeper 的作用。客户端（Client）使用 HBase 的 RPC（Remote Procedure Call）机制与 Hmaster 和 HRegionServer 进行通信。涉及管理类操作，Client 与 HMaster 进行 RPC 进行通信；涉及数据（表）的读 / 写类操作，Client 与 HRegionServer 进行通信。注意：在用户对数据（表）的读 / 写过程中，与 HMaster 是没有任何关系的，HMaster 在这一点上不同于 NameNode 节点。HBase 在海量的表数据中，是如何找到用户所需要的表数据的呢？即 HBase 的寻址机制是什么？如图 6-7 所示，HBase 是通过索引机制解决了这个问题。

Client 在访问用户数据之前需要首先访问 Zookeeper 集群，通过 Zookeeper 集群确定 -ROOT- 表所在的位置，然后再通过访问 -ROOT- 表确定相应 .META. 表的位置，最后根据 .META. 中存储的相应元数据信息找到用户数据的位置去访问。通过这种索引机制解决了复杂的寻址问题。

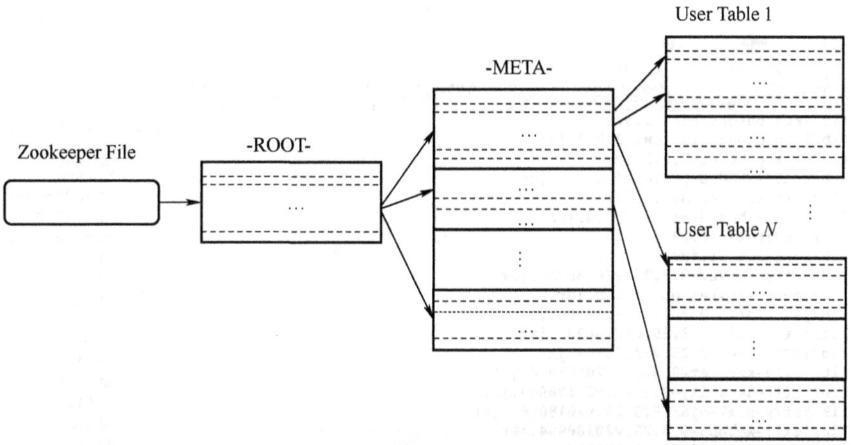

图 6-7　HBase 访问表数据的过程示意图

6.5　HBase 的安装与配置

本节介绍 HBase 的安装与配置。这里使用了 4 台服务器，每台都运行的 CentOS 7 操作系统。HBase 集群需要有 Hadoop 集群以及 Zookeeper 集群的支持，所以需要在安装 HBase 之前把以上两个集群配置好。为了方便演示，在配置 HBase 的时候使用的是完全分布式 HBase 集群。

1. 下载 HBase 安装包

在安装 HBase 的时候，先要下载 HBase 的安装包，这里选用的是 HBase 2.1.3 版。读者可以到 HBase 的网站（http：//www.apache.org/dyn/closer.cgi/HBase/）上根据选用的 Hadoop 的版本选择合适版本的 HBase 安装包。

2. 上传 HBase 安装包

在本机远程登录工具中把下载的安装包上传至服务器上。这里使用的是 SecureCRT 远程登录工具，使用以下命令。

```
$>put-r/windows 安装包路径 /HBase-2.1.3-bin.tar.gz
```

3. 解压缩 HBase 安装包

在有 HBase 安装包的节点上，使用命令把 HBase 安装包打开。需要安装 HBase 的 4 台机器都需要使用命令行将 HBase 打开。具体的命令行如下：

```
$>tar-zxvf HBase-2.1.3-bin.tar.gz-C/soft
```

其中，-C 是指安装到指定目录下。为了方便软件管理，本书的 Hadoop 和 JDK 等大数据的开发工具都是存放在 /soft 目录下。解压缩信息如图 6-8 所示。

4. 配置 HBase 的环境变量

安装完 HBase 后需要为 HBase 配置环境变量，一般需要修改 /etc/profile 文件。在 /etc/profile 文件中添加如下两行内容，如图 6-9 所示。

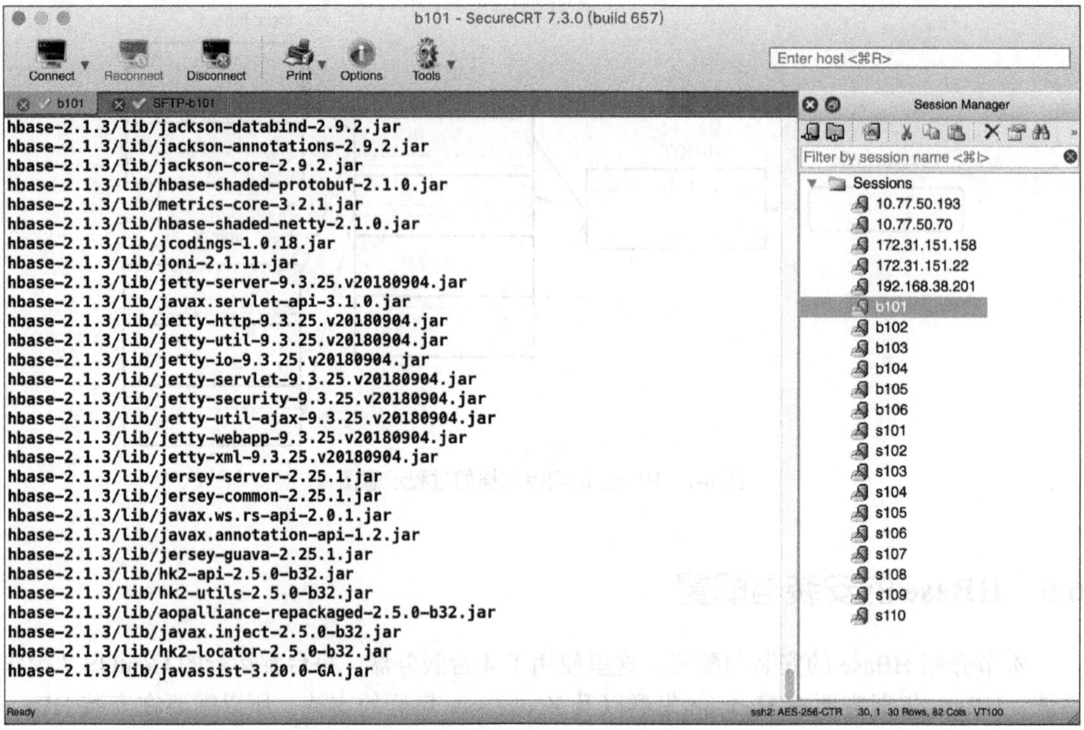

图 6-8 HBase 的解压缩

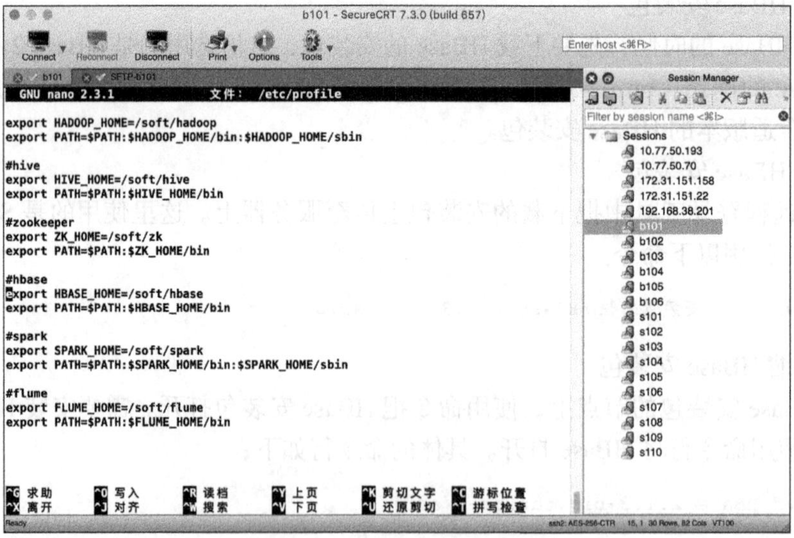

图 6-9 HBase 的环境变量配置

```
export HBASE_HOME=/soft/hBase
export PATH=$PATH:$HBASE_HOME/bin
```

在完成配置后，需要保存文件，并更新配置信息，使用如下命令来实现配置信息的更新：

```
$>source/etc/profile
```

5. 验证 HBase 是否安装成功

在集群的每个节点上完成上述的步骤，并使用如下命令查看安装是否成功。

```
$>HBase version
```

若能显示相应的 HBase 的版本的信息（如图 6-10 所示），表明在每个节点上 HBase 安装成功。

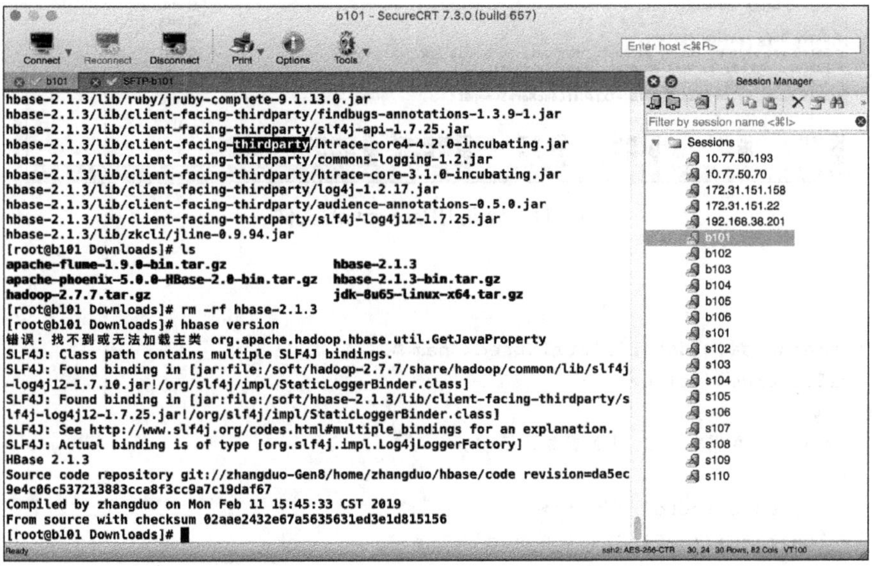

图 6-10　HBase 成功安装的信息

6. 配置 HBase 完全分布式集群

在配置 HBase 的完全分布式集群的时候，需要修改三个配置文件，分别是 HBase-env.sh、hbse-site.xml 和 regionservers。

（1）HBase-env.sh

该文件在解压缩后 HBase 包下的 conf 目录下。在该文件中，需要把两个路径添加上，在该文件中找到 export JAVA_HOME 和 export HBASE_MANAGES_ZK 并做如下（见图 6-11）更改：

```
export JAVA_HOME=/soft/jdk
export HBASE_MANAGES_ZK=false
```

（2）hbse-site.xml

hbse-site.xml 文件在解压缩后 HBase 包下的 conf 目录下。在该文件的 <configuration> 中添加以下的配置信息（见图 6-12）。

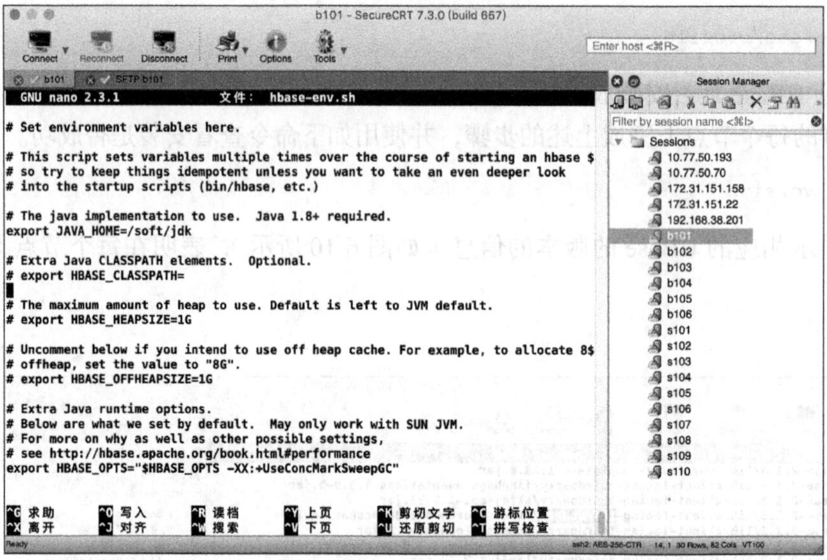

图 6-11　修改 HBase-env.sh 文件

```
<property>
    <name>hbase.cluster.distributed</name>
    <value>true</value>
</property>
<！ -- 指定 hbase 数据在 hdfs 上的存放路径 -->
<property>
    <name>hbase.rootdir</name>
    <value>hdfs://s201:8020/HBase</value>
</property>
<！ -- 配置 zk 地址 -->
<property>
    <name>hbase.zookeeper.quorum</name>
    <value>b101:2181,b102:2181,b103:2181,b104:2181</value>
</property>
<！ --zk 的本地目录 -->
<property>
    <name>hbase.zookeeper.property.dataDir</name>
    <value>/home/centos/zookeeper</value>
</property>
```

上述配置文件中写着每一个 property 所对应的配置信息，读者可以根据实际进行修改，把配置信息写成相匹配的信息。

（3）regionservers

此文件也在解压缩后 HBase 包下的 conf 目录下。在 regionservers 文件中写入 region-server 的主机的 IP 地址或者 IP 的映射信息，如图 6-13 所示。

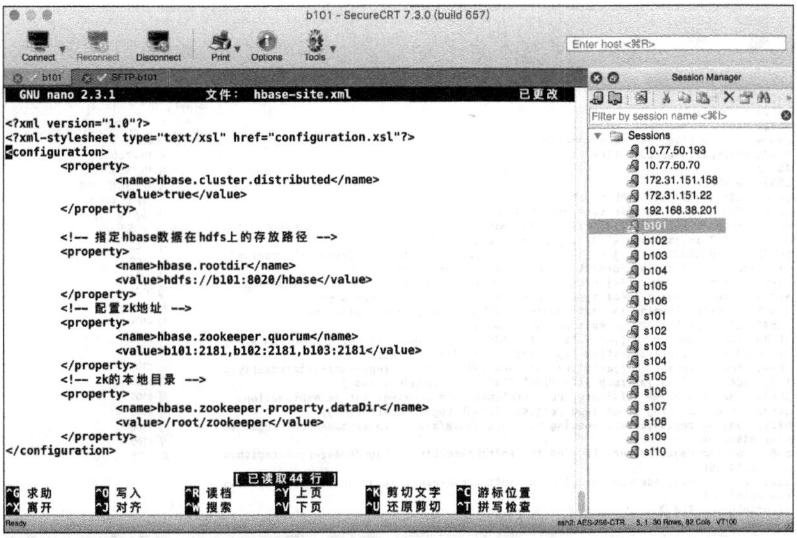

图 6-12 修改 HBase-site.xml 文件

最后，使用 scp 命令把刚刚更新完的三个配置文件分发到集群中另外三台安装了 HBase 集群的机器中去，完成 HBase 分布式集群的安装。

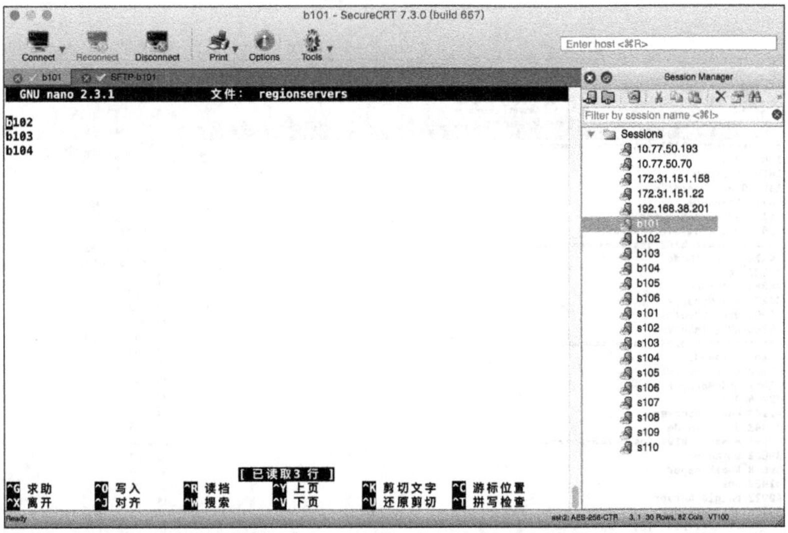

图 6-13 regionservers 文件

7. 启动 HBase 的集群

当把集群中每一个节点的 HBase 都配置好了之后，就可以启动 HBase 集群了。HBase 集群的启动方式十分方便，跟 Hadoop 集群的启动方式类似，可以使用如下命令进行启动，启动信息如图 6-14 所示。

```
$>start-hbase.sh
```

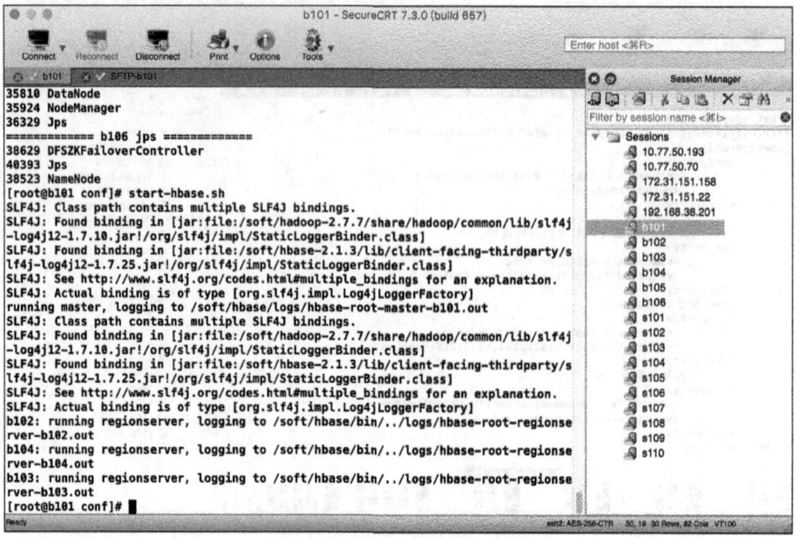

图 6-14 HBase 的启动信息

启动过程完成之后，查看 HBase 集群的进程。HBase 的进程在主节点是 HMaster，从节点是 HRegionServer，如图 6-15 所示。可以看出，在 b101 机器上，HBase 的进程名称为 HMaster，在 b102~b104 上的 HBase 的进程为 HRegionServer。

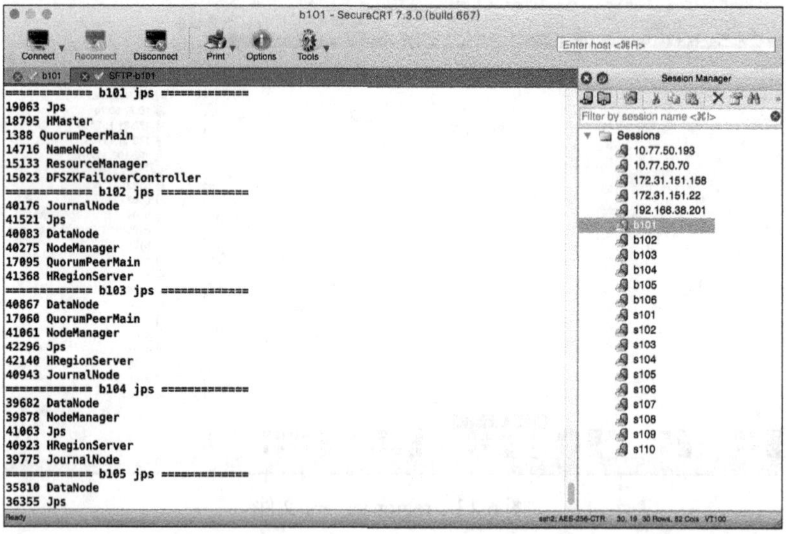

图 6-15 HBase 的进程信息

8. 查看 HBase 集群的 WebUI

当所有进程成功启动后，可以通过网页查看 HBase 的状态，在浏览器中输入网址 http://b101：16010。若显示如图 6-16 所示的信息，说明 HBase 集群安装成功。

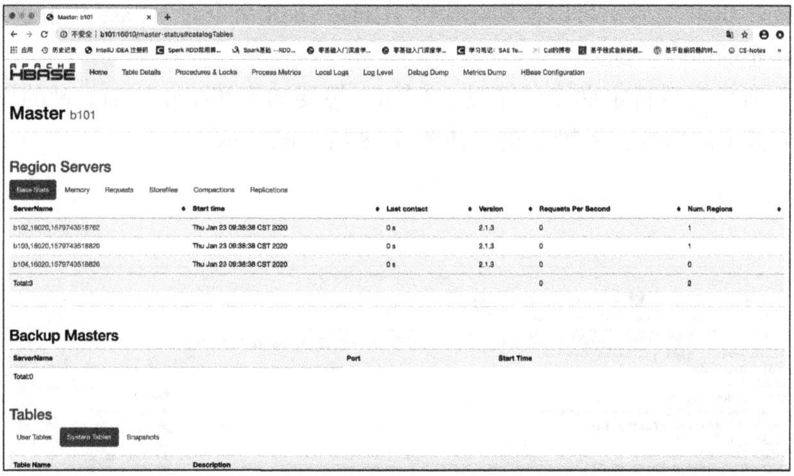

图 6-16 HBase 的 WebUI 信息

至此，完全分布式的 HBase 的安装与配置已经完成，可进入 HBase 系统进行使用。

6.6 HBase Shell 命令

有两种方式使用 HBase：HBase Shell 命令和 Java API。这里先介绍第一种使用方式，这种方式是通过 HBase Shell 命令来访问 HBase 分布式集群。本节主要介绍的是对 HBase 的增删改查操作，及 HBase 集群的数据存储方式。

1. 登录 HBase Shell 终端

在使用 HBase 的时候，首先需要登录 Shell 命令窗口。这里使用的是 HBase 命令，如图 6-17 所示。

```
$>hbase shell
```

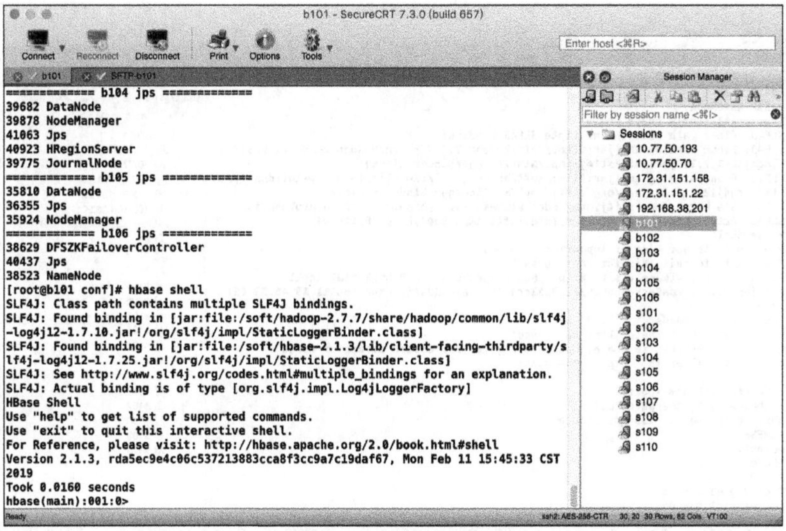

图 6-17 Shell 命令窗口

进入 HBase Shell 之后，可以使用相应的 HBase Shell 命令对 HBase 集群进行操作。

2. 查看特定的命令帮助

使用 help 命令查看特定命令的帮助。例如，想要知道 'list_namespace' 的用法，可以在 Shell 终端输入如下的命令，系统会给出如图 6-18 所示的提示。

```
$hbase>help'list_namespace'
```

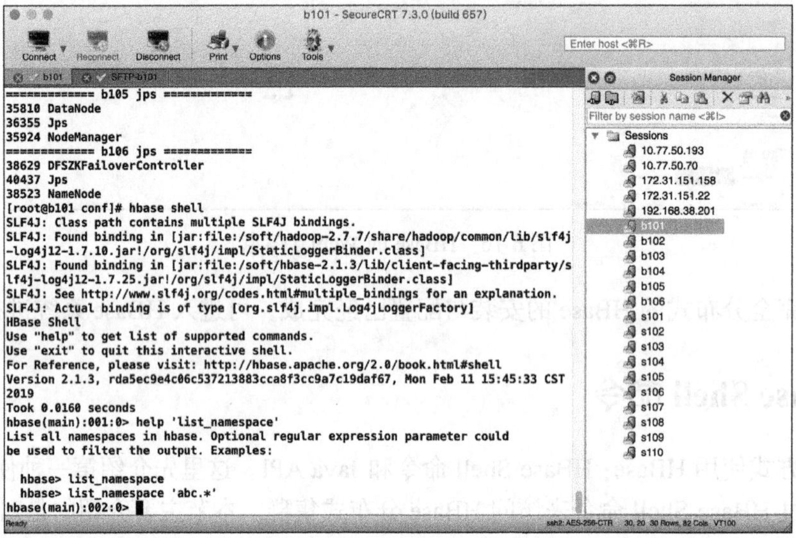

图 6-18 help 命令示例

3. list_namespace 命令

使用 list_namespace 命令在 HBase 会列出所有的名字空间（数据库），如图 6-19 所示。在 HBase 中 namespace 可以被认为是 HBase 数据库。

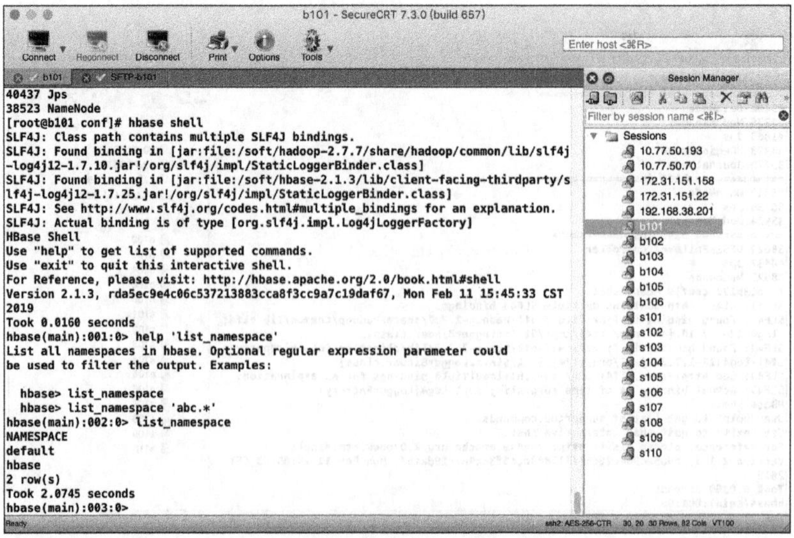

图 6-19 list_namespace 命令示例

在没有创建任何名字空间的时候，默认的有两个系统自带的名字空间，default 和 hbase。

4. list_namespace_tables 命令

使用 list_namespace_tables 命令可以列出相应的名字空间中的表，如图 6-20 所示。具体的用法如下：

```
$hbase>list_namespace_tables'名字空间'
```

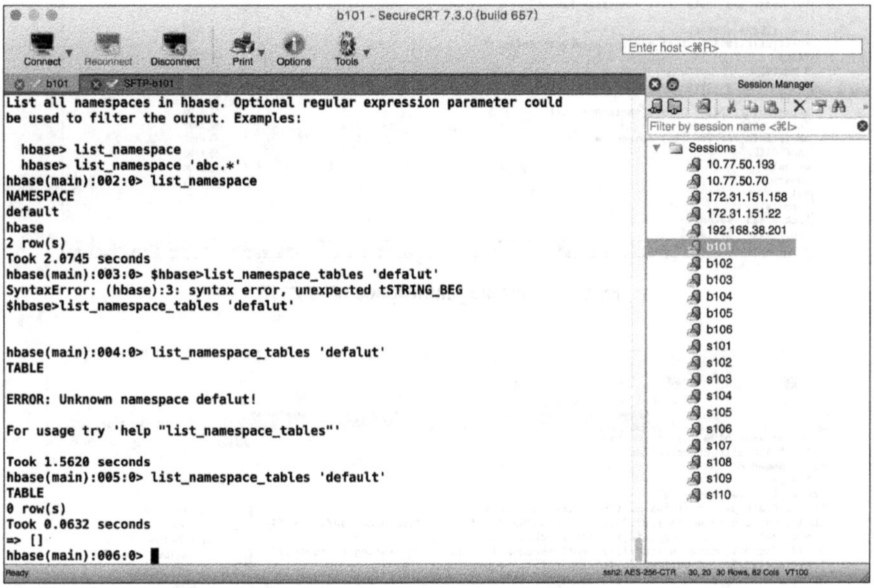

图 6-20 list_namespace_tables 命令示例

5. create_namespace 命令

使用 create_namespace 命令可以创建相应的名字空间。例如，创建名字空间 'ns1'：

```
$hbase>create_namespace'ns1':
```

用 create_namespace 命令创建名字空间后，使用 list_namespace 命令的时候，可以看见名字空间多了 ns1，如图 6-21 所示，表示名字空间 ns1 创建成功了。

6. create 命令

使用 create 命令可以创建表和指定列族。例如，创建名字空间 ns1 下的表 t1：

```
$hbase>create'ns1:t1','f1'
```

其中，ns1：t1 为表名，f1 为列族。

使用 list_namespace_tables 命令查看 ns1 中的表，发现多出了表 t1，如图 6-22 所示，表示表 t1 创建成功。

7. put 命令

HBase 提供了插入数据的命令 put，可以通过 put 命令，向表中插入相应的数据。因为 HBase 是基于列族的，一般插入数据时要指定行键（RowKey），以 key：value 的形式插入数据。例如，在表 t1 中 row1 插入姓名 tom，id 为 1，具体实现如下：

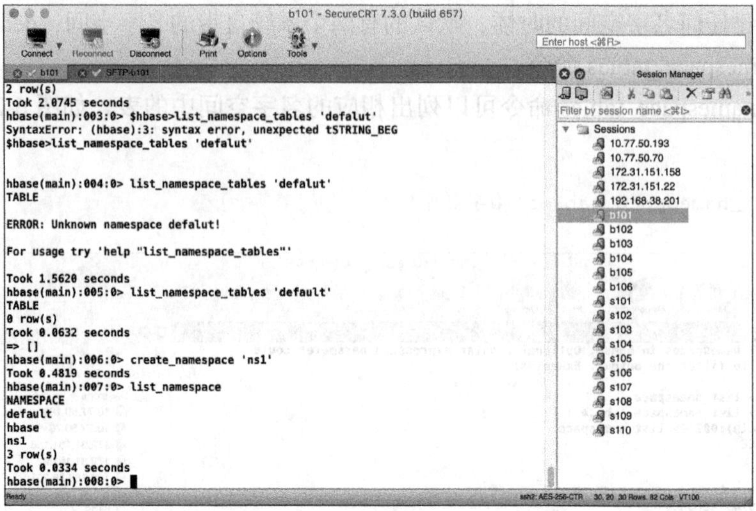

图 6-21　create_namespace 命令示例

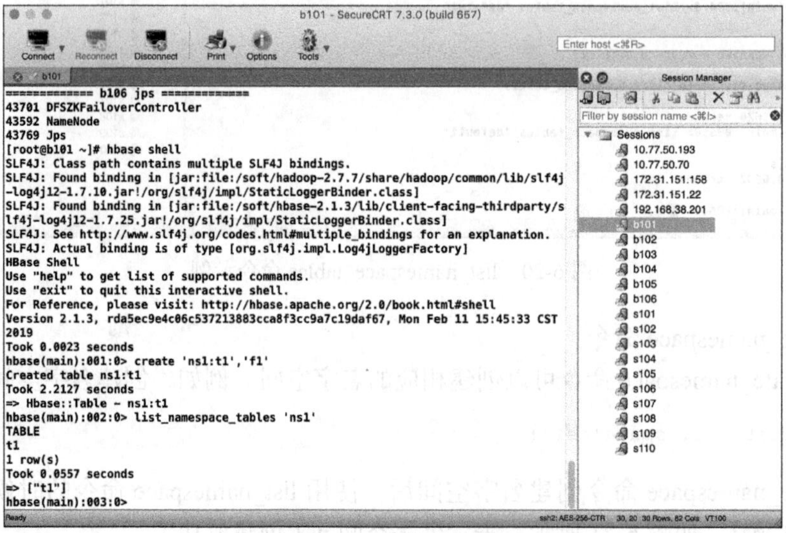

图 6-22　create 命令示例

```
$hbase>put'ns1:t1','row1','f1:id',1
$hbase>put'ns1:t1','row1','f1:name','tom'
```

如图 6-23 所示，行键为 row1，添加了 tom 用户，id 为 1，用户名为 tom。

8. get 命令

插入数据后，现在需要查询该数据。可以使用 get 命令进行查询，并查询指定的行键。具体的用法如下：

```
$hbase>get'ns1:t1','row1'
```

如图 6-24 所示，使用命令查看表 t1 的数据，看见了两行数据，f1：id 的 value 为 1，f1：name 的 value 为 tom。

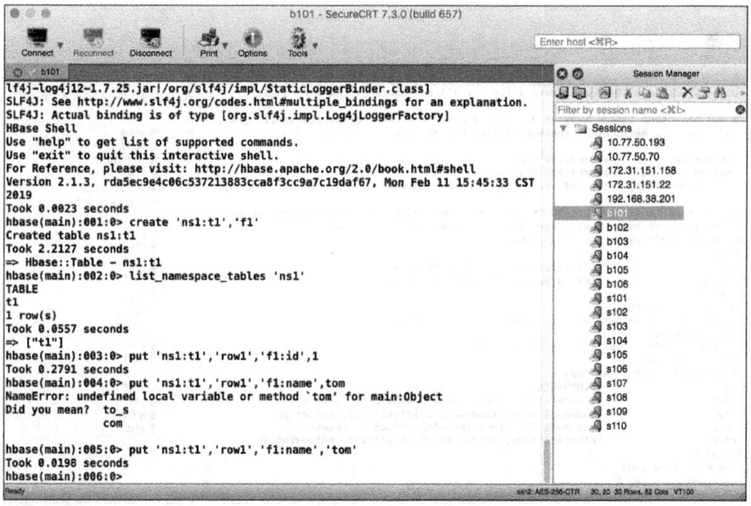

图 6-23　put 命令示例

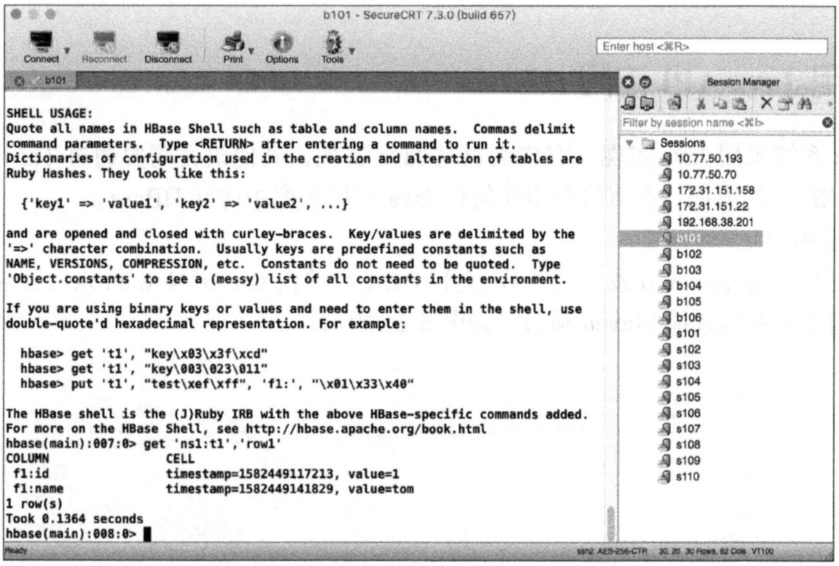

图 6-24　get 命令示例

9. scan 命令

为了显示结果与 get 命令不同，往 t1 里面再添加一行数据，姓名为 tomLee，id 为 2，行键为 row2。然后利用 scan 的命令来查看，具体的命令如下：

插入数据：

```
$hbase>put'ns1:t1','row2','f1:name','tomLee'
$hbase>put'ns1:t1','row2','f1:id',2
```

扫描表：

```
$hbase>scan'ns1:t1'
```

如图 6-25 所示，输入 scan 命令后，可以看见包括刚刚插入的两个数据的整个表的信息。

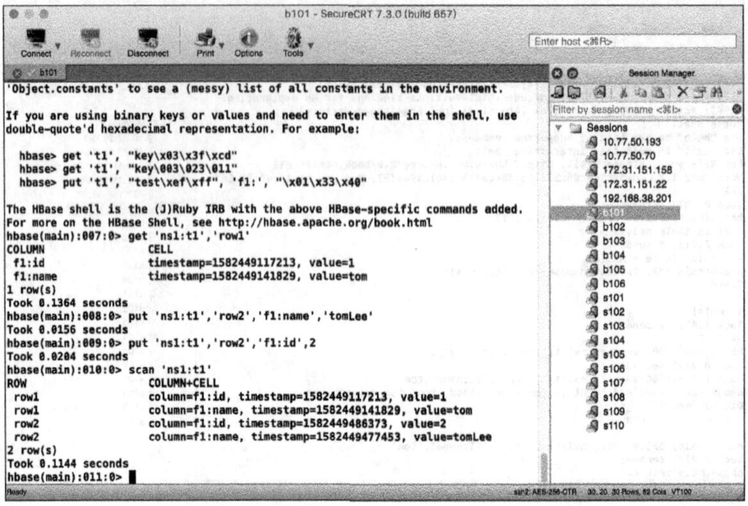

图 6-25 scan 命令示例

6.7 使用 Java API 访问 HBase

HBase 系统采用 Java 实现，客户端也是 Java 实现，其他语言需要通过 Thritf 接口服务间接访问 HBase 的数据。本节将介绍如何在 Java 应用程序中访问 HBase。

1. 创建项目

这里使用的是 IDEA 开发工具。在打开 IDEA 后单击 Create New Project 文字链接，然后在打开的窗格左侧选择 Maven 项目，如图 6-26 所示。

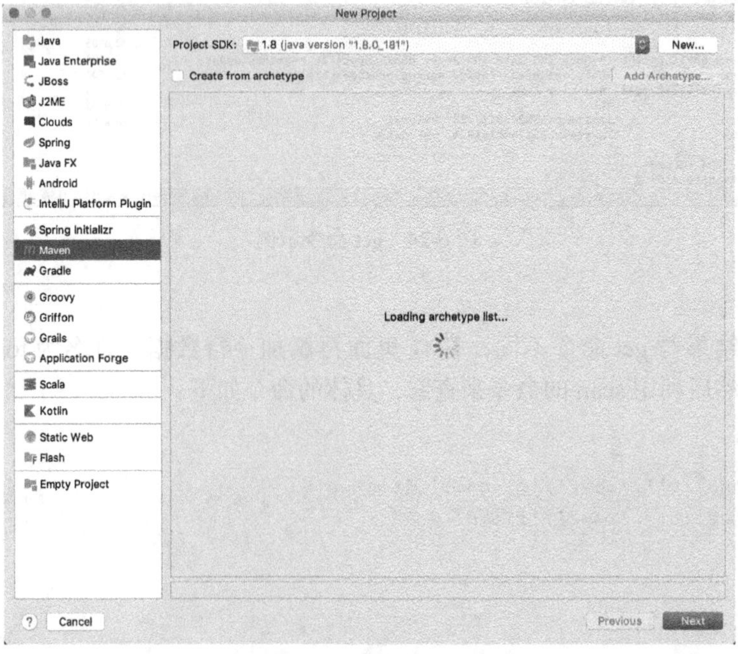

图 6-26 创建 Maven 项目

之后单击 Next 按钮，填写项目名称，并一直单击 Next 按钮直到项目创建完成。

2. 添加依赖

在新创建的 Maven 项目下添加相应的依赖包。为此，要对 pom.xml 进行修改，添加的依赖代码如下：

```
<?xml version="1.0"encoding="UTF-8"?>
      <project xmlns="http://maven.apache.org/POM/4.0.0"
               xmlns:xsi="http://www.w3.org/2001/XMLSchema-instance"
      xsi:schemaLocation="http://maven.apache.org/POM/4.0.0
http://maven.apache.org/xsd/maven-4.0.0.xsd">
          <modelVersion>4.0.0</modelVersion>
          <groupId>com.it18zhang</groupId>
          <artifactId>HBaseDemo</artifactId>
          <version>1.0-SNAPSHOT</version>
          <dependencies>
               <dependency>
                    <groupId>org.apache.HBase</groupId>
                    <artifactId>HBase-client</artifactId>
                    <version>1.2.3</version>
               </dependency>
         </dependencies>
      </project>
```

图 6-27 所示是通过 Java 访问 HBase 的 Maven 项目，在其中可以看到项目的结构以及 pom.xml 文件的配置信息。

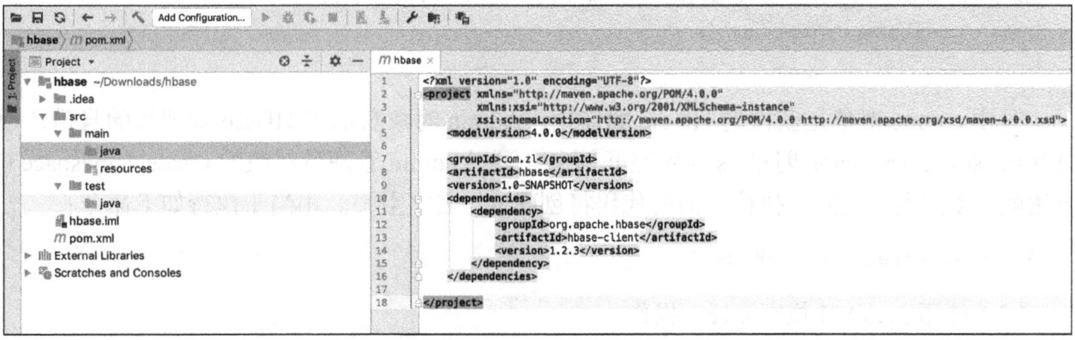

图 6-27　通过 Java 访问 HBase 的 Maven 项目结构及依赖包

3. 在项目中添加 HBase-site.xml

在利用 Java 编写访问 HBase 应用程序的时候，需要复制 HBase 集群的 HBase-site.xml 文件到应用程序模块的 src/main/resources 目录下。应用程序将根据 HBase-site.xml 来找到相应的 HBase 集群以及连接 HBase 进行访问。当然，为了更加准确地定位到 HDFS 上的路径，通常也把 hdfs-site.xml 加入到项目中。

4. 编程实现

为了方便实验的进行，这里使用 JUnit 测试来进行数据库的增删改查操作。这里介绍的是简单的 Java 访问 HBase 例子。在 test 文件夹创建一个 Java 文件，名字为 TestCRUD。

（1）使用 Java API 执行 list_namespace 操作

可以使用 Java 调用 API 执行 list_namespace 操作。具体代码如下：

```
public void listNameSpace()throws Exception{
//创建 conf 对象
Configuration conf = HBaseConfiguration.create();
//通过连接工厂创建连接对象
Connection conn = ConnectionFactory.createConnection(conf);
Admin admin = conn.getAdmin();
NamespaceDescriptor na[]= admin.listNamespaceDescriptors();
for(NamespaceDescriptor n:na){
      System.out.println(n.getName());}
}
```

其中，conn 对象是获得的 HBase 的连接，na［］数组保存了每一个名字空间相应的信息，通过调用数组元素的 getName () 方法，能获得每一个名字空间的名字。上述代码相当于执行 HBase shell 的 list_namespace 命令。

（2）使用 Java API 执行 create_namespace 操作

使用 Java API 可以执行 create_namespace 操作。具体代码如下：

```
public void createNameSpace()throws Exception{
//创建 conf 对象
Configuration conf = HBaseConfiguration.create();
//通过连接工厂创建连接对象
Connection conn = ConnectionFactory.createConnection(conf);
Admin admin = conn.getAdmin();
NamespaceDescriptor ns = NamespaceDescriptor.create("ns3").build();
admin.createNamespace(ns);
}
```

其中，conn 对象是获得的 HBase 的连接，Admin 对象获取了 HBase 管理员的身份，通过 NamespaceDescriptor 创建 ns 名字空间信息，通过 admin 管理员对象的 createNamespace () 方法就能创建名字空间。执行上面的代码将创建 ns3 名字空间。相当于执行如下命令：

```
$hbase>create_namespace'ns3'
```

（3）使用 JavaAPI 执行 create 操作

可以使用 Java API 执行 create 操作来创建表。具体代码如下：

```
public void createTable()throws Exception{
//创建 conf 对象
Configuration conf = HBaseConfiguration.create();
//通过连接工厂创建连接对象
Connection conn = ConnectionFactory.createConnection(conf);
Admin admin = conn.getAdmin();
TableName tname = TableName.valueOf("ns2:t2");
HtableDescriptor tbl = new HtableDescriptor(tname);
HcolumnDescriptor col = new HcolumnDescriptor("f1");
tbl.addFamily(col);
admin.createTable(tbl);
```

```
System.out.println("over");
}
```

其中，调用 HTableDescriptor 和 HColumnDescriptor 来进行表信息创建和列族信息的创建，然后通过表信息对象 tbl 中的 addFamily () 方法为表增加列族信息，最后通过管理员对象 admin 的 createTable () 方法创建表。上面的代码创建了 ns2：t2 表，其列族为 f1。该代码相当于执行如下命令：

```
$hbase>create'ns2:t2','f1'
```

（4）使用 Java API 执行 put 操作

可以使用 Java API 进行 put 操作。具体的代码如下：

```
public void put()throws Exception{
//创建 conf 对象
Configuration conf = HBaseConfiguration.create();
//通过连接工厂创建连接对象
Connection conn = ConnectionFactory.createConnection(conf);
//通过连接查询 tableName 对象
TableName tname = TableName.valueOf("ns1:t1");
//获得 table
Table table = conn.getTable(tname);
//通过 bytes 工具类创建字节数组(将字符串)
byte[]rowid = Bytes.toBytes("row3");
//创建 put 对象
byte[]f1 = Bytes.toBytes("f1");
byte[]id = Bytes.toBytes("id");
byte[]value = Bytes.toBytes(3);
byte[]f2 = Bytes.toBytes("f1");
byte[]name = Bytes.toBytes("name");
byte[]value2 = Bytes.toBytes("tomlee");
put.addColumn(f1,id,value);
put.addColumn(f2,name,value2);
//执行插入
table.put(put);
}
```

上述代码首先创建 put 对象，然后指定 rowid、f1、id、value 等需要进行添加的 row 信息，然后通过 table 对象获得 HBase 的表的信息，再通过 put 方法插入 put 对象，完成数据信息的添加。

上述代码相当于执行如下命令：

```
$hbase>put'ns1:t1','row3','f1:id',3
$hbase>put'ns1:t1','row3','f1:name','tomlee'
```

（5）使用 Java API 执行 get 操作

可以使用 Java API 进行 get 操作。具体代码如下：

```
public void get()throws Exception{
//创建 conf 对象
```

```
Configuration conf = HBaseConfiguration.create();
//通过连接工厂创建连接对象
Connection conn = ConnectionFactory.createConnection(conf);
//通过连接查询tableName对象
TableName tname = TableName.valueOf("ns1:t1");
//获得table
Table table = conn.getTable(tname);
//通过bytes工具类创建字节数组(将字符串)
byte[] owed = Bytes.toBytes("row3");
Get get = new Get(Bytes.toBytes("row3"));
Result r = table.get(get);
byte[] idvalue = r.getValue(Bytes.toBytes("f1"),Bytes.toBytes("id"));
byte[] name = r.getValue(Bytes.toBytes("f1"),Bytes.toBytes("name"));
System.out.println(Bytes.toInt(idvalue)+"\n"+new String(name));
}
```

先要创建 Get 对象，然后通过 get 方法来引用创建好的 Get 对象。这里需要 byte 数组来指定需要查询的行键，此处要查的是 row3，因此需要指定 rowid。最后，通过 Result 获得对象 t，t 保存的是所查行键的信息。上述代码相当于执行如下命令：

```
$hbase>get'ns1:t1','row3'
```

（6）使用 Java API 执行 delete 操作

可以使用 Java API 执行 delete 操作。具体代码如下：

```
public void deleteData()throws Exception{
//创建conf对象
Configuration conf = HBaseConfiguration.create();
//通过连接工厂创建连接对象
Connection conn = ConnectionFactory.createConnection(conf);
TableName tbl = TableName.valueOf("ns1:t1");
Table table = conn.getTable(tbl);
Delete del = new Delete(Bytes.toBytes("row3"));
del.addColumn(Bytes.toBytes("f1"),Bytes.toBytes("id"));
del.addColumn(Bytes.toBytes("f1"),Bytes.toBytes("name"));
table.delete(del);
}
```

首先需要创建 delete 对象，同时需指定要删除的列族的行键以及列族的哪个属性值。对表进行删除的时候，需要先创建 table 对象，然后用 table 的 delete 方法引用刚才的 delete 对象来完成删除操作。上述代码相当于执行如下命令：

```
$hbase>delete'ns1:t1','row3','f1:id'
$hbase>delete'ns1:t1','row3','f1:name'
```

（7）使用 Java API 进行 scan 操作

可以使用 Java API 进行 scan 操作。具体代码如下：

```
public void scan()throws Exception{
//创建conf对象
Configuration conf = HBaseConfiguration.create();
```

```
//通过连接工厂创建连接对象
Connection conn = ConnectionFactory.createConnection(conf);
TableName tbl = TableName.valueOf("ns1:t1");
Table table = conn.getTable(tbl);
Scan scan = new Scan();
scan.withStartRow(Bytes.toBytes("row1"));
scan.withStopRow(Bytes.toBytes("row2"));
ResultScanner rs = table.getScanner(scan);
Iterator<Result> it = rs.iterator();
while(it.hasNext()){
      Result r = it.next();
      byte[] s = r.getValue(Bytes.toBytes("f1"),Bytes.toBytes("name"));
      System.out.println(Bytes.toString(s));}
}
```

首先需要创建 scan 对象，同时可以指定需要查询的行键的起始位置和终止位置。通过 table 对象引用 scan 对象来返回一个 ResultScanner。该对象保存着 scan 的所有信息，通过对象迭代器来依次读取结果。上述代码相当于执行如下命令：

```
$hbase>scan'ns1:t1',{STARTROW =>'row1',STOPROW=>'row3'}
```

习题

1. HBase 是源于谷歌的哪一篇论文的开源实现？
2. 简述 HBase 体系结构中三个重要的组件。
3. 简述几个重要的概念：Region、Row、Column 和 Cell。
4. 简述应用程序访问 HBase 中的表数据的过程。

Chapter 7

第 7 章

Hive

7.1 Hive 概述

Hive 在 Hadoop 生态圈中属于数据仓库的角色。Hive 能够管理 Hadoop 中的数据，同时可以查询 Hadoop 中的数据。它提供了一系列的工具，可以用来进行数据提取转化加载（ETL），这是一种可以存储、查询和分析存储在 Hadoop 中的大规模数据的机制。

Hive 定义了简单的类 SQL 查询语言，称为 HQL。它允许熟悉 SQL 的用户查询数据。同时，这个语言也允许熟悉 MapReduce 的用户开发自定义的 mapper 和 reducer，来处理内建的 mapper 和 reducer 无法完成的复杂的分析工作。

从本质上讲，Hive 是一个 SQL 解析引擎。Hive 可以把 SQL 查询转换为 MapReduce 中的作业，然后在 Hadoop 执行。Hive 有一套映射工具，可以把 SQL 转换为 MapReduce 中的作业，把 SQL 中的表、字段转换为 HDFS 中的文件（夹）以及文件中的列，这套映射工具称之为 Metastore。它一般存放在 Derby、MySQL 中。

Hive 的表其实就是 HDFS 的目录，按表名把文件夹分开。如果是分区表，则分区值是子文件夹，可以直接在 MapReduce 的作业里使用这些数据。

Hive 的系统架构如图 7-1 所示。

用户接口主要有三个：CLI、JDBC/ODBC 和 WebUI。CLI 即 Shell 命令行；JDBC/ODBC 是 Hive 的 Java，与使用传统数据库 JDBC 的方式类似；WebUI 是通过浏览器访问 Hive。

Hive 将元数据存储在数据库中（Metastore），支持 MySQL 和 Derby。Hive 中的元数据包括表的名字、表的列和分区及其属性、表的属性（是否为外部表等）、表的数据所在目录等。

解释器、编译器、优化器完成 HQL 查询语句从词法分析、语法分析、编译、优化以及查询计划（Plan）的生成。生成的查询计划存储在 HDFS 中，并在以后由 MapReduce 调用执行。

Hive 的数据存储在 HDFS 中，大部分的查询由 MapReduce 完成（包含 * 的查询。例如，select*from table 不会生成 MapRedcue 任务，where 后的条件是 partition 也不会生成 MapRedcue 任务）。

与 Hadoop 类似，Hive 也有三种运行模式。

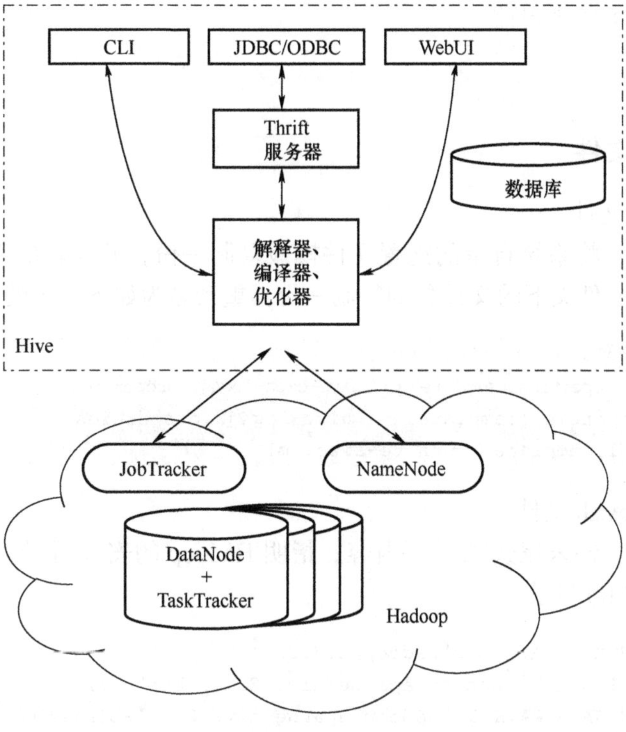

图 7-1 Hive 的系统架构

1）内嵌模式。将元数据保存在本地内嵌的 Derby 数据库中，这是使用 Hive 最简单的方式。但是这种方式的缺点也比较明显。因为一个内嵌的 Derby 数据库每次只能访问一个数据文件，这也就意味着它不支持多会话连接。

2）本地模式。这种模式是将元数据保存在本地独立的数据库中（一般是 MySQL）。这样就可以支持多会话和多用户连接了。

3）远程模式。此模式应用于 Hive 客户端较多的情况。把 MySQL 数据库独立出来，将元数据保存在远端独立的 MySQL 服务中，避免了在每个客户端都安装 MySQL 服务从而造成冗余浪费的情况。

7.2 在本地安装运行 Hive

7.2.1 下载源文件

由于 Hive 得到了广泛的应用，现在有很多网站可以下载到源文件（Hive 官网 http://hive.apache.org/）。本书以安装 apache-hive-2.1.1 为例。在安装 Hive 之前，请先确认本地已经安装了 MySQL 和 Hadoop，并能正常运行。Hive 安装的过程其实很简单：将相应的软件包下载成功后，解压安装包到某个目录（Hadoop 目录），然后配置环境变量。

```
HIVE_HOME=D:\hadoop\apache-hive-2.1.1-bin
```

并在环境变量 path 下追加

```
%HIVE_HOME%\bin
```

7.2.2 修改配置文件

1. 重命名配置文件

为了保证安全，将系统自带的配置文件模板复制一份，并在新的文件上进行修改。将 HIVE_HOME/conf 文件夹下的文件分别复制一份，重命名为如下对应的文件。

```
hive-env.sh.template  →  hive-env.sh
hive-exec-log4j2.properties.template  →  hive-exec-log4j2.properties
hive-log4j2.properties.template  →  hive-log4j2.properties
hive-default.xml.template  →  hive-site.xml
```

2. 配置 hive-env.sh 文件

在 hive-env.sh 文件末尾追加以下内容，指明 Hadoop 的安装目录、Hive 的配置文件所在目录以及 Hive 的 lib 目录。

```
export HADOOP_HOME=D:\hadoop\hadoop-2.8.3
export HIVE_CONF_DIR=D:\hadoop\apache-hive-2.1.1-bin\conf
export HIVE_AUX_JARS_PATH=D:\hadoop\apache-hive-2.1.1-bin\lib
```

3. 配置日志文件信息

在 hive-exec-log4j2.properties 和 hive-log4j2.properties 两个文件中，设置两项信息：一个是日志文件的目录，一个是日志文件的名称。

```
property.hive.log.dir = D:\hadoop\apache-hive-2.1.1-bin\hivelog
property.hive.log.file = hive.log
```

4. 配置 hive-site.xml 文件

```
<?xml version="1.0"encoding="UTF-8"standalone="no"?>
<?xml-stylesheet type="text/xsl"href="configuration.xsl"?>
<configuration>
<property>
    <name>hive.metastore.warehouse.dir</name>
     <!--hive 的数据存储目录，指定的位置在 hdfs 上的目录，需在 hdfs 先创建该目录 -->
    <value>hdfs://localhost:9000/user/hive/warehouse</value>
    <description>location of default database for the warehouse</description>
</property>
<property>
    <name>hive.exec.scratchdir</name>
    <!--hive 的临时数据目录，指定的位置在 hdfs 上的目录，需在 hdfs 先创建该目录 -->
    <value>hdfs://localhost:9000/tmp/hive</value>
</property>
<property>
    <name>hive.exec.local.scratchdir</name>
    <!-- 本地目录 -->
```

```
    <value>D: /hadoop/apache-hive-2.1.1-bin/hive/iotmp</value>
    <description>Local scratch space for Hive jobs</description>
</property>
<property>
    <name>hive.downloaded.resources.dir</name>
    <!-- 本地目录 -->
    <value>D: /hadoop/apache-hive-2.1.1-bin/hive/iotmp</value>
   </property>
<property>
    <name>hive.querylog.location</name>
    <!-- 本地目录 -->
    <value>D: /hadoop/apache-hive-2.1.1-bin/hive/iotmp</value>
    <description>Location of Hive run time structured log file</description>
</property>
<property>
    <name>hive.server2.logging.operation.log.location</name>
    <!-- 本地目录 -->
    <value>D: /hadoop/apache-hive-2.1.1-bin/iotmp/operation_logs</value>
</property>
<property>
    <name>javax.jdo.option.ConnectionURL</name>
    <!-- 连接 MySQL 数据库的 IP 和端口，需创建 Hive 库 -->  <value>jdbc: mysql: //localhost: 3306/
hive?characterEncoding=UTF8&amp;useSSL=false&amp;createDatabaseIfNotExist=true
</value>
</property>
<property>
    <name>javax.jdo.option.ConnectionDriverName</name>
    <!-- 指定 mysql 驱动 -->
    <value>com.mysql.jdbc.Driver</value>
</property>
<property>
    <name>javax.jdo.option.ConnectionUserName</name>
    <!-- 数据库账号 -->
    <value>root</value>
</property>
<property>
    <name>javax.jdo.option.ConnectionPassword</name>
    <!-- 数据库密码 -->
    <value>root</value>
</property>
<property>
    <name>hive.metastore.schema.verification</name>
    <value>false</value>
    <description>
    </description>
</property>
<property>
    <name>datanucleus.autoCreateSchema</name>
    <value>true</value>
</property>
```

```
<property>
    <name>datanucleus.autoCreateTables</name>
    <value>true</value>
</property>
<property>
    <name>datanucleus.autoCreateColumns</name>
    <value>true</value>
</property>
</configuration>
```

5. 复制 MySQL 数据库驱动

从 MySQL 的官方网站下载与本地安装的 MySQL 数据库相对应版本的 Java 驱动程序包，并将其复制到 hive/lib 文件夹下。

7.2.3 启动 Hive

启动 Hive 前确保内存足够，并确保 Hadoop 安装成功。

1. 启动 HDFS

启动 HDFS 可以使用命令 start-dfs.cmd 和 start-yarn.cmd（也可使用命令 start-all.cmd），如图 7-2 所示。

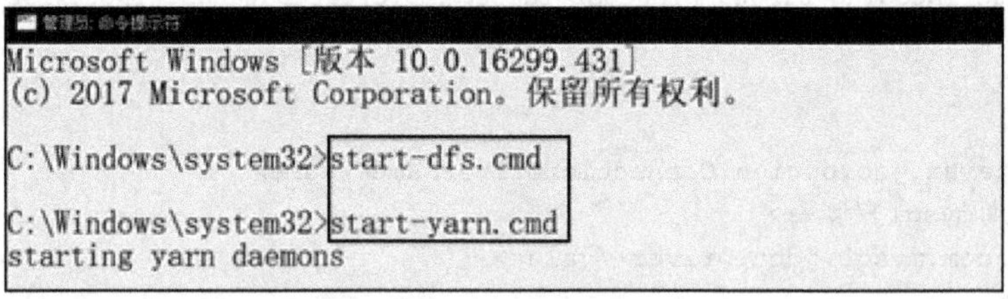

图 7-2　启动 HDFS

2. 启动 Metastore 服务

使用命令 hive--service metastore 启动 Metastore 服务，如图 7-3 所示。

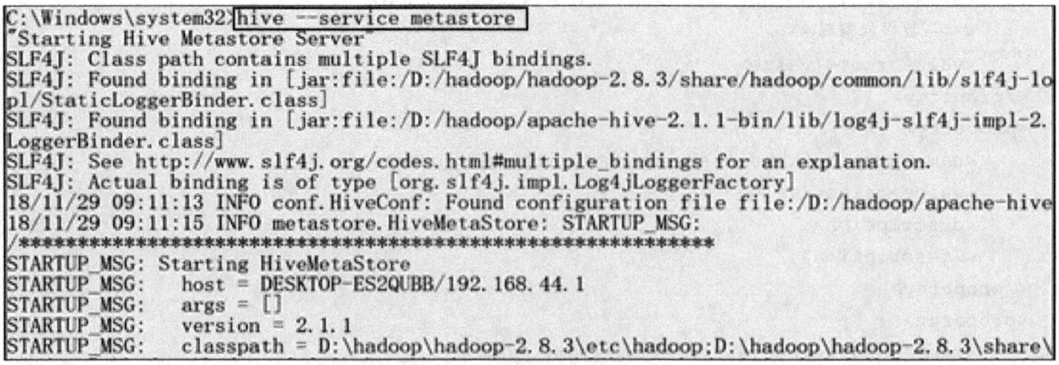

图 7-3　启动 Metastore 服务

3. 启动 Hive

使用命令 hive 启动 Hive，如图 7-4 所示。

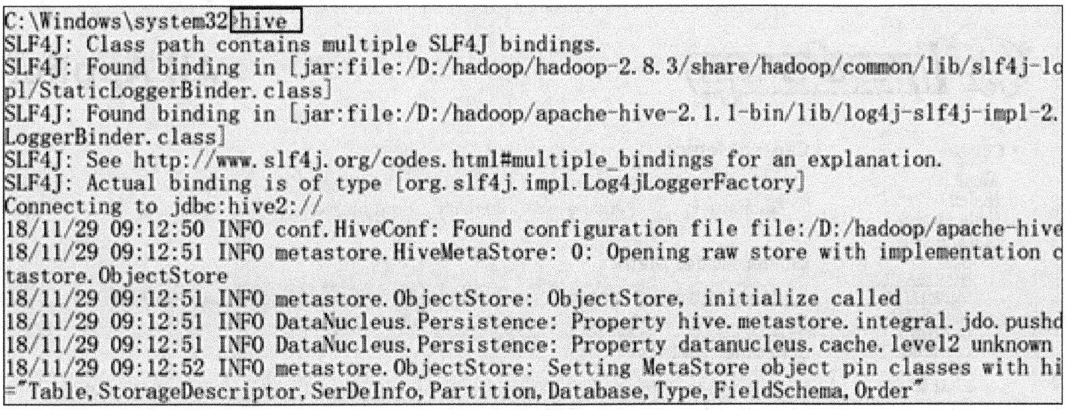

```
C:\Windows\system32>hive
SLF4J: Class path contains multiple SLF4J bindings.
SLF4J: Found binding in [jar:file:/D:/hadoop/hadoop-2.8.3/share/hadoop/common/lib/slf4j-lo
pl/StaticLoggerBinder.class]
SLF4J: Found binding in [jar:file:/D:/hadoop/apache-hive-2.1.1-bin/lib/log4j-slf4j-impl-2.
LoggerBinder.class]
SLF4J: See http://www.slf4j.org/codes.html#multiple_bindings for an explanation.
SLF4J: Actual binding is of type [org.slf4j.impl.Log4jLoggerFactory]
Connecting to jdbc:hive2://
18/11/29 09:12:50 INFO conf.HiveConf: Found configuration file file:/D:/hadoop/apache-hive
18/11/29 09:12:51 INFO metastore.HiveMetaStore: 0: Opening raw store with implementation c
tastore.ObjectStore
18/11/29 09:12:51 INFO metastore.ObjectStore: ObjectStore, initialize called
18/11/29 09:12:51 INFO DataNucleus.Persistence: Property hive.metastore.integral.jdo.pushd
18/11/29 09:12:51 INFO DataNucleus.Persistence: Property datanucleus.cache.level2 unknown
18/11/29 09:12:52 INFO metastore.ObjectStore: Setting MetaStore object pin classes with hi
="Table,StorageDescriptor,SerDeInfo,Partition,Database,Type,FieldSchema,Order"
```

图 7-4　启动 Hive

4. 查看运行状态

完成启动后，使用 WebUI 测试一下是否启动成功，如图 7-5 和图 7-6 所示。

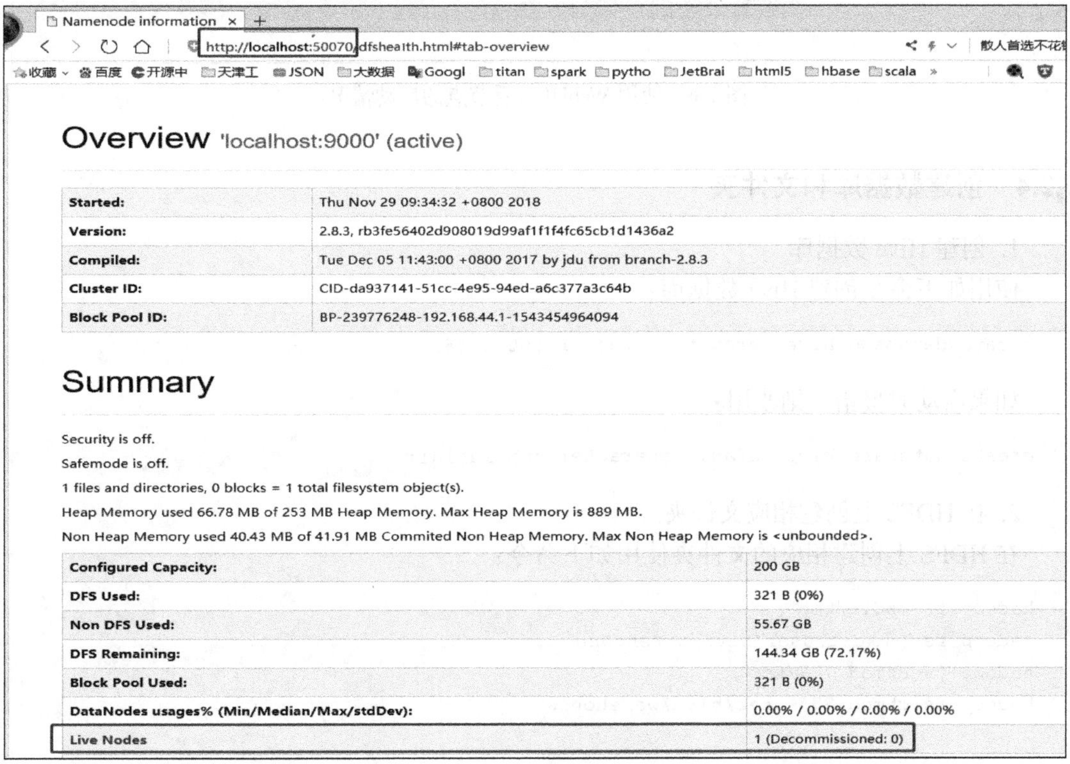

图 7-5　查看 Hive 的启动情况

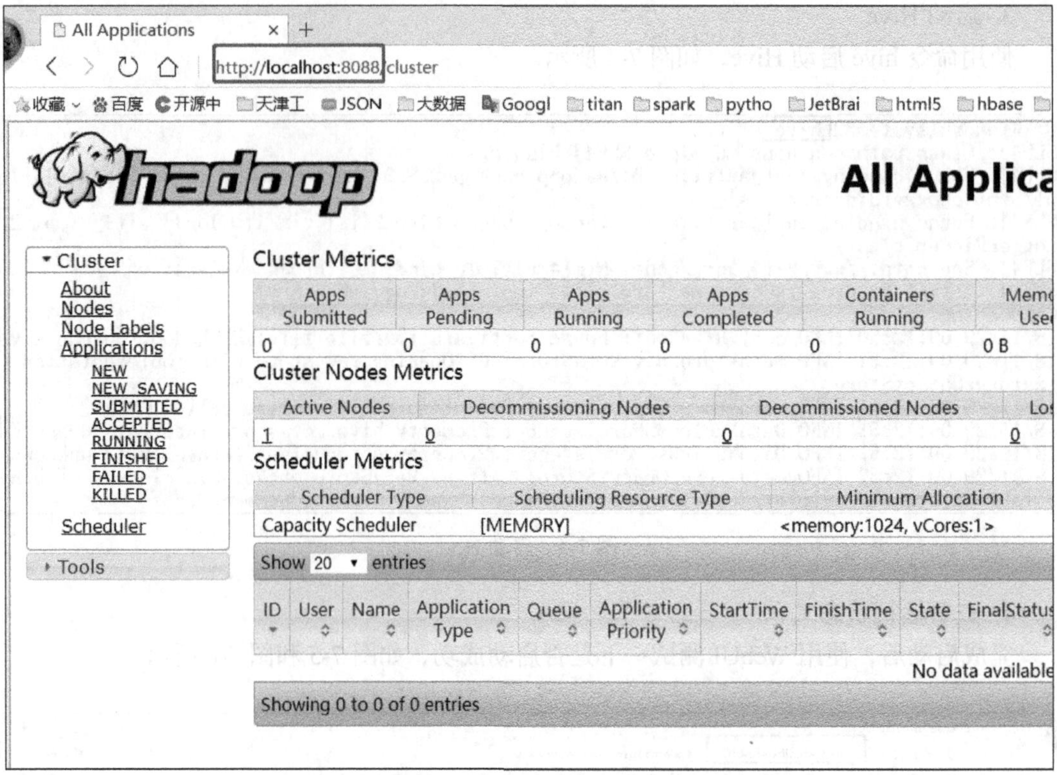

图 7-6　使用 WebUI 查看节点的启动情况

7.2.4　创建数据库和文件夹

1. 创建 Hive 数据库

使用如下命令创建 Hive 数据库：

```
create database hive default character set utf8;
```

如果启动时报错，则改用：

```
create database hive default character set latin1;
```

2. 在 HDFS 上创建相应文件夹

在 HDFS 上创建相应的文件夹使用如下命令：

```
hadoop fs-mkdir/tmp
hadoop fs  -mkdir/user/hive/warehouse
hadoop fs-chmod 777/tmp
hadoop fs-chmod 777/user/hive/warehouse
```

7.2.5　建表及加载数据

1. 在 Hive 中建表

在 Hive 中创建数据表，使用如下的命令。执行过程如图 7-7 所示。

```
create table t_user (uid int, name string, age int) row format delimited fields terminated by"\t";
```

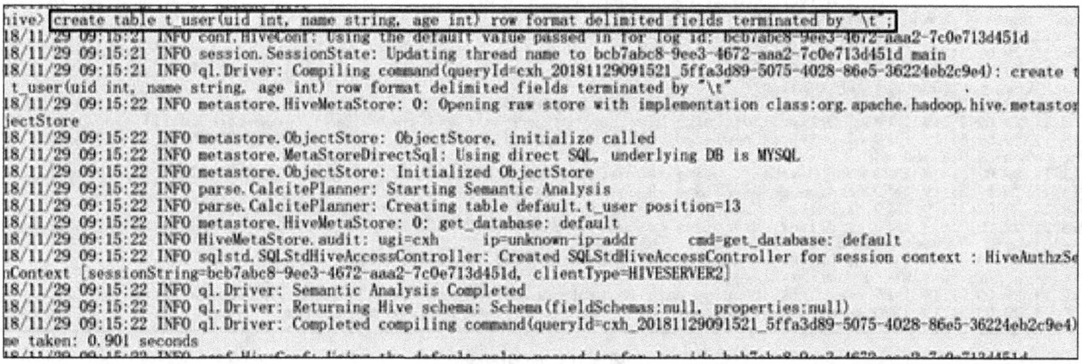
hive> create table t_user(uid int, name string, age int) row format delimited fields terminated by "\t";
18/11/29 09:15:21 INFO conf.HiveConf: Using the default value passed in for log id: bcb7abc8-9ee3-4672-aaa2-7c0e713d451d
18/11/29 09:15:21 INFO session.SessionState: Updating thread name to bcb7abc8-9ee3-4672-aaa2-7c0e713d451d main
18/11/29 09:15:21 INFO ql.Driver: Compiling command(queryId=cxh_20181129091521_5ffa3d89-5075-4028-86e5-36224eb2c9e4): create t
t_user(uid int, name string, age int) row format delimited fields terminated by "\t"
18/11/29 09:15:22 INFO metastore.HiveMetaStore: 0: Opening raw store with implementation class:org.apache.hadoop.hive.metastor
jectStore
18/11/29 09:15:22 INFO metastore.ObjectStore: ObjectStore, initialize called
18/11/29 09:15:22 INFO metastore.MetaStoreDirectSql: Using direct SQL, underlying DB is MYSQL
18/11/29 09:15:22 INFO metastore.ObjectStore: Initialized ObjectStore
18/11/29 09:15:22 INFO parse.CalcitePlanner: Starting Semantic Analysis
18/11/29 09:15:22 INFO parse.CalcitePlanner: Creating table default.t_user position=13
18/11/29 09:15:22 INFO metastore.HiveMetaStore: 0: get_database: default
18/11/29 09:15:22 INFO HiveMetaStore.audit: ugi=cxh ip=unknown-ip-addr cmd=get_database: default
18/11/29 09:15:22 INFO sqlstd.SQLStdHiveAccessController: Created SQLStdHiveAccessController for session context : HiveAuthzSe
nContext [sessionString=bcb7abc8-9ee3-4672-aaa2-7c0e713d451d, clientType=HIVESERVER2]
18/11/29 09:15:22 INFO ql.Driver: Semantic Analysis Completed
18/11/29 09:15:22 INFO ql.Driver: Returning Hive schema: Schema(fieldSchemas:null, properties:null)
18/11/29 09:15:22 INFO ql.Driver: Completed compiling command(queryId=cxh_20181129091521_5ffa3d89-5075-4028-86e5-36224eb2c9e4)
me taken: 0.901 seconds

图 7-7　Hive 建表

创建表成功后，在 HDFS 的 /user/hive/warehouse 文件夹下就会自动创建一个和表名一致的文件夹，如图 7-8 所示。

C:\Windows\system32>hadoop fs -ls /user/hive/warehouse
Found 1 items
drwxrwxrwx   - cxh supergroup   0 2018-11-29 09:15 /user/hive/warehouse/t_user

图 7-8　查看建表的信息

2. 加载数据

1）在 D 盘 hadoop 目录下创建一个数据文件 data.txt，格式为：uid int，name string，age int。数据中间以 <Tab> 键分隔。例如：

```
1  zhangsan  18
2  lisi  19
3  wangwu  19
4  maliu  20
```

2）在本地执行。

```
hadoop fs-put data.txt user/hive/warehouse/t_user
```

或者在 Hive 客户端执行

```
load data local inpath'D:/hadoop/data.txt'into table t_user;
```

执行过程如图 7-9 所示。查看结果如图 7-10 所示。

7.2.6　测试 Hive

1. 用 Hive 查看数据文件

在 Hive 客户端执行如下命令：

```
select*from t_user;
```

如果成功返回结果，如图 7-11 所示，说明安装配置成功。

```
hive> load data local inpath 'D:/hadoop/data.txt' into table t_user;
18/11/29 09:51:18 INFO conf.HiveConf: Using the default value passed in for log id: 72a3b55b-2ba2-4253-9bbc-762eb2
18/11/29 09:51:18 INFO session.SessionState: Updating thread name to 72a3b55b-2ba2-4253-9bbc-762eb23c5ca7 main
18/11/29 09:51:18 INFO ql.Driver: Compiling command(queryId=cxh_20181129095118_62e651c0-103e-4ddc-ace1-7ea47d39afe
cal inpath 'D:/hadoop/data.txt' into table t_user
18/11/29 09:51:18 INFO metastore.HiveMetaStore: 0: get_table : db=default tbl=t_user
18/11/29 09:51:18 INFO HiveMetaStore.audit: ugi=cxh      ip=unknown-ip-addr      cmd=get_table : db=default tbl=t_u
18/11/29 09:51:18 INFO io.HiveFileFormatUtils: Failed to check mode for D:\hadoop\data.txt: View 'unix' not availa
lang.UnsupportedOperationException)
18/11/29 09:51:19 INFO ql.Driver: Semantic Analysis Completed
18/11/29 09:51:19 INFO ql.Driver: Returning Hive schema: Schema(fieldSchemas:null, properties:null)
18/11/29 09:51:19 INFO ql.Driver: Completed compiling command(queryId=cxh_20181129095118_62e651c0-103e-4ddc-ace1-7
me taken: 0.074 seconds
18/11/29 09:51:19 INFO conf.HiveConf: Using the default value passed in for log id: 72a3b55b-2ba2-4253-9bbc-762eb2
18/11/29 09:51:19 INFO session.SessionState: Resetting thread name to  main
18/11/29 09:51:19 INFO ql.Driver: Concurrency mode is disabled, not creating a lock manager
18/11/29 09:51:19 INFO ql.Driver: Executing command(queryId=cxh_20181129095118_62e651c0-103e-4ddc-ace1-7ea47d39afe
cal inpath 'D:/hadoop/data.txt' into table t_user
18/11/29 09:51:19 INFO ql.Driver: Starting task [Stage-0:MOVE] in serial mode
Loading data to table default.t_user
18/11/29 09:51:19 INFO exec.Task: Loading data to table default.t_user from file:/D:/hadoop/data.txt
18/11/29 09:51:19 INFO metastore.HiveMetaStore: 2: get_table : db=default tbl=t_user
18/11/29 09:51:19 INFO HiveMetaStore.audit: ugi=cxh      ip=unknown-ip-addr      cmd=get_table : db=default tbl=t_u
```

图 7-9 加载数据

```
C:\Windows\system32>hadoop  fs -ls /user/hive/warehouse/t_user
Found 1 items
-rwxrwxrwx   1 cxh supergroup          49 2018-11-29 09:51 /user/hive/warehouse/t_user/data.txt

C:\Windows\system32>
```

图 7-10 查看结果

```
18/11/29 09:54:44 INFO session.Ses
1 zhangsan 18
2 lisi 19
3 wangwu 19
4 maliu 20
4 rows selected (2.031 seconds)
18/11/29 09:54:44 INFO conf.HiveCo
18/11/29 09:54:44 INFO session.Ses
```

图 7-11 用 Hive 查看数据文件

2. 用 Hive 调用 MapReduce 执行任务

由于 Hive 本身的优化机制，一些简单的语句，如 select*，select 字段 1，字段 2 from table，Hive 不会启动 MapReduce 任务。现在采用的办法是，禁用 Hive 的这些特性，强制使用 MapReduce 执行语句。可以在每一次会话中来设置参数 hive.fetch.task.conversion 来实现，此参数可取如下三个值。

1）none：禁用 Hive 优化，所有语句都会启动 MapReduce 任务。

2）minimal：select* 语句不会启动 MapReduce 任务，但 select col0，col1... 语句会启动 MapReduce 任务。

3）more：select col0，col1... 语句也不会启动 MapReduce 任务。

在 Hive 客户端执行如下的命令，可强制 Hive 调用 MapReduce 执行任务。

```
set hive.fetch.task.conversion=none
select count(*)from t_user;
```

7.3 在 Linux 中安装 Hive

7.3.1 机器准备

在 Window 操作系统的计算机上安装 VMware Workstation Pro，并在其中安装三个 linux 节点（node1、node2、node3）服务器，如图 7-12 所示。其中 MySQL 和 Hadoop 已经安装成功。本书把 MySQL 安装到了 node3，Hive 安装到了 node2。当然，也可以随意安装到任何节点。Hadoop 集群中 node1 为 NameNode，node2 和 node3 为 DataNode。由于 Hive 只是提供客户端服务，所以只在单个节点安装即可。图 7-13 展示了启动 HDFS 的命令。

为了方便管理虚拟机主机，建议在 Windows 安装一款远程登录软件，如 SecureCRT 或 Xshell 等。本书使用的是 SecureCRT。

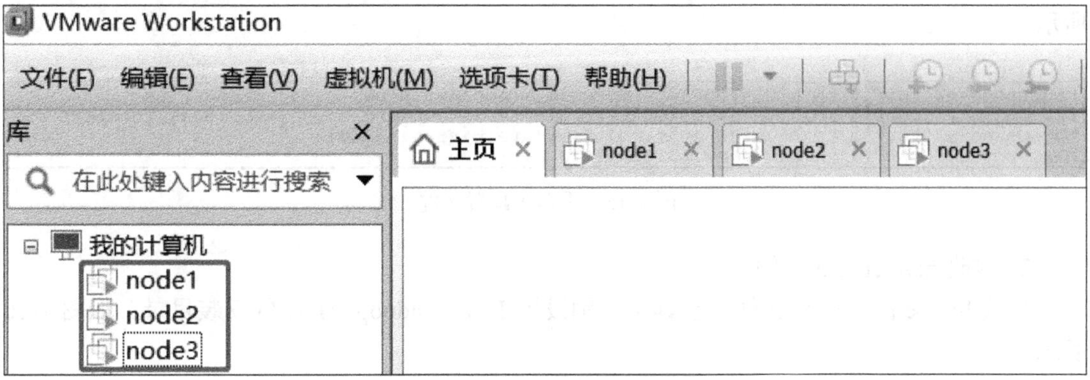

图 7-12 服务器节点

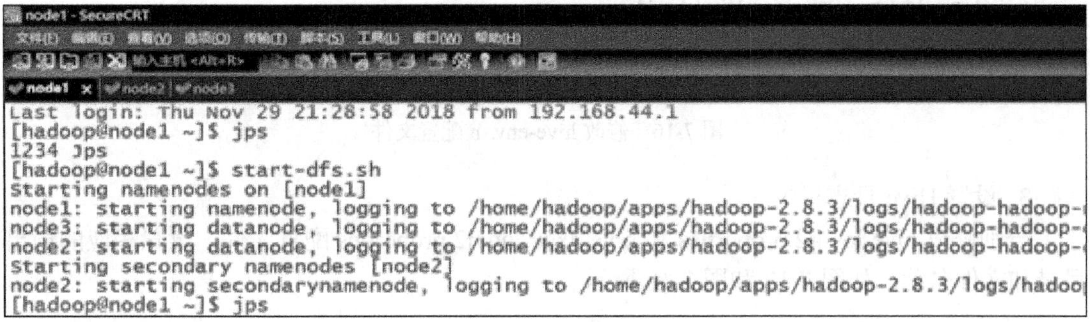

图 7-13 启动 HDFS

7.3.2 Hive 安装包准备

说明：本文将 Hive 安装到 node2 节点。

1）下载同 Windows 类似。

2）上传安装包到 node2 节点，并使用如下命令解压。（见图 7-14）：

```
tar-zxvf apache-hive-2.1.1-bin.tar.gz
```

```
[hadoop@node2 apps]$ ll
总用量 368808
drwxrwxr-x.  9 hadoop hadoop       171 11月 29 12:18 apache-hive-2.1.1-bin
-rw-rw-r--.  1 hadoop hadoop 149756462 5月  16 2018 apache-hive-2.1.1-bin.tar.gz
drwxr-xr-x. 11 hadoop hadoop       176 5月  18 2018 hadoop-2.8.3
drwxrwxr-x.  7 hadoop hadoop       182 5月  18 2018 hbase-2.0.0
drwxr-xr-x.  8 hadoop hadoop       255 5月  18 2018 jdk1.8.0_171
drwxr-xr-x. 15 hadoop hadoop       235 11月 28 12:49 spark-2.4.0-bin-hadoop2.7
-rw-rw-r--.  1 hadoop hadoop 227893062 11月 28 10:28 spark-2.4.0-bin-hadoop2.7.tgz
drwxr-xr-x. 12 hadoop hadoop      4096 5月  18 2018 zk
-rw-rw-r--.  1 hadoop hadoop      1510 5月  18 2018 zookeeper.out
```

图 7-14　Hive 安装包准备

7.3.3　修改 Hive 配置文件

1. 重命名配置文件

将 HIVE_HOME/conf 文件夹下的文件分别复制一份，重命名为对应文件，如图 7-15 所示。

```
[hadoop@node2 conf]$ cp hive-log4j2.properties.template hive-log4j2.properties
[hadoop@node2 conf]$ cp hive-exec-log4j2.properties.template hive-exec-log4j2.properties
[hadoop@node2 conf]$ cp hive-default.xml.template hive-site.xml
[hadoop@node2 conf]$ cp hive-env.sh.template hive-env.sh
```

图 7-15　重命名配置文件

2. 修改 hive-env.sh 文件

修改 hive-env.sh 配置文件，在其中分别设置 Java、Hadoop、Hive 的安装目录，如图 7-16 所示。

```
# Folder containing extra ibraries required for hive compilation/
# export HIVE_AUX_JARS_PATH=
export JAVA_HOME=/home/hadoop/apps/jdk1.8.0_171
export HADOOP_HOME=/home/hadoop/apps/hadoop-2.8.3
export HIVE_HOME=/home/hadoop/apps/apache-hive-2.1.1-bin
```

图 7-16　修改 hive-env.sh 配置文件

3. 设置 Hive 日志目录

分别修改 hive-log4j2.properties 和 hive-exec-log4j2.properties 配置文件，设置相应的输出目录和文件名称，如图 7-17 和图 7-18 所示。

```
status = INFO
name = HiveLog4j2
packages = org.apache.hadoop.hive.ql.log

# list of properties
property.hive.log.level = INFO
property.hive.root.logger = DRFA
property.hive.log.dir = /home/hadoop/apps/apache-hive-2.1.1-bin/logs/
property.hive.log.file = hive.log
property.hive.perflogger.log.level = INFO
```

图 7-17　修改 hive-log4j2.properties 配置文件

```
status = INFO
name = HiveExecLog4j2
packages = org.apache.hadoop.hive.ql.log

# list of properties
property.hive.log.level = INFO
property.hive.root.logger = FA
property.hive.query.id = hadoop
property.hive.log.dir = /home/hadoop/apps/apache-hive-2.1.1-bin/logs
property.hive.log.file = hive.log
```

图 7-18 修改 hive-exec-log4j2.properties 配置文件

4. 修改 hive-site.xml 文件

编辑 hive-site.xml，修改 MySQL 数据库的 JDBC 链接、驱动、账号和密码等信息。

```
<?xml-stylesheet type="text/xsl"href="configuration.xsl"?>
<configuration>
<property>
    <name>javax.jdo.option.ConnectionURL</name>
<value>jdbc: mysql: //node3: 3306/hive?characterEncoding=UTF8&amp;useSSL=false&amp;create
DatabaseIfNotExist=true</value>
</property>
<property>
    <name>javax.jdo.option.ConnectionDriverName</name>
    <value>com.mysql.jdbc.Driver</value>
</property>
<property>
    <name>javax.jdo.option.ConnectionUserName</name>
    <value>root</value>
</property>
<property>
    <name>javax.jdo.option.ConnectionPassword</name>
    <value>root</value>
</property>
</configuration>
```

5. 添加 MySQL 数据库驱动

下载 MySQL 数据库的 Java 驱动程序（http：//central.maven.org/maven2/mysql/mysql-connector-java/），并将其复制到hive/lib文件夹下。需要注意的是，一定要保证下载的驱动程序版本与本地安装的 MySQL 数据库的版本相对应，否则会遇到因版本不一致而带来的不兼容问题。

7.3.4 修改 Linux 环境变量

1. 编辑 /etc/profile 文件

在 /etc/profile 文件中增加与 Hive 相关的环境变量配置，如图 7-19 所示。

2. 使配置文件生效

/etc/profile 文件编辑完成后，执行下面的命令，让配置生效。

```
source/etc/profile
```

```
unset i
unset -f pathmunge
export JAVA_HOME=/home/hadoop/apps/jdk1.8.0_171
export SPARK_HOME=/home/hadoop/apps/spark-2.4.0-bin-hadoop2.7
export HADOOP_HOME=/home/hadoop/apps/hadoop-2.8.3
export HADOOP_HOME=/home/hadoop/apps/hadoop-2.8.3
export HIVE_HOME=/home/hadoop/apps/apache-hive-2.1.1-bin
export ZOOKEEPER_HOME=/home/hadoop/apps/zk
export PATH=$PATH:$JAVA_HOME/bin:$SPARK_HOME/bin:$SPARK_HOME/sbin:$ZOOKEEPER_HOME/bin:$HADOOP_HOME/bin:$H
ADOOP_HOME/sbin:$HIVE_HOME/bin
"/etc/profile" 83L, 2241C written
```

图 7-19　编辑 /etc/profile 文件

7.3.5　启动 Hive 和相关测试

1. 启动 Hadoop 集群

Hadoop 集群的启动过程和相关命令，以及启动过程中遇到的问题，请参考第 3.2 节。

2. 启动 Hive 客户端

在命令行输入 hive-service metastore，启动 Metastore 服务。然后，在命令行窗口中输入 hive，启动 Hive 客户端。

如果 Hive 报异常：

```
Unable to instantiate org.apache.hadoop.hive.ql.metadata.SessionHiveMetaStor
```

可能原因是，需要 Hive 元数据库初始化，执行如下命令

```
schematool-dbType mysql-initSchema
```

3. 相关测试

Hive 正常启动之后，进行如下的测试，包括创建表、加载数据、数据查询以及调用 MapReduce 执行任务。所采用的命令和运行结果分别如图 7-20~ 图 7-23 所示。

```
hive> create table t_user(uid int, name string, age int) row format delimited fields terminated by "\t";
OK
Time taken: 0.48 seconds
```

图 7-20　创建表

```
[hadoop@node1 ~]$ hadoop fs -ls /user/hive/warehouse/t_user
[hadoop@node1 ~]$ hadoop fs -put data.txt /user/hive/warehouse/t_user
[hadoop@node1 ~]$ hadoop fs -ls /user/hive/warehouse/t_user
Found 1 items
-rw-r--r--   2 hadoop supergroup         47 2018-11-30 08:56 /user/hive/warehouse/t_user/data.txt
[hadoop@node1 ~]$ hadoop fs -cat /user/hive/warehouse/t_user/data.txt
1       zhangsan        18
2       lisi    19
3       wangwu  19
4       maliu   20
[hadoop@node1 ~]$
```

图 7-21　加载数据

```
hive> select * from t_user;
OK
1       zhangsan        18
2       lisi    19
3       wangwu  19
4       maliu   20
Time taken: 1.491 seconds, Fetched: 4 row(s)
```

图 7-22　查询数据

```
hive> select count(*) from t_user;
WARNING: Hive-on-MR is deprecated in Hive 2 and may not be available in the future versions. Consider using a dif
ne (i.e. spark, tez) or using Hive 1.X releases.
Query ID = hadoop_20181130081310_c2f8b2bf-685f-48fe-a6bd-969d25da6381
Total jobs = 1
Launching Job 1 out of 1
Number of reduce tasks determined at compile time: 1
In order to change the average load for a reducer (in bytes):
  set hive.exec.reducers.bytes.per.reducer=<number>
In order to limit the maximum number of reducers:
  set hive.exec.reducers.max=<number>
In order to set a constant number of reducers:
  set mapreduce.job.reduces=<number>
Starting Job = job_1543536530338_0001, Tracking URL = http://node1:8088/proxy/application_1543536530338_0001/
Kill Command = /home/hadoop/apps/hadoop-2.8.3/bin/hadoop job  -kill job_1543536530338_0001
Hadoop job information for Stage-1: number of mappers: 1; number of reducers: 1
2018-11-30 08:13:21,954 Stage-1 map = 0%,  reduce = 0%
2018-11-30 08:13:32,587 Stage-1 map = 100%,  reduce = 0%, Cumulative CPU 2.11 sec
2018-11-30 08:13:44,010 Stage-1 map = 100%,  reduce = 100%, Cumulative CPU 4.33 sec
MapReduce Total cumulative CPU time: 4 seconds 330 msec
Ended Job = job_1543536530338_0001
MapReduce Jobs Launched:
Stage-Stage-1: Map: 1  Reduce: 1   Cumulative CPU: 4.33 sec   HDFS Read: 7710 HDFS Write: 101 SUCCESS
Total MapReduce CPU Time Spent: 4 seconds 330 msec
OK
4
Time taken: 35.853 seconds, Fetched: 1 row(s)
```

图 7-23　Hive 调用 MapReduce 执行任务

习题

1. Hive 在 Hadoop 生态圈中的角色。
2. Hive 定义了简单的类 SQL 查询语言，它如何执行查询语句？
3. Metastore 是 Hive 元数据的集中存放地，简述 Hive 中 Metastore 的运行方式。
4. Hive 中的托管表和外部表分别指什么？

Chapter 8

第8章 大数据处理平台 Spark

8.1 Spark 概述

8.1.1 Spark 的概念

Spark 是一种快速、通用、可扩展的大数据分析引擎，2009 年诞生于加州大学伯克利分校 AMPLab，于 2010 年开源。图 8-1 是官方网站上的展示，表示 Spark 是统一的快如闪电的大数据分析引擎。2013 年 6 月成为 Apache 孵化项目，2014 年 2 月成为 Apache 顶级项目。Spark 生态系统已经发展成为一个包含多个子项目的集合，其中包含 SparkSQL、Spark-Streaming、GraphX、MLlib 等子项目。Spark 是基于内存计算的大数据并行计算框架。Spark 提高了在大数据环境下数据处理的实时性，同时保证了高容错性和高可伸缩性，允许用户将 Spark 部署在大量廉价硬件之上，形成集群。Spark 得到了众多大数据公司的支持，这些公司包括 Hortonworks、IBM、Intel、Cloudera、MapR、Pivotal、百度、阿里、腾讯、京东、携程、优酷、土豆等。当前百度的 Spark 已应用于凤巢、大搜索、直达号、百度大数据等业务；阿里利用 GraphX 构建了大规模的图计算和图挖掘系统，实现了很多生产系统的推荐算法；腾讯 Spark 集群达到约 8000 台的规模，是当前已知的世界上最大的 Spark 集群。

Lightning-fast unified analytics engine

图 8-1 Spark 大数据分析引擎

8.1.2 学习 Spark 的原因

1. 执行速度快

与 Hadoop 的 MapReduce 相比，Spark 基于内存的运算要快 100 倍以上，基于硬盘的运算也要快 10 倍以上。Spark 实现了高效的 DAG 执行引擎，可以通过基于内存来高效处理数据流。

2. 易用

Spark 支持 Java、Python 和 Scala 的 API，还支持超过 80 种高级算法，用户可以快速构建出不同的应用。此外，Spark 还支持交互式的 Python 和 Scala 的 Shell，可以非常方便地在这些 Shell 中使用 Spark 集群来验证解决问题的方法。

3. 通用

Spark 提供了统一的解决方案。Spark 可以用于批处理、交互式查询（Spark SQL）、实时流处理（Spark Streaming）、机器学习（Spark MLlib）和图计算（GraphX）。这些不同类型的处理都可以在同一个应用中无缝使用。Spark 统一的解决方案非常具有吸引力，毕竟任何公司都想用统一的平台去处理遇到的问题，减少开发和维护的人力成本和部署平台的物力成本。

4. 兼容性

Spark 可以非常方便地与其他的开源产品进行融合。例如，Spark 可以使用 Hadoop 的 YARN 和 Apache Mesos 作为它的资源管理和调度器，并且可以处理所有 Hadoop 支持的数据，包括 HDFS、HBase 和 Cassandra 等。对于已经部署 Hadoop 集群的用户，不需要做任何数据迁移就可以使用 Spark 的强大处理功能。Spark 也可以不依赖于第三方的资源管理和调度器，它实现了 Standalone Scheduler 作为其内置的资源管理和调度框架，进一步降低了 Spark 的使用门槛，使得部署和使用 Spark 变得非常容易。此外，Spark 还提供了在 EC2 上部署 Standalone 的 Spark 集群的工具。

8.1.3 Spark 组件

Spark 系统由多个具备不同功能的组件组成，如图 8-2 所示。

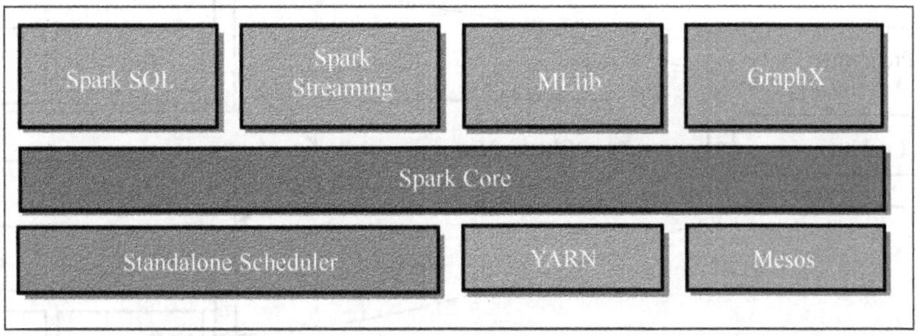

图 8-2 Spark 组件

1. Spark Core

Spark Core 包含了 Spark 的基本功能，如任务调度、内存管理、容错机制等。Spark Core 内部定义了 RDDs（Resilient Distributed Datasets，弹性分布式数据集）。RDDs 代表横跨很多工作节点的数据集合，可以被并行处理。Spark Core 提供了很多 API 来创建和操作这些集合（RDDs）。

2. Spark SQL

Spark SQL 是 Spark 处理结构化数据的库。它支持通过 SQL 查询数据，就像 HQL（Hive SQL）一样，并且支持很多数据源，如 Hive、JSON 等。Spark SQL 是在 Spark 1.0 版本中新加的。在此版本之前，基于 Hive 的 Shark 项目就具备此类功能。

3. Spark Streaming

Spark Streaming 是实时数据流处理组件，类似 Storm。它提供了丰富的 API 来操作实时流数据。

4. MLlib

Spark 有一个包含通用机器学习功能的包，就是 MLlib（Machine Learning Lib）。MLlib 包含了分类、聚类、回归、协同过滤算法，还包括模型评估和数据导入。它还提供了一些低级的机器学习原语，包括通用梯度下降优化算法等。MLlib 提供的这些算法，都支持集群上的横向扩展。

5. GraphX

GraphX 是处理图数据的库（如社交网络图），支持图数据分析的并行计算。就像 Spark Streaming 和 Spark SQL 一样，GraphX 也继承了 Spark RDD API。GraphX 提供了丰富的图操作算子，如 subgraph 和 mapVertices，也包含一些常用的图算法，如 PangeRank 等。

8.1.4 Spark 任务执行过程

Spark 任务的执行过程如图 8-3 所示。在基于 Standalone Scheduler 的 Spark 集群中，Cluster Manger 就是 Master, Master 负责分配资源。在集群启动时, Driver 向 Master 申请资源，Worker 负责监控自己节点的内存和 CPU 等状况，并向 Master 汇报。从资源方面，可以分为两个层面：

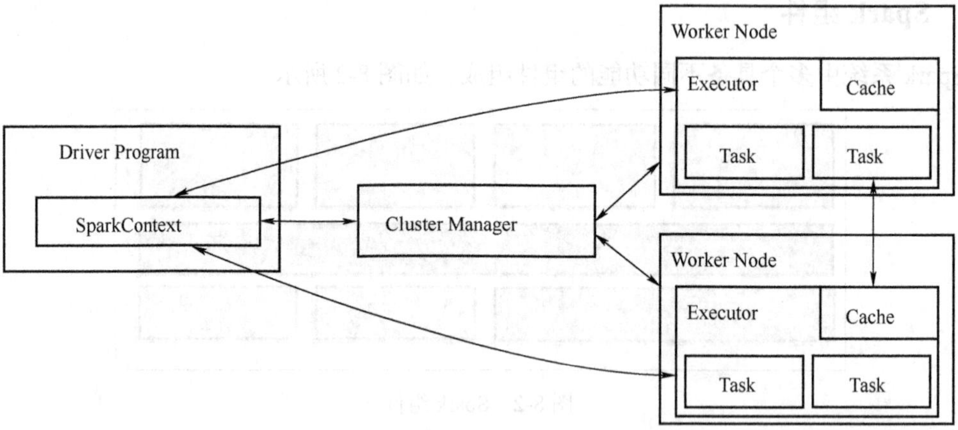

图 8-3 Spark 任务的执行过程

（1）资源的管理和分配

资源的管理和分配由 Master 和 Worker 来完成。Master 给 Worker 分配资源，Master 时刻知道 Worker 的资源状况。客户端向服务器提交作业，实际是提交给 Master。

（2）资源的使用

程序运行时，向 Master 请求资源，然后 Driver 和 Executor 利用分配的计算资源来完成具体的任务。具体执行过程如下：

1）Client 提交应用，Master 找到一个 Worker 启动 Driver。

2）Driver 向 Master 或者资源管理器申请资源，之后将应用转化为 RDD 依赖图。

3）DAG Scheduler 将 RDD 依赖图转化为 Stage 的有向无环图提交给 Task Scheduler。

4）Task Scheduler 提交任务给 Executor 执行。

8.2　Spark 本地（Windows）安装

8.2.1　安装 Scala

Scala 是 Spark 的主要编程语言，如果仅仅是编写 Spark 应用，并非一定要用 Scala，用 Java、Python 都是可以的。使用 Scala 的优势是开发效率更高，代码更精简，并且可以通过 Spark Shell 进行交互式实时查询，方便排查问题。在安装 Scala 运行环境时，要注意选择与 Spark 对应的版本，否则 Spark 程序可能会报错。可以通过 Spark Shell 查看所需的 Scala 版本。

1. 下载并安装

确定了 Scala 运行环境的版本之后，下载相应的安装包（下载网址 https://www.scala-lang.org/download/2.11.8.html）。下载界面如图 8-4 所示。在其中可以发现有针对不同系统的版本。适用于 Windows 操作系统的版本有两个：Scala-2.11.8.msi 与 Scala-2.11.8.zip。这两种不同版本之间的区别如下：

1）Scala-2.11.8.msi 下载后需要安装，在安装的过程中会自动配置系统环境变量。

2）Scala-2.11.8.zip 下载完成后不需要安装，但是需要自己手动配置系统环境变量到 Path 路径。

这里下载的是 Scala-2.11.8.msi，并按照提示完成安装。

Archive	System	Size
scala-2.11.8.tgz	Mac OS X, Unix, Cygwin	27.35M
scala-2.11.8.msi	Windows (msi installer)	109.35M
scala-2.11.8.zip	Windows	27.40M
scala-2.11.8.deb	Debian	76.02M
scala-2.11.8.rpm	RPM package	108.16M
scala-docs-2.11.8.txz	API docs	46.00M
scala-docs-2.11.8.zip	API docs	84.21M
scala-sources-2.11.8.tar.gz	Sources	

图 8-4　Scala 的下载界面

2. 测试

安装完成后再打开命令行输入窗口，输入 scala 命令，并进行简单测试。可以看到控制台的输出效果如图 8-5 所示。

```
C:\Windows\system32>scala
Welcome to Scala 2.11.8 (Java HotSpot(TM) 64-Bit Server VM, Java 1.8.0_172).
Type in expressions for evaluation. Or try :help.

scala> 1+1
res0: Int = 2

scala>
```

图 8-5　测试 Scala 是否安装成功

8.2.2　安装 Hadoop

1. 下载并解压

由于之前选择下载的 Spark 是基于 Hadoop 2.8 版本的，所以这里选择的是 Hadoop 2.8.3 版本。Hadoop 的软件包可以到 Apache 网站（https://archive.apache.org/dist/hadoop/common）上下载，下载页面如图 8-6 所示。下载完毕后直接解压，解压完毕后开始设置 Hadoop 运行所需要的环境变量。

hadoop-2.7.5/	2018-03-13 20:32	-
hadoop-2.7.6/	2018-05-04 11:40	-
hadoop-2.7.7/	2018-07-20 01:12	-
hadoop-2.8.0/	2017-06-26 16:32	-
hadoop-2.8.1/	2017-10-04 10:58	-
hadoop-2.8.2/	2017-10-26 22:39	-
hadoop-2.8.3/	2018-05-04 11:40	-
hadoop-2.8.4/	2018-05-15 14:49	-
hadoop-2.8.5/	2018-09-18 16:13	-

图 8-6　Hadoop 下载页面

需要设置的环境变量有以下两个：

1）Hadoop 的安装目录，HADOOP_HOME D:\hadoop\hadoop-2.8.3。

2）Path 环境变量：编辑 Path 环境变量，在其后添加 Hadoop 的 bin 目录的路径，如 D:\hadoop\hadoop-2.8.3\bin。

由于 Hadoop 不是本地编辑得到的版本，其运行需要 winutils.exe 文件，所以要查看 hadoop\bin 目录下有没有 winutils.exe 文件。如果没有的话，需要去相应的网站（https://github.com/steveloughran/winutils/）下载。进入页面后找到相应的 Hadoop 目录，进入 bin 文件夹，找到 winutils.exe 文件下载。下载之后，把它放到 Hadoop 的安装目录下相应的位置，如 D:\hadoop\hadoop-2.8.3\bin，确保该目录中有 winutils.exe 文件。

2. 测试

将安装包、环境变量以及工具准备好之后，要测试 Hadoop 是否安装成功。使用 hadoop version 命令查看其版本信息，如图 8-7 所示。如果能正常显示版本信息，说明 Hadoop 安装成功，可以正常运行。

```
C:\Windows\system32>hadoop version
Hadoop 2.8.3
Subversion https://git-wip-us.apache.org/repos/asf/hadoop.git -r b3fe56402d908019d99af1f1f
Compiled by jdu on 2017-12-05T03:43Z
Compiled with protoc 2.5.0
From source with checksum 9ff4856d824e983fa510d3f843e3f19d
This command was run using /D:/hadoop/hadoop-2.8.3/share/hadoop/common/hadoop-common-2.8.3
```

图 8-7　测试 Hadoop 是否安装成功

对于 Hadoop 的本地安装，请参见前面相关章节的介绍。

8.2.3　安装 Spark

1. 下载并解压

首先到 Spark 官方网站（http：//spark.apache.org/downloads.html）下载软件包，下载页面如图 8-8 所示。从中选择与安装的 Hadoop 版本兼容的 Spark 软件包。

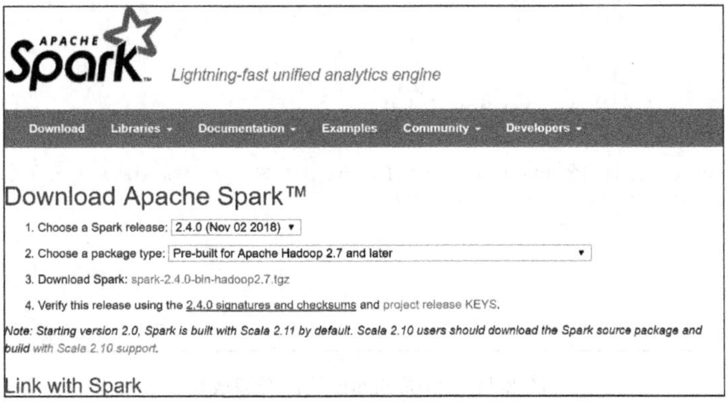

图 8-8　Spark 下载页面

Spark 是不需要进行安装的。当下载完成之后，将软件包解压到相应的 Spark 目录，然后配置 Path 环境变量就可以了，如图 8-9 和图 8-10 所示。

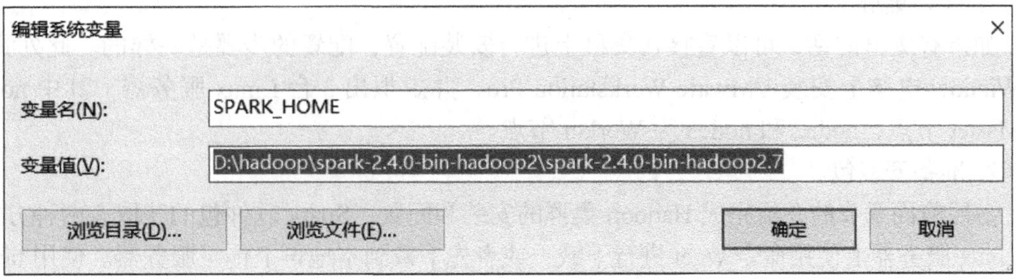

图 8-9　添加 Spark 环境变量

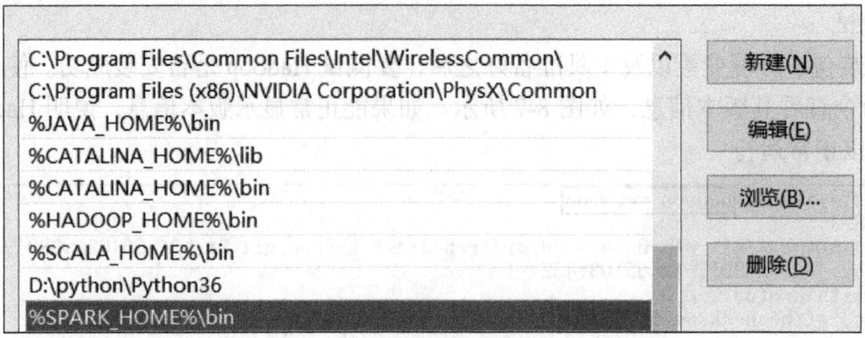

图 8-10 编辑 Path 环境变量

2. 进行测试

安装配置完成之后，在命令行窗口中输入 spark-shell 命令，若出现如图 8-11 所示的 Spark 标记，说明安装成功。

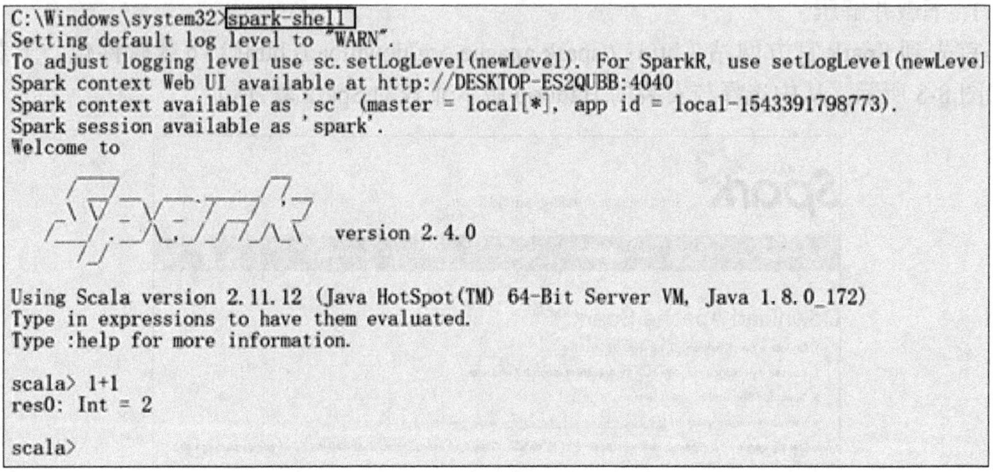

图 8-11 测试 Spark 是否安装成功

8.3 Spark 集群安装

1. 准备集群

如果有集群的话，可以直接在集群上进行安装配置，配置的步骤是一样的。此处我们在 Window 电脑上安装 VMware Workstation Pro，并虚拟出 3 台 Linux 服务器，其中 node1 为 Master 节点，node2 和 node3 为 Worker 节点。

2. 准备安装包

参照前面章节的介绍完成 Hadoop 集群的安装和配置。Spark 软件包的获取有两种方式：在 Linux 服务器上使用命令 wget 进行下载，或者先下载到本地再上传至服务器。使用 tar 解压命令将软件包解压到相应的目录，解压后软件包中的文件目录如图 8-12 所示。

```
[hadoop@node1 ~]$ cd apps/spark-2.4.0-bin-hadoop2.7
[hadoop@node1 spark-2.4.0-bin-hadoop2.7]$ ll
总用量 108
drwxr-xr-x. 2 hadoop hadoop  4096 11月 28 11:01 bin
drwxr-xr-x. 2 hadoop hadoop   230 11月 28 11:01 conf
drwxr-xr-x. 5 hadoop hadoop    50 11月 28 11:01 data
drwxr-xr-x. 4 hadoop hadoop    29 11月 28 11:01 examples
drwxr-xr-x. 2 hadoop hadoop 12288 11月 28 11:01 jars
drwxr-xr-x. 4 hadoop hadoop    38 11月 28 11:01 kubernetes
-rw-r--r--. 1 hadoop hadoop 21357 11月 28 11:01 LICENSE
drwxr-xr-x. 2 hadoop hadoop  4096 11月 28 11:01 licenses
-rw-r--r--. 1 hadoop hadoop 42919 11月 28 11:01 NOTICE
drwxr-xr-x. 9 hadoop hadoop  4096 11月 28 11:01 python
drwxr-xr-x. 3 hadoop hadoop    17 11月 28 11:01 R
-rw-r--r--. 1 hadoop hadoop  3952 11月 28 11:01 README.md
-rw-r--r--. 1 hadoop hadoop   156 11月 28 11:01 RELEASE
drwxr-xr-x. 2 hadoop hadoop  4096 11月 28 11:01 sbin
drwxr-xr-x. 2 hadoop hadoop    42 11月 28 11:01 yarn
```

图 8-12　解压后 Spark 安装包中的文件目录

3. 修改 Spark 配置文件

1）首先进入到 Spark 安装目录。命令如下：

```
cd/home/hadoop/apps/spark-2.4.0-bin-hadoop2.7
```

2）复制并重命名 spark-env.sh.template 文件。进入 conf 目录，复制并重命名 spark-env.sh.template 文件，得到 spark-env.sh 文件，并对其进行编辑。命令如下：

```
mv spark-env.sh.template spark-env.sh
vi spark-env.sh
```

在 spark-env.sh 配置文件中添加如下配置，如图 8-13 所示。

```
export JAVA_HOME=/home/hadoop/apps/jdk1.8.0_171
export SPARK_MASTER_HOST=node1
export SPARK_LOCAL_IP=node1
```

```
# - MKL_NUM_THREADS=1          Disable multi-threading of Intel MKL
# - OPENBLAS_NUM_THREADS=1     Disable multi-threading of OpenBLAS
export JAVA_HOME=/home/hadoop/apps/jdk1.8.0_171
export SPARK_MASTER_HOST=node1
export SPARK_LOCAL_IP=node1
```

图 8-13　修改配置文件 spark-env.sh

3）复制并修改 slaves.template 文件。命令如下：

```
mv slaves.template slaves
vi slaves
```

在 slaves 文件中添加两个 Worker 节点：node2 和 node3。

4）将配置好的 Spark 分发到其他节点上。利用 scp 命令，将经过以上配置的 Spark 软件包复制到其他节点上的相同的目录下。命令如下：

```
scp-r spark-2.4.0-bin-hadoop2.7/node2: /home/hadoop/apps
scp-r spark-2.4.0-bin-hadoop2.7/node3: /home/hadoop/apps
```

4. 修改 Linux 环境变量

依次修改集群中每一台机器的环境变量。这个通过修改 Linux 的 /etc/profile 文件来完成，如图 8-14 所示。在该文件的末尾添加 Java、Hadoop、Spark 安装目录，并将它们的目录追加到 Path 变量中。

```
else
    umask 022
fi

for i in /etc/profile.d/*.sh ; do
    if [ -r "$i" ]; then
        if [ "${-#*i}" != "$-" ]; then
            . "$i"
        else
            . "$i" >/dev/null
        fi
    fi
done

unset i
unset -f pathmunge
export JAVA_HOME=/home/hadoop/apps/jdk1.8.0_171
export SPARK_HOME=/home/hadoop/apps/spark-2.4.0-bin-hadoop2.7
export HADOOP_HOME=/home/hadoop/apps/hadoop-2.8.3
export ZOOKEEPER_HOME=/home/hadoop/apps/zk
export PATH=$PATH:$JAVA_HOME/bin:$SPARK_HOME/bin:$SPARK_HOME/sbin:$ZOOKEEPER_HOME/bin:$HADOOP_HOME/bin:$HADOOP_HOME/sbin
-- INSERT --
```

/etc/profile文件末尾添加

图 8-14 修改 Linux 环境变量

5. 启动集群

对于集群中的每一个节点，完成环境变量的修改之后，在 Master 节点上输入 start-all.sh 命令，启动 Master 和 Worker 节点，并通过 jps 命令查看各节点是否正常启动，如图 8-15 所示。

```
[hadoop@node1 ~]$ start-all.sh
starting org.apache.spark.deploy.master.Master, logging to /home/hadoop/apps/spark-2.4.0-bin-hadoop2.7/logs/spark-hadoop-org.apache
spark.deploy.master.Master-1-node1.out
node3: starting org.apache.spark.deploy.worker.Worker, logging to /home/hadoop/apps/spark-2.4.0-bin-hadoop2.7/logs/spark-hadoop-org
apache.spark.deploy.worker.Worker-1-node3.out
node2: starting org.apache.spark.deploy.worker.Worker, logging to /home/hadoop/apps/spark-2.4.0-bin-hadoop2.7/logs/spark-hadoop-org
apache.spark.deploy.worker.Worker-1-node2.out
[hadoop@node1 ~]$ jps
4072 Master
4139 Jps
[hadoop@node1 ~]$ |
```

图 8-15 启动集群

如果启动成功，在浏览器中输入 http://192.168.44.121:8080/ 会出现图 8-16 所示的页面。如果在集群中的节点上将 IP 地址 192.168.44.121 写在了 hosts 文件，可以采用 http: //node1: 8080/ 访问。注意：这里的端口号要根据自己的需要设置成不同的端口号。

URL: spark://node1:7077
Alive Workers: 2
Cores in use: 8 Total, 0 Used
Memory in use: 2.0 GB Total, 0.0 B Used
Applications: 0 Running, 0 Completed
Drivers: 0 Running, 0 Completed
Status: ALIVE

▾ Workers (2)

Worker Id	Address	State	Cores	Memory
worker-20181128145029-192.168.44.122-34609	192.168.44.122:34609	ALIVE	4 (0 Used)	1024.0 MB (0.0 B Used)
worker-20181128145029-192.168.44.123-34356	192.168.44.123:34356	ALIVE	4 (0 Used)	1024.0 MB (0.0 B Used)

▾ Running Applications (0)

Application ID	Name	Cores	Memory per Executor	Submitted Time	User	State	Duration

▾ Completed Applications (0)

Application ID	Name	Cores	Memory per Executor	Submitted Time	User	State	Duration

图 8-16 集群启动成功后的 WebUI 页面

如果启动没有成功，则有可能没有关闭防火墙，需要使用下面通过命令操作防火墙：

启动防火墙：ystemctl start firewalld.service。

停止防火墙：systemctl stop firewalld.service。

禁止防火墙开机启动：systemctl disable firewalld.service。

注意：该集群搭建采用的是 CentOS 7.0，而 CentOS 7.0 默认使用的是 firewall 作为防火墙。

8.4 Spark 运行实例

8.4.1 蒙特·卡罗算法求 π

使用如下的命令运行 Spark 自带的模拟求圆周率 π 的程序：

```
spark-submit\
--class org.apache.spark.examples.SparkPi\
--master spark://node1:7077\
--executor-memory 1G\
--total-executor-cores 2\
/home/hadoop/apps/spark-2.4.0-bin-hadoop2.7/examples/jars/spark-examples_2.11-2.4.0.jar 100
```

8.4.2 WordCount 程序

```
import org.apache.spark.{SparkConf, SparkContext}
object WordCount{
  def main(args:Array[String]){
    //非常重要，是通向 Spark 集群的入口
    val conf = new SparkConf().setAppName("WC")
    val sc = new SparkContext(conf)
    sc.textFile(args(0)).flatMap(_.split("")).map((_, 1))
      .reduceByKey(_+_).sortBy(_._2, false).saveAsTextFile(args(1))
    sc.stop()
  }
}
```

在 IDEA 中编写 Spark 的 WordCount 程序之后，首先应在本地进行运行和调试，程序没有错误后打包提交到 Spark 集群上去运行。以使用 Maven 为例，对程序进行打包提交到服务器上运行的步骤如下。

1）首先修改 pom.xml 中的 mainClass，使其和自己的类路径保证一致。

2）单击 IDEA 右侧的 Maven Project 选项，单击 Lifecycle，选择 clean 和 package，然后单击 Run Maven Build。等待编译完成，在项目的目录下面会出现一个新的目录 target，该目录下有新生成的打包文件 WordCount-1.0-SNAPSHOT.jar。

3）将新生成的 .jar 文件通过上传工具，上传至 Spark 集群的某个节点上。

4）通过如下命令运行 .jar 文件。

```
spark-submit--class WordCount--master spark://xxt4-1:7077--driver-memory 2G--num-
executors 40--executor-memory 2G WorCount-1.0-SNAPSHOT.jar Input OutPut
```

习题

1. Spark 生态系统包含的子项目有哪些？
2. Spark 提供了统一的计算解决方案，主要支持哪些类型？
3. Spark 的实现语言是什么？
4. Spark 的核心是什么？
5. 什么是 RDD？
6. 简述 Spark 任务执行过程。
7. 理解 Spark 任务执行过程中 Master、Worker、Driver、Executor 的功能。

第9章 Chapter 9

NoSQL 数据库

9.1 NoSQL 数据库概述

9.1.1 NoSQL 的产生

随着互联网 Web2.0 网站的兴起，传统的关系数据库在应对 Wcb2.0 网站，特别是超大规模和高并发 SNS 类型的 Web2.0 纯动态网站已经显得力不从心，暴露了很多难以克服的问题，而非关系型的数据库则由于其本身的特点而得到了非常迅速的发展。NoSQL 数据库的产生就是为了解决大规模数据集中、数据类型多样所带来的挑战，尤其是大数据应用难题。

随着用户内容的增长，所生成处理、分析和归档的数据的规模快速增大，类型也快速增多。此外，一些新数据源也在生成大量数据，如传感器、全球定位系统（GPS）、自动追踪器和监控系统等。这些大数据集通常被称为大数据。大数据不仅增长快速，而且半结构化和稀疏的趋势也很明显。这样一来，以关系数据库（RDBMS）为代表的传统数据管理技术就受到了挑战。

在探索海量数据和半结构化数据相关问题的过程中，诞生了一系列新型数据库产品，其中包括列存储数据库、键值数据库和文档数据库，这些数据库统称 NoSQL。

现在的 NoSQL 泛指这样一类数据库和数据存储，它们不遵循经典关系数据库的原理，且常与 Web 规模的大型数据集有关。换句话说，NoSQL 并不单指一个产品或一种技术，它代表一类产品，以及一系列不同的、有时相互关联的、有关数据存储及处理的概念。

RDBMS 假定数据的结构已明确定义，数据是紧密的，并且在很大程度上是结构一致的。RDBMS 构建在这样的先决条件上，即数据的属性可以预先定义好，它们之间的相互关系非常稳固且被系统地引用（Systematically Referenced）。它还假定定义在数据上的索引能保持一致性，能统一应用以提高查询的速度。RDBMS 可以容忍一定程度的不规律和结构缺乏，但在松散结构的海量稀疏数据面前，传统存储机制和访问方法捉襟见肘。NoSQL 缓解了 RDBMS 引发的问题并降低了处理海量稀疏数据的难度，但是反过来它也被夺去了事务完整性的力量和灵活的索引及查询能力。

总之，NoSQL 数据库是非常高效、强大的海量数据存储与处理工具。大部分 NoSQL 数据库都能很好地适应数据增长，并且能灵活适应半结构化数据和稀疏数据集。

9.1.2 互联网对关系数据库提出的新要求

随着 Web2.0 的发展，人们的很多活动都能够在网络中进行。因此，社交网络、电子商务、博客、论坛等得到了迅猛的发展。数据的产生方式也变成了人们主动参与的主动产生。数据产生的速度、规模以及数据类型都发生了很大的变化，为以关系数据库管理系统为主的传统数据管理方式带来了很大的挑战，主要表现在以下方面：

1）高并发读 / 写的性能要求（High Performance）。新的系统需要支持高并发、实时动态地获取和更新数据。

2）高容错和高效的存储要求（Huge Storage）。新的系统需要支持海量数据的高效率实时存储和查询。

3）高扩展性和高可用性要求（High Scalability & High Available）。新的系统需要拥有快速横向扩展能力、提供 24 小时不间断服务。

基于传统关系数据库管理系统，人们一度采用 Master-Slave 主从分离、分库、分表等方式缓解写压力，增强读的可扩展性，以及数据快速增长的问题。但是此类解决方案存在很多缺陷。

1）受业务规则影响，需求变动导致分库分表的维护复杂。

2）采用主从分离的架构，Master 将成为致命点，容易产生单点故障。

3）关系数据库体系结构的特点导致横向扩展困难，无法通过快速增加服务器节点实现系统升级。

4）当数据量达到一定的规模，SQL 查询效率低。

9.1.3 NoSQL 数据库的分类

按照数据模型，可将 NoSQL 分为 4 类，见表 9-1。

表 9-1 NoSQL 数据库的分类

类型	部分代表	特点	典型应用	数据模型	优点	缺点
列存储数据库	Hbase CassandraRiak	方便做数据压缩	分布式的文件系统	以列模式存储，将同一列数据存在一起	查找速度快，可扩展性强	功能相对局限
文档型数据库	MongoDB CouchDB	一般用类似 JSON 的格式，存储的内容是文档	Web 应用	键值对	数据结构要求不严格	查询性能不高，缺乏统一的查询语法
键值对	Cabinet Voldemort Memcache Redis	模型简单	内容缓存	键值对	快速查询	存储的数据缺少结构化
图数据库	Neo4J InfoGrid Infinite Graph	图数据的最佳存储方式	社交网络，推荐系统	图结构	利用图结构相关算法	不容易做分布式的集群方案

9.2　MongoDB

9.2.1　MongoDB 概述

MongoDB 是现在较流行的一种 NoSQL 数据库，具有操作简便、开源免费、灵活的扩展性、弱事务管理等特点。MongoDB 是由 C++ 编写，使其执行效率更高。MongoDB 也是一种最像关系数据库的 NoSQL，支持简便和灵活的模式，并且具有很高的执行效率，让国内很多创业公司一开始就选择 MongoDB 作为公司的基础架构。

MongoDB 拥有高性能、高扩展、易部署、易使用的特点。它的存储结构与传统的关系数据库采用数据表不同，它采用一种类似于集合的数据结构，集合中存放数据的内容，称作文档。文档的结构类似于 JSON 格式，但是带有附加信息，以二进制的形式存储，也称为 BSON。

文档中的数据可以有键，键只能是字符串类型；值可以是常用的类型，如整形、布尔型、时间型，也可是嵌套的文档或者是数组类型。文档中存储的数量不受限制，存放的字段也是自由的，不用事先定义。传统的关系数据库要修改表结构代价比较高，小则降低可用性，严重的情况还会停机。

MongoDB 的主要的特征如下。

1）面向集合存储，容易存储对象类型的数据。在 MongoDB 中数据被分组存储在集合中，集合类似 RDBMS 中的表，一个集合中可以存储无限多的文档。

2）模式自由，采用无模式结构存储。在 MongoDB 集合中存储的数据是无模式的文档。采用无模式存储数据是集合区别于关系数据数据库的一个重要特征。

3）MongoDB 支持集群自动切分数据。对数据进行分片可以使集群存储更多的数据，实现更大的负载，也能保证存储的负载均衡。

4）MongoDB 支持丰富的查询操作，支持绝大部分关系数据库的查询操作；此外，还支持分布式的聚集查询，因内置了 MapReduce 引擎，可以采用 MapReduce 实现针对大规模数据的聚集查询任务。

5）支持完全索引，可以在任意属性上建立索引，包含内部对象。

6）使用高效的二进制数据存储格式 BSON。

MongoDB 不是万能的，它在 CAP（一致性（Consistency）、可用性（Availability）、分区容错性（Partition tolerance））理论中弱化了一致性，在一致性的保证上难以跟传统数据库抗衡。因此，对于银行系统等对事务性要求很高的应用系统采用 MongoDB 的可能性暂时还比较小，MongoDB 不支持事务。对于高度优化查询的情况，如商业智能的处理情况下，数据仓库可能更适合。还有，对于需要 SQL 操作数据库的情况，更适合采用传统的关系数据库。

9.2.2　MongoDB 的优势

1. 无数据结构限制

1）没有表结构的概念，每条记录可以有完全不同的结构。

2）业务开发方便、快捷。

3）SQL 数据库需要事先定义表结构再使用。

2. 完全的索引支持

1）redis 的 key-value。

2）HBase 的单索引，二级索引需要自己实现。

例如：单键索引、多键索引 {x: 1，y: 1}；数组索引［"apple"，"lemon"］；全文索引 "i am a little bird."（中文）地理位置索引 2D。

3. 方便的冗余与扩展

1）复制集保证数据安全。

2）分片扩展数据规模。

4. 良好的支持

1）完善的文档。

2）齐全的驱动支持。

9.2.3 MongoDB 的安装

MongoDB 由 C++ 语言编写，可以运行在 Windows、Linux、Mac OS 和 Solaris 操作系统之上，支持 32 位和 64 位应用。安装可以使用自动安装（yum、apt-get、Homebrew、MacPorts 等）和直接下载二进制文件来手动安装。

在安装的时候要注意 MongoDB 的版本号命名规则。版本号中，前两个数字代表发布的版本序列号；第二个数字，如果为偶数说明发布的是稳定版本，如果为奇数代表发布的为开发和测试版本；后面一个数字代表第几次修复。例如 2.4.12，3.1.0，其中，2.4.12 的第二个数字为偶数，说明此版本为稳定版本，且为第 12 次修复；3.1.0 最后的数字 0 说明是首发版本，第二个数字是 1 位奇数，说明为测试版本。

1. Windows 系统上的 MongoDB 安装

（1）选择合适的版本

MongoDB 的官方网站（https://www.mongodb.com/download-center/community）提供了针对不同系统的多个版本，开发人员根据自己的需要选择合适的版本下载。

（2）配置环境变量

将下载的安装包解压，并将其 bin 目录配置到系统环境变量 Path 路径中，如图 9-1 所示。

（3）验证是否安装成功

在命令行窗口输入 mongod-version 命令，若安装成功，可以得到 MongoDB 的版本信息，如图 9-2 所示。

（4）启动 MongoDB 服务

启动 MongoDB 服务之前，要在其安装目录下创建数据目录和日志目录。整个过程如下（见图 9-3）：

1）切换到 MongoDB 安装目录。

```
C:\Windows\system32>D:
D:\>cd D:\hadoop\mongodb4.0.5
```

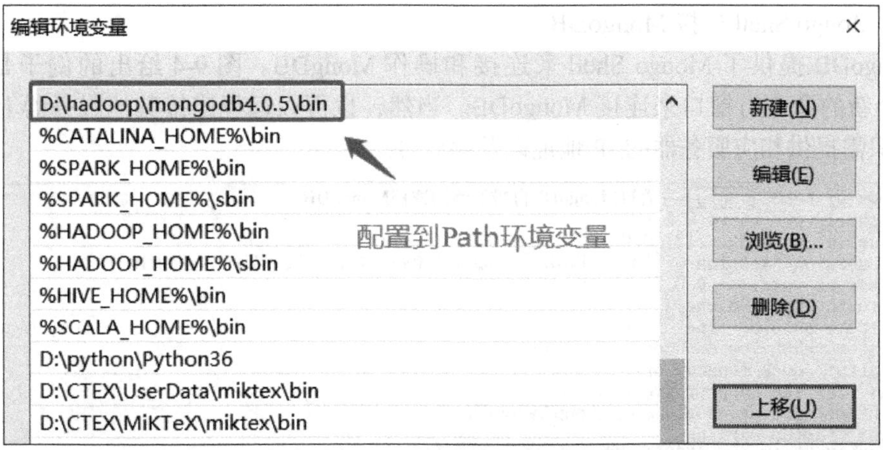

图 9-1　配置环境变量

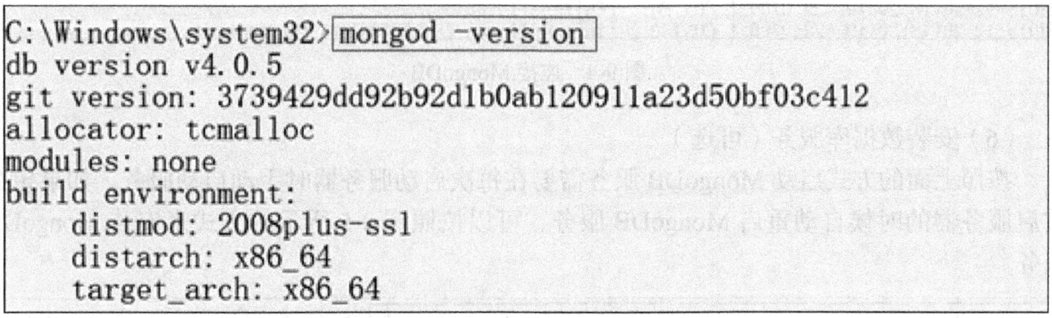

C:\Windows\system32>mongod -version
db version v4.0.5
git version: 3739429dd92b92d1b0ab120911a23d50bf03c412
allocator: tcmalloc
modules: none
build environment:
distmod: 2008plus-ssl
distarch: x86_64
target_arch: x86_64

图 9-2　验证 MongoDB 是否安装成功

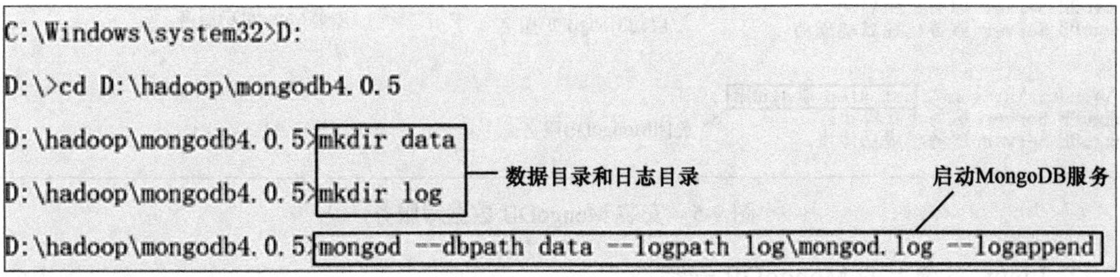

图 9-3　启动 MongoDB 的过程

2）新建数据目录和日志目录。

```
D: \hadoop\mongodb4.0.5> mkdir data
D: \hadoop\mongodb4.0.5> mkdir log
```

3）启动 MongoDB 服务。

```
D: \hadoop\mongodb4.0.5>mongod--dbpath data--logpath log\mongod.log--logappend
```

其中，dbpath 为数据库的数据文件所在的目录路径，logpath 为日志文件所在的路径（文件路径），logappend 表示以追加的方式打开日志文件。

（5）Mongo Shell 连接 MongoDB

MongoDB 提供了 Mongo Shell 来连接和操作 MongDB。图 9-4 给出的例子是在本机启动一个新的命令行窗口来连接 MongoDB。当然，也可以远程连接其他服务器上的 MongoDB，只需提供相应服务器的 IP 地址以及端口号。

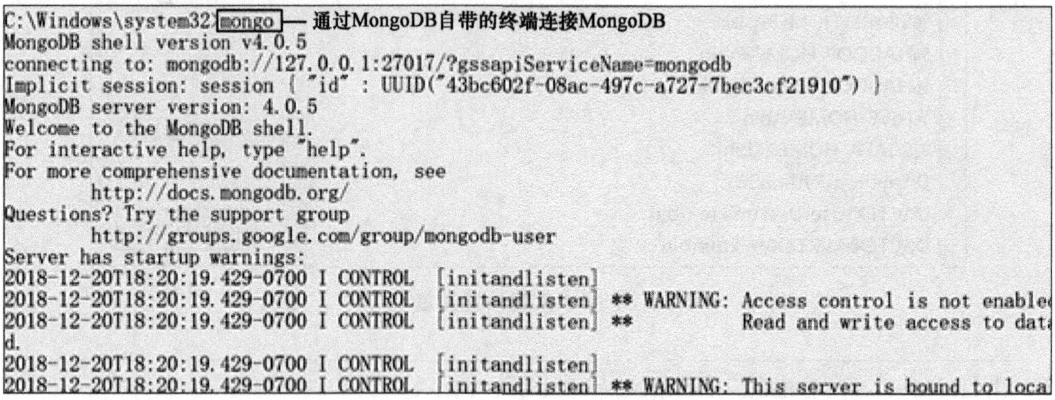
C:\Windows\system32>mongo
通过MongoDB自带的终端连接MongoDB
MongoDB shell version v4.0.5
connecting to: mongodb://127.0.0.1:27017/?gssapiServiceName=mongodb
Implicit session: session { "id" : UUID("43bc602f-08ac-497c-a727-7bec3cf21910") }
MongoDB server version: 4.0.5
Welcome to the MongoDB shell.
For interactive help, type "help".
For more comprehensive documentation, see
http://docs.mongodb.org/
Questions? Try the support group
http://groups.google.com/group/mongodb-user
Server has startup warnings:
2018-12-20T18:20:19.429-0700 I CONTROL [initandlisten]
2018-12-20T18:20:19.429-0700 I CONTROL [initandlisten] ** WARNING: Access control is not enable
2018-12-20T18:20:19.429-0700 I CONTROL [initandlisten] ** Read and write access to dat
d.
2018-12-20T18:20:19.429-0700 I CONTROL [initandlisten]
2018-12-20T18:20:19.429-0700 I CONTROL [initandlisten] ** WARNING: This server is bound to loca

图 9-4 连接 MongoDB

（6）安装数据库服务（可选）

按照上面的方式启动 MongoDB 服务需要在每次启动服务器时手动启动服务。如果想在重启服务器的时候自动重启 MongoDB 服务，可以按照图 9-5 所示的方式来安装 MongoDB 服务。

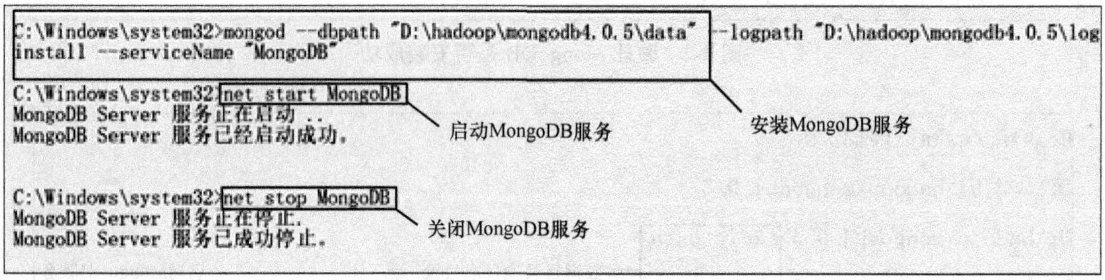

图 9-5 安装 MongoDB 数据库服务

2. Linux 系统上的 MongoDB 安装

本节讲解在 Linux 操作系统上安装 MongoDB 的过程。安装环境是在一台虚拟机上，操作系统是 CentOS 7，远程连接工具选择的是 SecureCRT 7。

（1）选择适合 Linux 系统的 MongoDB

在 MongoDB 的官方网站上下载适合 Linux 系统的 MongoDB。

（2）将软件包上传到虚拟机

在 SecureCRT 中使用 <Alt+P> 快捷键打开 SFTP 窗口，使用 put 命令将下载的 MongoDB 软件包上传至虚拟机，如图 9-6 所示。

（3）解压并配置环境变量

使用 tar 命令解压下载的 MongoDB 软件包。为了方便使用 MongoDB，需要对解压后的目录重命名。使用如下的命令：

```
sftp> put C:\Users\cxh\Desktop\mongodb-linux-x86_64-rhel70-4.0.5.tgz
Uploading mongodb-linux-x86_64-rhel70-4.0.5.tgz to /home/hadoop/mongodb-linux-x8
6_64-rhel70-4.0.5.tgz
  100% 85999KB  85999KB/s 00:00:01
C:/Users/cxh/Desktop/mongodb-linux-x86_64-rhel70-4.0.5.tgz: 88063053 bytes trans
ferred in 1 seconds (85999 KB/s)
sftp>
```

图 9-6　将软件包上传到虚拟机

```
tar-zxvf mongodb-linux-x86_64-rhel70-4.0.5.tgz-C apps
mv mongodb-linux-x86_64-rhel70-4.0.5 mongodb-4.0.5
```

在配置环境变量的时候，需要具有超级用户的权限。如果当前用户不是超级用户的话，需要切换到超级用户才能编辑 /etc/profile 文件。在 profile 文件中添加的内容如图 9-7 所示。在该文件中添加完相应的配置之后，需要使用如下的命令使得该配置生效：

```
source/etc/profile
```

```
unset i
unset -f pathmunge
export JAVA_HOME=/home/hadoop/apps/jdk1.8.0_171
export SPARK_HOME=/home/hadoop/apps/spark-2.4.0-bin-hadoop2.7
export HADOOP_HOME=/home/hadoop/apps/hadoop-2.8.3
export MONGODB_HOME=/home/hadoop/apps/mongodb-4.0.5
export ZOOKEEPER_HOME=/home/hadoop/apps/zk
export PATH=$PATH:$JAVA_HOME/bin:$SPARK_HOME/bin:$SPARK_HOME/sbin:$ZOOKEEPER_HOME/bin:$HADOOP_HOME/b
HADOOP_HOME/sbin:$MONGODB_HOME/bin
```

添加MongoDB环境变量

图 9-7　配置环境变量

（4）验证是否安装成功

在命令行窗口中输入 mongod-version 命令。如果安装配置成功的话，可以获得所安装 MongoDB 的相关信息，如图 9-8 所示。

```
[hadoop@node1 bin]$ mongod -version
db version v4.0.5
git version: 3739429dd92b92d1b0ab120911a23d50bf03c412
OpenSSL version: OpenSSL 1.0.1e-fips 11 Feb 2013
allocator: tcmalloc
modules: none
build environment:
    distmod: rhel70
    distarch: x86_64
    target_arch: x86_64
```

图 9-8　验证是否安装成功

（5）启动数据库

启动 MongoDB 的命令格式如下：

```
mongod--dbpath $dbpath--logpath $logpath-logappend--fork
```

其中，dbpath 是数据库的数据文件所在的目录路径，logpath 是日志文件所在的路径，logappend 表示以追加的方式打开日志文件，fork 表示数据库进程在后台运行。

首次启动 MongoDB 需要创建两个文件目录：一个是数据库的数据文件所在的目录，另外一个是数据库的日志文件所在的目录。使用命令 mkdir data log，可以完成两个文件目录的创建，如图 9-9 所示。之后，就可以使用上面的命令来启动 MongoDB，如图 9-10 所示。

成功启动之后，可以使用 MongoDB 自带的终端连接启动的数据库，如图 9-11 所示。

```
[hadoop@node1 mongodb-4.0.5]$ ll
总用量 112
drwxrwxr-x. 2 hadoop hadoop   231 12月 21 10:02 bin
-rw-r--r--. 1 hadoop hadoop 30608 12月 20 02:48 LICENSE-Community.txt
-rw-r--r--. 1 hadoop hadoop 16726 12月 20 02:48 MPL-2
-rw-r--r--. 1 hadoop hadoop  2601 12月 20 02:48 README
-rw-r--r--. 1 hadoop hadoop 57190 12月 20 02:48 THIRD-PARTY-NOTICES
[hadoop@node1 mongodb-4.0.5]$ mkdir data log
[hadoop@node1 mongodb-4.0.5]$ ll
总用量 112
drwxrwxr-x. 2 hadoop hadoop   231 12月 21 10:02 bin
drwxrwxr-x. 2 hadoop hadoop     6 12月 21 10:24 data
-rw-r--r--. 1 hadoop hadoop 30608 12月 20 02:48 LICENSE-Community.txt
drwxrwxr-x. 2 hadoop hadoop     6 12月 21 10:24 log
-rw-r--r--. 1 hadoop hadoop 16726 12月 20 02:48 MPL-2
-rw-r--r--. 1 hadoop hadoop  2601 12月 20 02:48 README
-rw-r--r--. 1 hadoop hadoop 57190 12月 20 02:48 THIRD-PARTY-NOTICES
```

图 9-9　创建数据库的数据文件和日志文件目录

```
[hadoop@node1 mongodb-4.0.5]$ mongod --dbpath data --logpath log/mongod.log --fork
about to fork child process, waiting until server is ready for connections.
forked process: 71977
child process started successfully, parent exiting
```

启动MongoDB

图 9-10　启动 MongoDB

```
[hadoop@node1 mongodb-4.0.5]$ mongo
MongoDB shell version v4.0.5
connecting to: mongodb://127.0.0.1:27017/?gssapiServiceName=mongodb
Implicit session: session { "id" : UUID("66bdfbc3-3ed5-4efe-b1be-92df301db0c1
MongoDB server version: 4.0.5
Welcome to the MongoDB shell.
For interactive help, type "help".
For more comprehensive documentation, see
        http://docs.mongodb.org/
Questions? Try the support group
        http://groups.google.com/group/mongodb-user
Server has startup warnings:
2018-12-21T10:26:52.272+0800 I CONTROL  [initandlisten]
2018-12-21T10:26:52.272+0800 I CONTROL  [initandlisten] ** WARNING: Access co
e database.
2018-12-21T10:26:52.272+0800 I CONTROL  [initandlisten] **          Read and
nfiguration is unrestricted.
```

图 9-11　连接 MongoDB

9.2.4　MongoDB 使用实例

连接上 MongoDB 之后就可以使用其提供的 Shell 命令来操作数据库了。MongoDB 提供的 Shell 命令的语法与 JavaScript 的语法很类似。事实上，其提供的查询语句都是用 JavaScript 脚本来实现的。

1. 数据库的操作

（1）help 查看命令提示

MongoDB 中的命令都提供了 help 命令提示，使用的方法如下：

```
help
db.help();
db.yourColl.help();
db.youColl.find().help();
rs.help();
```

（2）切换 / 创建数据库

```
use yourDB;
```

（3）查询所有数据库

```
show dbs;
```

（4）删除当前使用的数据库

```
db.dropDatabase ( ) ;
```

（5）从指定主机上克隆数据库

```
db.cloneDatabase ("127.0.0.1") ;
```

此命令可以将指定机器上的数据库的数据克隆到当前数据库。

（6）从指定的机器上复制指定数据库数据到某个数据库中

```
db.copyDatabase ("mydb", "temp", "127.0.0.1") ;
```

此命令可以将本机的 mydb 的数据复制到 temp 数据库中

（7）修复当前数据库

```
db.repairDatabase ( ) ;
```

（8）查看当前使用的数据库

```
db.getName();
db;
```

db 和 getName 方法是一样的效果，都可以查询当前使用的数据库。

（9）显示当前数据库的状态

```
db.stats ( ) ;
```

（10）查看当前数据库的版本

```
db.version ( ) ;
```

（11）查看当前数据库的链接机器地址

```
db.getMongo ( ) ;
```

2. 聚集集合的操作

（1）创建一个聚集集合（table）

```
db.createCollection ("collName", {size: 20, capped: 5, max: 100}) ;
```

（2）获取指定名称的聚集集合（table）

```
db.getCollection ("account") ;
```

（3）获取当前数据库的所有聚集集合

```
db.getCollectionNames ( ) ;
```

（4）显示当前数据库所有聚集索引的状态

```
db.printCollectionStats();
```

3. 用户相关操作

（1）添加一个用户

```
db.createUser(
        {
          user: "dba",
          pwd: "dba",
          roles:[{role: "userAdminAnyDatabase", db: "admin"}]
        }
)
```

命令中各参数的作用如下：

user：用户名。

pwd：密码。

roles：指定用户的角色，可以用一个空数组给新用户设定空角色。在 roles 字段，可以指定内置角色和用户定义的角色。上述例子的角色表示，只在 admin 数据库中可用，赋予用户所有数据库的 userAdmin 权限。关于详细的数据库内置的角色说明可以参考官方文档。

（2）数据库用户认证

```
db.auth("userName", "password");
```

新创建用户还没有验证，没有权限执行操作命令。执行上述命令通过认证后，才可以对数据库进行操作。

（3）显示当前所有用户

```
show users;
```

（4）删除用户

```
db.removeUser("userName");
```

4. 其他操作

（1）查询之前的错误信息

```
db.getPrevError();
```

（2）清除错误记录

```
db.resetError();
```

9.3 Redis

9.3.1 Redis 概述

Redis 也是一种十分流行的 NoSQL。它是一个缩写，全称为 Remote Dictionary Server。

Redis 类似于 Memercache，它是将数据存放在内存，是一种键值对的数据结构，采用 TCP 连接访问数据库。Redis 支持的数据类型有字符串、集合、列表、哈希等类型。

Redis 是一个开源的使用 ANSI C 语言编写、支持网络、可基于内存亦可持久化的日志型、键值数据库，并提供多种语言的 API。Redis 对访问速度的支持非常强大，每秒达十万次的数据存取。对于数据的持久化也有相关的支持，可以一边服务一边对数据提供持久化操作，整个过程是在异步的情况下进行。由于 Redis 支持高速查询和数据持久化，因此 Redis 也经常用于数据缓存和消息队列等应用场景。Redis 提供缓存时间的调整，自动删除相关数据，这样扩展了 Redis 的应用场景。Redis 客户端可以支持多种语言，在 Redis 内部对数据的交互采用相关的命令来进行，这类似于 SQL 语句。因此 Redis 可以在各式各样的客户端实现，各种客户端分别封装了这些命令，可以使 Redis 的存储更加简单方便。由于其开源的特性也让整个生态更加壮大。

9.3.2 Redis 的应用场景

（1）会话缓存

Redis 最常用的场景是会话缓存（Session Cache）。用 Redis 缓存会话比其他存储（如 Memcached）的优势在于，Redis 提供持久化。例如，用户登录电商网站后，当前会话中用户的购物车信息、浏览商品的信息等在会话结束前需要保存且频繁访问。

（2）全网页缓存（FPC）

除基本的会话缓存之外，Redis 还提供简便的全网页缓存（FPC）功能。基于此功能可以快速地加载用户曾经浏览过的网页。即使重启了 Redis 实例，因为有磁盘的持久化，用户也不会感到页面加载速度的下降。

（3）消息队列

与其他的缓存工具相比，Reids 的优势在于提供了 list 和 set 的数据类型。这使得 Redis 能作为一个很好的消息队列平台来使用。Redis 作为队列使用的操作，就类似于本地程序语言（如 Python）对 list 的 push/pop 操作。

（4）排行榜 / 计数器

Redis 在内存中对数字进行递增或递减的操作实现得非常好。集合（set）和有序集合（sorted set）也使得执行这些操作变得非常简单，可以快速地实现从排序集合中获取排名最靠前的 10 个用户等类似的操作。

（5）发布 / 订阅

Redis 提供了发布 / 订阅功能，它在发布 / 订阅的场景被广泛使用。

9.3.3 Redis 的数据类型及操作

Redis 支持多种数据类型。常用的数据类型有：字符串、哈希、列表、无序集合和有序集合。Redis 内部使用一个 redisObject 对象来表示所有的键和值。

1. 字符串（string）

字符串数据类型是二进制安全的，存入和获取的数据相同，支持的最大长度是 512MB。此类型支持的操作有：赋值、取值、删除、扩展命令、数值增减。

2. 哈希（hash）

哈希是一个字符串类型的键和值的映射表，此类型适合用于存储对象。每一个 hash 可以存储 4294967295 个键值对。此数据类型支持的操作有：赋值（hset，hmset）、取值（hget，hmget，hgetall）、删除（hdel）、增加数字（hincrby）、自学命令（hexists，hlen，hkeys，hvals）等。

3. 列表（list）

该类型适用于存储多个有序的字符串。一个列表最多可存 $2^{32}-1$ 个元素。因为有序，可以通过索引下标获取元素或某个范围内的元素列表，列表元素可以重复。此数据类型支持的操作有：两端添加（lpush，rpush）、两端弹出（lpop，rpop）、扩展命令（lpushx，rpushx，lrem，lset，linsert）、查看列表（lrange）、获取列表元素个数（llen）等。

4. 无序集合（set）

无序集合用于保存多个元素，与列表不一样的是集合不允许有重复元素，且集合是无序的。一个集合最多可存 $2^{32}-1$ 个元素。支持的操作除了增删改查外还有集合交集、并集、差集操作。

5. 有序集合（sorted set）

在无序集合类型的基础上有序集合类型为集合中的每个元素都关联一个 double 类型的分数，Redis 正是通过分数来为集合中的成员进行从小到大的排序。它常用于排行榜，如视频网站需要对用户上传视频做的排行榜，或点赞数等应用。

9.3.4 Redis 的安装

本节给出的是在装有 CentOS 系统的服务器上安装和配置 Redis 的过程。远程登录工具使用的是 SecureCRT。

1. 安装依赖包

Redis 是用 C 语言实现的，它的编译和运行依赖于 gcc-c++ 软件包。要确认服务器上是否安装有 gcc-c++ 软件包。如果没有安装的话，可以使用 yum 工具自动安装。

2. 下载 Redis 安装包

Redis 可以到其官方网站（https://redis.io/download）上下载，然后上传至服务器。也可以在服务器上使用 wget 命令直接下载，如图 9-12 所示。

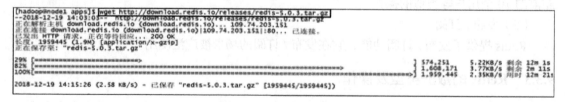

图 9-12 下载 Redis 安装包

3. 解压安装包

使用命令 tar-zxvf redis-5.0.3.tar.gz 对下载的安装包进行解压。

4. 编译 Redis

进入解压后的 Redis 目录，使用 make 命令编译 Redis，如图 9-13 所示。

```
[hadoop@node1 redis-5.0.3]$ make
cd src && make all
make[1]: 进入目录"/home/hadoop/apps/redis-5.0.3/src"
    CC Makefile.dep
make[1]: 离开目录"/home/hadoop/apps/redis-5.0.3/src"
make[1]: 进入目录"/home/hadoop/apps/redis-5.0.3/src"
rm -rf redis-server redis-sentinel redis-cli redis-benchmark redis-check-rdb redis-chec
tml Makefile.dep dict-benchmark
(cd ../deps && make distclean)
make[2]: 进入目录"/home/hadoop/apps/redis-5.0.3/deps"
(cd hiredis && make clean) > /dev/null || true
(cd linenoise && make clean) > /dev/null || true
(cd lua && make clean) > /dev/null || true
(cd jemalloc && [ -f Makefile ] && make distclean) > /dev/null || true
(rm -f .make-*)
make[2]: 离开目录"/home/hadoop/apps/redis-5.0.3/deps"
```

图 9-13　编译 Redis

5. 安装 Redis

成功编译 Redis 之后，要使用 make install 命令进行安装，如图 9-14 所示。其中的 PREFIX 参数指明安装的路径。安装完成之后，在指定的安装路径的目录下可以查看到相应的可执行文件，如图 9-15 所示。

```
[hadoop@node1 redis-5.0.3]$ make PREFIX=/home/hadoop/apps/redis install
cd src && make install
make[1]: 进入目录"/home/hadoop/apps/redis-5.0.3/src"
    CC Makefile.dep
make[1]: 离开目录"/home/hadoop/apps/redis-5.0.3/src"
make[1]: 进入目录"/home/hadoop/apps/redis-5.0.3/src"

Hint: It's a good idea to run 'make test' ;)

    INSTALL install
    INSTALL install
    INSTALL install
    INSTALL install
    INSTALL install
make[1]: 离开目录"/home/hadoop/apps/redis-5.0.3/src"
[hadoop@node1 redis-5.0.3]$
```

图 9-14　安装 Redis

```
[hadoop@node1 apps]$ cd redis
[hadoop@node1 redis]$ ll
总用量 0
drwxrwxr-x. 2 hadoop hadoop 134 12月 19 15:37 bin
[hadoop@node1 redis]$ cd bin
[hadoop@node1 bin]$ ll
总用量 32672
-rwxr-xr-x. 1 hadoop hadoop 4367344 12月 19 15:37 redis-benchmark
-rwxr-xr-x. 1 hadoop hadoop 8092048 12月 19 15:37 redis-check-aof
-rwxr-xr-x. 1 hadoop hadoop 8092048 12月 19 15:37 redis-check-rdb
-rwxr-xr-x. 1 hadoop hadoop 4802720 12月 19 15:37 redis-cli
lrwxrwxrwx. 1 hadoop hadoop      12 12月 19 15:37 redis-sentinel -> redis-server
-rwxr-xr-x. 1 hadoop hadoop 8092048 12月 19 15:37 redis-server
[hadoop@node1 bin]$ |
```

图 9-15　查看安装目录

6. 设置 Redis

在 Redis 解压目录下复制 redis.conf 文件到安装目录下。然后，修改 redis.conf 文件，将其运行方式改为后台运行，如图 9-16 所示。

7. 启动 Redis 服务

运行安装目录下的 redis-server，并利用 ps 命令查看后台运行的进程，如图 9-17 所示。

```
# By default Redis does not run as a daemon. Use 'yes' if you need it.
# Note that Redis will write a pid file in /var/run/redis.pid when daemonized.
daemonize yes

# If you run Redis from upstart or systemd, Redis can interact with your
# supervision tree. Options:
#   supervised no      - no supervision interaction
#   supervised upstart - signal upstart by putting Redis into SIGSTOP mode
#   supervised systemd - signal systemd by writing READY=1 to $NOTIFY_SOCKET
#   supervised auto    - detect upstart or systemd method based on
#                        UPSTART_JOB or NOTIFY_SOCKET environment variables
# Note: these supervision methods only signal "process is ready."
#       They do not enable continuous liveness pings back to your supervisor.
supervised no

# If a pid file is specified, Redis writes it where specified at startup
# and removes it at exit.
#
```

将no改为yes

图 9-16　修改 redis.conf 文件

```
[hadoop@node1 redis]$ bin/redis-server redis.conf
7822:C 19 Dec 2018 15:57:22.826 # oO0OoO0OoO0Oo Redis is starting oO0OoO0OoO0Oo
7822:C 19 Dec 2018 15:57:22.826 # Redis version=5.0.3, bits=64, commit=00000000, modified=0, pid=7822, just started
7822:C 19 Dec 2018 15:57:22.826 # Configuration loaded
[hadoop@node1 redis]$ ps -ef | grep -i redis
hadoop     7823     1  0 15:57 ?        00:00:00 bin/redis-server 127.0.0.1:6379
hadoop     7829  3255  0 15:58 pts/0    00:00:00 grep --color=auto -i redis
[hadoop@node1 redis]$
```

后台启动Redis　启动成功

图 9-17　启动 Redis 服务

8. 连接 Redis

利用安装目录下的客户端 redis-cli 连接 Redis，如图 9-18 所示。

```
[hadoop@node1 redis]$ bin/redis-cli
127.0.0.1:6379> ping
PONG
127.0.0.1:6379>
```

连接Redis

图 9-18　客户端连接 Redis 服务

9. 停止 Redis 服务

利用客户端 redis-cli 带的 shutdown 命令来停止 Redis 服务，如图 9-19 所示。

```
[hadoop@node1 redis]$ bin/redis-cli shutdown
[hadoop@node1 redis]$ ps -ef | grep -i redis
hadoop     7836  3255  0 16:00 pts/0    00:00:00 grep --color=auto -i redis
[hadoop@node1 redis]$
```

图 9-19　停止 Redis 服务

9.3.5　Redis 使用实例

下面介绍如何在本机 Java 中使用 Redis。首先要确保已经安装了 Redis 服务及 Java Redis 驱动程序包，且 Java 的开发和运行环境都正常运行。

（1）下载 jedis.jar 驱动包

在 Java 开发语言中使用 Redis 需要在本地加载 jedis.jar 驱动包。此驱动包可以在网站（http://mvnrepository.com/artifact/redis.clients/jedis）上下载。

（2）创建 Java 工程

利用开发工具创建 Java 工程较为简单，此处不再赘述。工程创建完成后要在 classpath 中引入 jedis.jar 驱动包。

（3）启动 Redis 服务

（4）程序示例

此程序中，首先利用 Java 来连接 Redis 服务，然后设置一个字符串，最后将设置的字符串取出并输出。

```
import redis.clients.jedis.Jedis;
import redis.clients.jedis.JedisPool;
import redis.clients.jedis.JedisPoolConfig;
public static void main(String[ ] args){
        //连接本地的 Redis 服务
        Jedis jedis = new Jedis("localhost");
        System.out.println("连接本地的 Redis 服务成功! ");
        //设置 redis 字符串数据
        jedis.set("test", "hello world");
        //获取存储的数据并输出
        System.out.println("redis存储的字符串是: "+ jedis.get("test"));
}
```

9.4 Memcached

9.4.1 Memcached 概述

Memcached 是一个自由、开源、高性能、分布式的对象缓存系统。它在内存里保存一个统一的哈希表，能够用来存储各种格式的数据，包括图像、视频、文件以及数据库检索的结果等，主要用于加速动态 Web 应用程序、降低数据库负载。它通过在内存中缓存数据和对象来减少读取数据库的次数，从而提高网站访问的速度。它使用非阻塞的网络 I/O 的方式，可以同时服务任意多个连接。

Memcached 是用 C 语言来实现的，全部代码仅有 2000 多行，采用的是异步 I/O，其实现方式是基于事件的单进程和单线程的通信机制。使用 libevent 作为事件通知机制，多个服务器端可以协同工作，但这些服务器之间是没有任何通信联系的，每个服务器只对自己的数据进行管理。应用程序通过指定缓存服务器的 IP 地址和端口，就可以连接 Memcached 服务器进行相互通信。

Memcached 处理的对象是每一个 key-value 对，key 会通过一个哈希表转换成哈希表的 key，便于查找对比以及尽可能地做到均匀分布。需要被缓存的数据以 key-value 对的形式保存在服务器端预分配的内存空间中，每个被缓存的数据都有唯一的标识 key。操作 Memcached 中的数据是通过这个唯一的标识 key 进行的。缓存到 Memcached 中的数据仅放置在 Memcached 服务预分配的内存中，而非储存在磁盘中，因此存取速度非常快。

由于 Memcached 服务自身没有对缓存的数据进行持久性存储的设计，在服务器端的 Memcached 服务进程重启之后，存储在内存中的这些数据就会丢失。因此，如果使用 Memcached 作为缓存数据服务，要考虑数据丢失后带来的问题。当内存中缓存的数据容量达到启动时设定的内存值时，就自动使用 LRU 算法（最近最少使用算法）删除过期的缓存数据。

Memcached 是以 LiveJournal 旗下 Danga Interactive 公司的 Brad Fitzpatric 为首开发的一款软件。现在已成为 Mixi、Hatena、Facebook、Vox、LiveJournal 等众多高并发 Web 应用扩展的重要工具。

9.4.2 Memcached 的应用场景

（1）分布式应用

由于 Memcached 本身是基于分布式的系统，所以尤其适合大型的分布式系统。

（2）数据库前端缓存

数据库常常是网站系统的瓶颈。数据库的大量并发访问，常常造成网站内存溢出。当然，也可以使用 Hibernate 的缓存机制，但 Memcached 是基于分布式的，并可独立于网站应用本身，所以更适合大型网站进行应用的拆分。Memcached 作为数据库的前端缓存可以提高系统的并发能力，减轻数据库的负担。

（3）服务器间数据共享

对于一个大型的系统，包含多个部署在不同服务器上的应用。不同服务器之间运行数据的共享可以通过缓存到 Memcached 来实现。

9.4.3 Memcached 的数据类型及操作

Memcached 仅支持简单的键值数据类型，数据都以字符串的形式来存储。

1. 存储命令

Memcached 支持的存储命令有 6 个，命令及其功能描述见表 9-2。

表 9-2 存储命令

命 令	描 述
set	更新
add	添加
replace	替换
append	向后追加数据
prepend	向前追加数据
cas	检查并设置

命令格式：

```
<command name> <key> <flag> <expire> <bytes> <data block>
```

命令中各参数的作用说明如下：

1）<command name> 可以是 set、add、replace。

2）key 为缓存的键。

3）flag 为标志，要求为一个正整数。用来标识数据原本的格式，以便后期对数据的处理。

4）expire 表示有效期，小于 30 天的秒数（60 × 60 × 24 × 30s），表示从设定开始，多少秒后失效；大于 30 天的秒数（60 × 60 × 24 × 30s），表示的是距离 1970 年 1 月 1 日多少秒后失效，常用于定时；0 表示不自动失效，并不代表永久有效。

5）bytes 表示要存储数据的字节数。

6）data block 是要缓存的数据。

2. 查找命令

Memcached 支持的查找命令有 5 个，命令的语法及其功能描述见表 9-3。

表 9-3　查找命令

命　令	语　法	描　述
get	get key	获取键值
gets	gets keys	获取带有 cas 令牌的值
delete	gelete key [noreply]	删除已存在的键
incr	incr key increment_value	自增
decr	decr key decrement_value	自减

3. 统计命令

Memcached 支持的统计命令有 5 个，命令的语法及其功能描述见表 9-4。

表 9-4　统计命令

命　令	语　法	描　述
stats	stats	返回统计信息
stats items	stats items	显示各 slab 中 item 的数目和存储时长
stats slabs	stats slabs	显示各 slab 的信息
stats size	stats sizes	显示所有 item 的大小和个数
flush_all	flush_all [time] [noreply]	清理缓存中所有键值对

9.4.4 Memcached 的安装

下面介绍在安装了 CentOS 的服务器上安装和运行 Memcached。

1. 安装 Memcached

Memcached 的安装过程较为简单，运行 yum install Memcached 命令即可完成安装，如图 9-20 所示。

2. 启动并查看 Memcached

Memcached 默认安装到系统的 /usr/bin/ 目录，启动 Memcached 运行如下的命令：

```
/usr/bin/memcached-d-l 127.0.0.1-p 11211-m 150-u root
```

其中，-d 指明以守护进程方式启动，-l 指定 IP 地址，-p 指定端口号，-m 指定内存（单位 MB），-u 指定用户。

启动并查看后台运行的进程，如图 9-21 所示。

```
[root@node1 apps]# yum install memcached
已加载插件：fastestmirror
Loading mirror speeds from cached hostfile
 * base: mirrors.huaweicloud.com
 * extras: mirrors.huaweicloud.com
 * updates: mirrors.shu.edu.cn
正在解决依赖关系
--> 正在检查事务
---> 软件包 memcached.x86_64.0.1.4.15-10.el7_3.1 将被 安装
--> 正在处理依赖关系 libevent-2.0.so.5()(64bit)，它被软件包 memcachec
--> 正在检查事务
---> 软件包 libevent.x86_64.0.2.0.21-4.el7 将被 安装
--> 解决依赖关系完成
```

图 9-20　安装 Memcached

```
[root@node1 apps]# /usr/bin/memcached -d -l 127.0.0.1 -p 11211 -m 150 -u root
[root@node1 apps]# ps -ef | grep memcache
root      9284     1  0 09:48 ?        00:00:00 /usr/bin/memcached -d -l 127.0.0.1 -p 11211 -m 150 -u root
root      9291  9171  0 09:48 pts/2    00:00:00 grep --color=auto memcache
[root@node1 apps]# |
```

图 9-21　启动并查看 Memcached

3. 测试

根据启动时使用的参数，本实例的 Memcached 服务运行的主机为 127.0.0.1（本机）、端口为 11211。在终端输入命令 telnet 127.0.0.111211，如果出现图 9-22 所示的输出，表明连接成功。若要断开连接，输入 quit 命令即可退出连接。

```
[root@node1 local]# telnet 127.0.0.1 11211
Trying 127.0.0.1...
Connected to 127.0.0.1.
Escape character is '^]'.
```

图 9-22　连接 Memcached

4. 关闭 Memcached 服务

在 Windows 下，在命令行窗口直接输入 memcached.exe-d stop 命令关闭 Memcached 服务。在 Linux 下，要知道 Memcached 的进程号，然后用 kill 命令杀死该进程。可用 stats 或者 ps–ef|grep memcached 先查看进程号 pid，然后用 kill 命令杀死该进程。如果查到其进程 pid 为 44805，在终端输入命令 kill 44805。杀死后台服务进程（注意：杀死进程前必须断开连接）。

9.4.5 Memcached 使用实例

下面的实例说明了如何利用 Java 语言连接和操作 Memcached。首先要保证 Java 程序的开发和运行环境正常，Memcached 已经安装完成并能正常启动服务。

（1）下载 spymemcached-2.10.3.jar 驱动程序包

利用 Java 连接 Memcached 服务需要安装 spymemcached-2.10.3.jar 驱动程序包，此软件包可以在网站（https：//www.runoob.com/try/download/spymemcached-2.10.3.jar）上下载。

（2）创建 Java 工程

利用开发工具创建 Java 工程，并在其 classpath 中引入 spymemcached-2.10.3.jar 驱动程

序包。

（3）启动 Memcached 服务

（4）程序示例

在此程序中，利用 Java 来连接 Memcached 服务，然后存储一个字符串并验证其存储状态，最后将缓存的字符串取出并输出。

```
import java.net.InetSocketAddress;
import java.util.concurrent.Future;
import net.spy.memcached.MemcachedClient;
public class MemcachedJava{
public static void main(String [ ] args){
  try{
      //连接本地的 Memcached 服务
      MemcachedClient mcc=new MemcachedClient(new InetSocketAddress("127.0.0.1", 11211));
      System.out.println("Connection to server sucessful.");
      //存储数据
      Future fo = mcc.set("runoob", 900, "Free Education");
      //查看存储状态
      System.out.println("set status: "+ fo.get());
      //输出值
      System.out.println("runoob value in cache-"+ mcc.get("runoob"));
      //关闭连接
      mcc.shutdown();
    }catch(Exception ex){
    System.out.println(ex.getMessage());
    }
}
}
```

习题

1. 什么是 NoSQL 数据库？
2. 互联网应用的发展对数据库系统提出的挑战有哪些？
3. NoSQL 数据库是怎么分类的？
4. 简述 MongoDB 数据库的存储结构。
5. MongoDB 是采用什么语言实现的？
6. 简述 Redis 的特点。
7. 简述 Redis 的应用场景。
8. 简述 Redis 支持的数据类型。
9. 简述 Memcached 的特点。
10. 简述 Memcached 支持的数据类型。

参 考 文 献

[1] WADKAR S, SIDDALINGAIAH M, VENNER J. Pro Apache Hadoop [M]. 2nd ed. Berlin: Springer, 2016.

[2] CARBONE P, KATSIFODIMOS A, SWEDEN S, et al. Apache flink: Stream and batch processing in a single engine [J]. IEEE Data Engineering Bulletin, 2015, 36 (4): 28-38.

[3] ZAHARIA M, XIN R S, WENDELL P, et al. Apache spark: a unified engine for big data processing [J]. Communications of the ACM, 2016, 59 (11): 56-65.

[4] BUYYA R, CALHEIROS R N, DASTJERDI A V. Big data: principles and paradigms [M]. San Francisco: Morgan Kaufmann, 2016.

[5] CHANG F, DEAN J, GHEMAWAT S, et al. Bigtable: a distributed storage system for structured data [J]. ACM Transactions on Computer Systems (TOCS), 2008, 26 (2): 1-26.

[6] LAKSHMAN A, MALIK P J. Cassandra: a decentralized structured storage system [J], 2010, 44 (2): 35-40.

[7] DIETRICH D, HELLER B, YANG B, et al. Data science & big data analytics: discovering, analyzing, visualizing and presenting data [M]. New Jersey: Wiley, 2015.

[8] 弗里德曼，宙马斯 . Flink 基础教程 [M]. 王绍翾，译 . 北京：人民邮电出版社，2018.

[9] SOLIMAN A. Getting started with memcached [M]. Birmingham: Packt Publishing Ltd, 2013.

[10] CHING A J. Giraph: production-grade graph processing infrastructure for trillion edge graphs [J]. ATPESC, 2014 (14): 20-24.

[11] GHEMAWAT S, GOBIOFF H, LEUNG S T. The Google file system [C]. Proceedings of the nineteenth ACM symposium on Operating systems principles, 2003: 29-43.

[12] XIN R S, GONZALEZ J E, FRANKLIN M J, et al. Graphx: A resilient distributed graph system on spark [C]//GRADES. New York: ACM SIGMOD International Conference on Management of Data, 2013.

[13] GONZALEZ J E, XIN R S, DAVE A, et al. Graphx: Graph processing in a distributed dataflow framework [C]//OSDI. Broomfield: 11th Symposium on Operating Systems Design and Implementation, 2014.

[14] BORTHAKUR D. The Hadoop distributed file system: architecture and design [J]. Hadoop Project Website, 2007, 11 (11): 1-10.

[15] WHITE T. Hadoop: the definitive guide [M]. 3rd ed. Cambridge: O'Reilly, 2012.

[16] THUSOO A, SARMA J S, JAIN N, et al. Hive: a warehousing solution over a map-reduce framework [J], 2009, 2 (2): 1626-1629.

[17] KORNACKER M, BEHM A, BITTORF V, et al. Impala: A Modern, Open-Source SQL Engine for Hadoop [C]//CIDR. Asilomar: Seventh Biennial Conference on Innovative Data Systems Research, 2015.

[18] SAKR S, ORAKZAI F M, ABDELAZIZ I, et al. Large-scale graph processing using apache giraph [M]. Berlin: Springer, 2016.

[19] KARAU H, KONWINSKI A, WENDELL P, et al. Learning spark: lightning-fast big data analysis [M]. Cambridge: O'Reilly, 2015.
[20] 王学松 . Lucene+ Nutch 开发搜索引擎 [M]. 北京 : 人民邮电出版社 , 2008.
[21] DEAN J, GHEMAWAT S. MapReduce simplified data processing on large clusters [J]. Communications of the ACM, 2008, 51 (1): 107-113.
[22] STONEBRAKER M, ABADI D, DEWITT D J, et al. MapReduce and parallel DBMSs: friends or foes? [J]. Communications of the ACM, 2010, 53 (1): 64-71.
[23] BRADSHOW S, CHODOROW K. MongoDB: the definitive guide: powerful and scalable data storage [M]. 3rd ed. Cambridge: O'Reilly, 2013.
[24] ABRAMOVA V, BERNARDINO J. NoSQL databases: MongoDB vs cassandra [C]. Proceedings of the international conference on computer science and software engineering, 2013: 14-22.
[25] KHARE R, CUTTING D, SITAKER K, et al. A flexible and scalable open-source web search engine [J]. CommerceNet Labs, 2004 (6): 1-12.
[26] MALEWICZ G, AUSTERN M H, BIK A J, et al. Pregel: a system for large-scale graph processing [C]//SIGMOD. Indianapolis: ACM SIGMOD International Conference on Management of Data, 2010.
[27] 胡松涛 . Python 网络爬虫实战 [M]. 北京 : 清华大学出版社 , 2017.
[28] 李子骅 . Redis 入门指南 [M]. 北京 : 人民邮电出版社 , 2013.
[29] TOSHNIWAL A, TANEJA S, SHUKLA A, et al. Storm@twitter [C]//SIGMOD. Snowbird: ACM SIGMOD International Conference on Management of Data, 2014.
[30] HUNT P, KONAR M, JUNQUEIRA F P, et al. ZooKeeper: Wait-free Coordination for Internet-scale Systems [C]//USENIX. Boston: USENIX Annual Technical Conference, 2010.
[31] 宁兆龙 , 孔祥杰 , 杨卓 , 等 . 大数据导论 [M]. 北京 : 科学出版社 , 2017.
[32] 张尧学 , 胡春明 . 大数据导论 [M]. 北京 : 机械工业出版社 , 2018.
[33] 覃雄派, 王会举, 杜小勇, 等. 大数据分析: RDBMS 与 MapReduce 的竞争与共生 [J]. 软件学报, 2012, 23 (1): 32-45.
[34] 杜小勇 , 卢卫 , 张峰 . 大数据管理系统的历史、现状与未来 [J]. 软件学报 , 2019, 30 (1): 127-141.
[35] 陆嘉恒 . 大数据挑战与 NoSQL 数据库技术 [M]. 北京 : 电子工业出版社 , 2013.
[36] KRISTINA C. MongoDB 权威指南 : 第 2 版 [M]. 邓强 , 王明辉 , 译 . 北京 : 人民邮电出版社 , 2014.
[37] 王珊 , 王会举 , 覃雄派 , 等 . 架构大数据 : 挑战、现状与展望 [J]. 计算机学报 , 2011, 34 (10): 1741-1752.
[38] 刘硕 . 精通 Scrapy 网络爬虫 [M]. 北京 : 清华大学出版社 , 2017.
[39] 覃雄派 , 王会举 , 李芙蓉 , 等 . 数据管理技术的新格局 [J]. 软件学报 , 2013, 24 (2): 175-197.
[40] 覃雄派 , 陈跃国 , 李翠平 , 等 . “数据科学”课程群与“数据科学导论”课程建设初探 [J]. 大数据 , 2018, 4 (6): 19-28.
[41] 博斯凯蒂 , 马萨罗 . 数据科学导论 : Python 语言实现　原书第 2 版 [M]. 于俊伟 , 靳小波 , 译 . 北京 : 机械工业出版社 , 2018.
[42] 杜小勇 , 陈跃国 , 范举 , 等 . 数据整理 : 大数据治理的关键技术 [J]. 大数据 , 2019, 5 (3): 13-22.
[43] 刘云浩 . 物联网导论 [M]. 3 版 . 北京 : 科学出版社 , 2017.
[44] 李翠平 , 柴云鹏 , 杜小勇 , 等 . 新工科背景下以数据为中心的计算机专业教学改革 [J]. 中国大学教学 , 2018 (7): 22-24.
[45] 李伯虎 . 云计算导论 [M]. 北京 : 机械工业出版社 , 2018.